【张宇经济类联考综合能力数学书系】

张宇
经济类联考
综合能力
数学通关优题库

解析分册

张宇 主编

编委名单（按姓氏拼音排序）

毕泗真 陈静静 贾建厂 雷会娟 罗浩 史明洁 王国娟

王慧珍 王燕星 吴金金 杨晶 张聪聪 张青云 张婷婷

张宇 郑光玉 郑利娜

北京理工大学出版社
BEIJING INSTITUTE OF TECHNOLOGY PRESS

图书在版编目(CIP)数据

张宇经济类联考综合能力数学通关优题库. 解析分册/张宇主编. —北京：北京理工大学出版社,2020.9

ISBN 978-7-5682-9013-5

Ⅰ.①张…　Ⅱ.①张…　Ⅲ.①高等数学-研究生-入学考试-题解　Ⅳ.①O13-44

中国版本图书馆CIP数据核字(2020)第167229号

出版发行 / 北京理工大学出版社有限责任公司
社　　址 / 北京市海淀区中关村南大街5号
邮　　编 / 100081
电　　话 / (010)68914775(总编室)
(010)82562903(教材售后服务热线)
(010)68948351(其他图书服务热线)
网　　址 / http://www.bitpress.com.cn
经　　销 / 全国各地新华书店
印　　刷 / 三河市良远印务有限公司
开　　本 / 787毫米×1092毫米　1/16
印　　张 / 8
字　　数 / 200千字
版　　次 / 2020年9月第1版　2020年9月第1次印刷
定　　价 / 39.80元(共2册)

责任编辑 / 高　芳
文案编辑 / 胡　莹
责任校对 / 刘亚男
责任印制 / 李志强

目　录

第一章　函数、极限与连续性

1.【参考答案】E

【答案解析】$g[f(x)]=\begin{cases}2-f(x), & f(x)\leqslant 0,\\ f(x)+2, & f(x)>0.\end{cases}$

先根据 $f(x)$ 的定义求解不等式 $f(x)\leqslant 0, f(x)>0$.

当 $x<0$ 时,由于 $f(x)=x^2$,此时恒有 $f(x)>0$;

当 $x\geqslant 0$ 时,由于 $f(x)=-x$,此时恒有 $f(x)\leqslant 0$.

由此可知:$f(x)\leqslant 0$ 等价于 $x\geqslant 0$,$f(x)>0$ 等价于 $x<0$.

故 $g[f(x)]=\begin{cases}2-f(x), & x\geqslant 0,\\ f(x)+2, & x<0\end{cases}=\begin{cases}2+x, & x\geqslant 0,\\ x^2+2, & x<0,\end{cases}$ 选 E.

【老师提示】分段函数的复合函数的计算方法.

设有函数 $f(x)=\begin{cases}f_1(x), & x\in D_1,\\ f_2(x), & x\in D_2,\end{cases}$ 则根据复合函数的定义有

$$f[g(x)]=\begin{cases}f_1[g(x)], & g(x)\in D_1,\\ f_2[g(x)], & g(x)\in D_2.\end{cases}$$

先根据 $g(x)$ 的解析式解出使得 $g(x)\in D_1$ 的 x 的范围,再将 $f_1(x)$ 中的 x 替换成 $g(x)$;计算 $f_2[g(x)]$ 方法类似.

2.【参考答案】C

【答案解析】由 $e^{[\varphi(x)]^2}=1-x$ 且 $\varphi(x)\geqslant 0$,得 $\varphi(x)=\sqrt{\ln(1-x)}$. 由 $\ln(1-x)\geqslant 0$,得 $1-x\geqslant 1$,即 $x\leqslant 0$,所以 $\varphi(x)=\sqrt{\ln(1-x)}$,$x\leqslant 0$. 故选 C.

3.【参考答案】D

【答案解析】由于 $f(x)=\dfrac{1}{1-e^{\frac{x}{2-x}}}$ 为初等函数,其连续区间即为定义区间. 由 $1-e^{\frac{x}{2-x}}\neq 0$ 且 $2-x\neq 0$,即 $x\neq 0$ 且 $x\neq 2$,知函数 $f(x)$ 的连续区间为 $(-\infty,0)$,$(0,2)$,$(2,+\infty)$,故选 D.

4.【参考答案】D

【答案解析】由于 $f(-x)=|-x\sin(-x)|e^{\cos(-x)}=|x\sin x|e^{\cos x}=f(x)$,则 $f(x)$ 为偶函数.

5.【参考答案】D

【答案解析】由题设可知

$$\lim_{k\to\infty}x_{2k}=\lim_{k\to\infty}\frac{1}{2k}=0,\lim_{k\to\infty}x_{2k-1}=\lim_{k\to\infty}\frac{(2k-1)^2+\sqrt{2k-1}}{2k-1}=\infty,$$

所以 x_n 不是无穷大量,不是无穷小量,也不是有界变量,是无界变量,故选 D.

6.【参考答案】E

【答案解析】注意题设条件与夹逼准则不同,夹逼准则中条件为当 $|x|>M$ 时,① $\varphi(x)\leqslant$

$f(x)\leqslant g(x)$;② $\lim\limits_{x\to\infty}\varphi(x)=A$, $\lim\limits_{x\to\infty}g(x)=A$. 则 $\lim\limits_{x\to\infty}f(x)=A$. 条件中要求 $\lim\limits_{x\to\infty}g(x)$ 与 $\lim\limits_{x\to\infty}\varphi(x)$ 都存在. 而本题条件为 $\lim\limits_{x\to\infty}[g(x)-\varphi(x)]=0$ 并不能保证 $\lim\limits_{x\to\infty}g(x)$ 与 $\lim\limits_{x\to\infty}\varphi(x)$ 都存在. 例如 $g(x)=\sqrt{x^2+3}$, $\varphi(x)=\sqrt{x^2}$, $f(x)=\sqrt{x^2+1}$ 符合本题条件,但 $\lim\limits_{x\to\infty}f(x)$ 不存在. 而取 $g(x)=\dfrac{3}{x^2+1}$, $\varphi(x)=\dfrac{1}{x^2+1}$, $f(x)=\dfrac{2}{x^2+1}$ 也符合本题条件,有 $\lim\limits_{x\to\infty}f(x)=0$,故选 E.

7.【参考答案】C

【答案解析】当 $x\to0$ 时,x 为无穷小量,$\sin\dfrac{1}{x}$ 为有界变量,由于无穷小量与有界变量之积仍为无穷小量,因此 $\lim\limits_{x\to0}x\sin\dfrac{1}{x}=0$,可知 A 不正确.

当 $x\to\infty$ 时,$\dfrac{1}{x}\to0$,因此 $\lim\limits_{x\to\infty}\dfrac{\sin x}{x}=\lim\limits_{x\to\infty}\dfrac{1}{x}\sin x=0$,可知 B 不正确.

由重要极限公式 $\lim\limits_{x\to0}\dfrac{\sin x}{x}=1$,可知 D 不正确.

当 $x\to\infty$ 时,$\dfrac{1}{x}\to0$,由重要极限公式可得:

$$\lim_{x\to\infty}x\sin\frac{1}{x}=\lim_{x\to\infty}\frac{\sin\frac{1}{x}}{\frac{1}{x}}=1.$$

可知 C 正确且 E 不正确,故选 C.

8.【参考答案】D

【答案解析】由重要极限公式

$$\lim_{x\to0}(1+x)^{\frac{1}{x}}=\mathrm{e},\lim_{x\to\infty}\left(1+\frac{1}{x}\right)^x=\mathrm{e},$$

可知 A 不正确,B 不正确.

对于 C,$\lim\limits_{x\to\infty}\left(1+\dfrac{1}{x}\right)^{-x}=\lim\limits_{x\to\infty}\dfrac{1}{\left(1+\dfrac{1}{x}\right)^x}=\dfrac{1}{\mathrm{e}}$,可知 C 不正确.

对于 D,$\lim\limits_{x\to\infty}\left(1-\dfrac{1}{x}\right)^{-x}=\lim\limits_{x\to\infty}\left[1+\left(-\dfrac{1}{x}\right)\right]^{-x}=\mathrm{e}$,可知 D 正确.

对于 E,$\lim\limits_{x\to0^-}\left(1-\dfrac{1}{x}\right)^{-x}=\mathrm{e}^{\lim\limits_{x\to0^-}\left[-x\ln\left(1-\frac{1}{x}\right)\right]}=1$,可知 E 不正确,故选 D.

【老师提示】5 ~ 8 题都是考查极限的概念或性质,应该特别加以分析. 许多极限运算需依据概念或性质来完成.

9.【参考答案】E

【答案解析】由于极限值为一个确定的数值,因此可设 $\lim\limits_{x\to1}f(x)=A$,于是

$$f(x)=x^2+x-2A.$$

两端同时取 $x\to1$ 时的极限,有

$$\lim_{x\to1}f(x)=\lim_{x\to1}(x^2+x-2A)=2-2A,$$

于是

$$A=2-2A,$$

解得 $A=\frac{2}{3}$. 故选 E.

【老师提示】利用极限的概念或性质求极限是一种常见的解题技巧，考生应掌握并会运用. 本题具有代表性.

10.【参考答案】D

【答案解析】由于所求极限的函数为分式，且当 $x\to 2$ 时，分母与分子的极限都为零，因此不能利用极限的商的运算法则. 又由于其分子中含有根式，故可以先有理化再求极限.

$$\lim_{x\to 2}\frac{\sqrt{x+2}-2}{x^2+x-6}=\lim_{x\to 2}\frac{(\sqrt{x+2}-2)(\sqrt{x+2}+2)}{(x-2)(x+3)(\sqrt{x+2}+2)}$$
$$=\lim_{x\to 2}\frac{x-2}{(x-2)(x+3)(\sqrt{x+2}+2)}=\frac{1}{20}.$$

故选 D.

11.【参考答案】A

【答案解析】$\lim\limits_{x\to 0}\frac{\sqrt{1+x}+\sqrt{1-x}-2}{x^2}$

$$=\lim_{x\to 0}\frac{(\sqrt{1+x}+\sqrt{1-x}-2)(\sqrt{1+x}+\sqrt{1-x}+2)}{x^2(\sqrt{1+x}+\sqrt{1-x}+2)}$$
$$=\lim_{x\to 0}\frac{(\sqrt{1+x}+\sqrt{1-x})^2-4}{x^2(\sqrt{1+x}+\sqrt{1-x}+2)}=\lim_{x\to 0}\frac{2\sqrt{1-x^2}-2}{x^2(\sqrt{1+x}+\sqrt{1-x}+2)}$$
$$=\lim_{x\to 0}\frac{2(\sqrt{1-x^2}-1)(\sqrt{1-x^2}+1)}{x^2(\sqrt{1+x}+\sqrt{1-x}+2)(\sqrt{1-x^2}+1)}=-\frac{1}{4}.$$

故选 A.

12.【参考答案】D

【答案解析】当 $x\to 1$ 时，分子与分母的极限皆为零，分子中含有根式，故先有理化再求极限.

$$\text{原式}=\lim_{x\to 1}\left(\frac{1-\sqrt{x}}{1-x}\cdot\frac{1-\sqrt[3]{x}}{1-x}\cdot\cdots\cdot\frac{1-\sqrt[n]{x}}{1-x}\right)$$
$$=\lim_{x\to 1}\left(\frac{1}{1+\sqrt{x}}\cdot\frac{1}{1+\sqrt[3]{x}+\sqrt[3]{x^2}}\cdot\cdots\cdot\frac{1}{1+\sqrt[n]{x}+\sqrt[n]{x^2}+\cdots+\sqrt[n]{x^{n-1}}}\right)$$
$$=\frac{1}{2}\cdot\frac{1}{3}\cdot\cdots\cdot\frac{1}{n}=\frac{1}{n!}.$$

故选 D.

13.【参考答案】B

【答案解析】$x_n=\frac{1-\frac{1}{2}}{1-\frac{1}{2}}\cdot\left(1+\frac{1}{2}\right)\cdot\left(1+\frac{1}{4}\right)\cdot\cdots\cdot\left(1+\frac{1}{2^{2^{n-1}}}\right)$

$$=2\cdot\left(1-\frac{1}{4}\right)\cdot\left(1+\frac{1}{4}\right)\cdot\cdots\cdot\left(1+\frac{1}{2^{2^{n-1}}}\right)$$
$$=2\cdot\left(1-\frac{1}{16}\right)\cdot\left(1+\frac{1}{16}\right)\cdot\cdots\cdot\left(1+\frac{1}{2^{2^{n-1}}}\right)$$

$$=2\cdot\left(1-\frac{1}{2^{2^n}}\right),$$

因此$\lim\limits_{n\to\infty}x_n=2$,故选 B.

14.【参考答案】 B

【答案解析】 当 $x\to\infty$ 时,原式分子与分母的极限皆为 ∞,不能利用极限的四则运算法则. 首先分子、分母同乘以$\frac{1}{x^3}$,得

$$\text{原式}=\lim_{x\to\infty}\frac{1+\frac{3}{x^3}\sin x}{2-\frac{3}{5x^3}\cos x}=\frac{1}{2}.$$

故选 B.

【老师提示】 这种运算技巧可以推广到数列极限.

15.【参考答案】 D

【答案解析】 当 $n\to\infty$ 时,分子与分母的极限皆为 ∞,可以仿上题求解.

$$\text{原式}=\lim_{n\to\infty}\frac{\left(1-\frac{5}{n}\right)\left(1+\frac{2}{n}\right)^3}{\left(2+\frac{3}{n}\right)^4}=\frac{1}{16}.$$

故选 D.

16.【参考答案】 C

【答案解析】 所给极限为"$\frac{\infty}{\infty}$"型,不能利用极限的四则运算法则. 通常对无穷大量运算的基本原则是转化为无穷小量运算.

$$\lim_{x\to-\infty}\frac{\sqrt{4x^2+x-1}+x+1}{\sqrt{x^2+\sin x}}\xlongequal{(*)}\lim_{x\to-\infty}\frac{-x\sqrt{4+\frac{1}{x}-\frac{1}{x^2}}+x+1}{-x\sqrt{1+\frac{\sin x}{x^2}}}$$

$$=\lim_{x\to-\infty}\frac{-\sqrt{4+\frac{1}{x}-\frac{1}{x^2}}+1+\frac{1}{x}}{-\sqrt{1+\frac{\sin x}{x^2}}}=1.$$

故选 C.

【老师提示】 在上述(*)处,将无穷大量的运算转化为无穷小量的运算.
若(*)处忽略了条件 $x\to-\infty$,则

$$\lim_{x\to-\infty}\frac{\sqrt{4x^2+x-1}+x+1}{\sqrt{x^2+\sin x}}=\lim_{x\to-\infty}\frac{x\sqrt{4+\frac{1}{x}-\frac{1}{x^2}}+x+1}{x\sqrt{1+\frac{\sin x}{x^2}}}=3,$$

导致计算结果错误. 当 $x\to-\infty$,且 $|x|$ 足够大时,$\sqrt{x^2}=|x|=-x$,这是解题的关键. 多数考生在此处出现错误,误选 E.

17.【参考答案】 A

【答案解析】 当 $x \to 0$ 时，$1-\cos x$ 是比 $\sin x$ 高阶的无穷小量，$\ln(1+x^2)$ 是比 $\tan x$ 高阶的无穷小量，因此，在计算整个极限时，含有高阶的无穷小量的项均可以舍弃，即有

$$\lim_{x\to 0}\frac{\sin x-2(1-\cos x)}{3\tan x+4\ln(1+x^2)}=\lim_{x\to 0}\frac{\sin x}{3\tan x}=\frac{1}{3},$$

故选 A.

18.【参考答案】 C

【答案解析】 由 $\lim\limits_{x\to 0}\frac{\sin 6x+xf(x)}{x^3}=0$，知当 $x\to 0$ 时，$\sin 6x+xf(x)$ 是比 x^3 高阶的无穷小量，于是可表示为

$$\sin 6x+xf(x)=o(x^3),$$

从而得 $f(x)=-\frac{\sin 6x}{x}+\frac{o(x^3)}{x}$，因此

$$\lim_{x\to 0}f(x)=\lim_{x\to 0}\left[-\frac{\sin 6x}{x}+\frac{o(x^3)}{x}\right]=-6,$$

故选 C.

19.【参考答案】 B

【答案解析】 设 $t=x-3$，则 $x=t+3$，由题设可得

$$f(t)=2(t+3)^2+(t+3)+2=2t^2+13t+23,$$

即

$$f(x)=2x^2+13x+23.$$

则

$$\lim_{x\to\infty}\frac{f(x)}{x^2}=\lim_{x\to\infty}\frac{2x^2+13x+23}{x^2}=2.$$

故选 B.

【老师提示】 极限公式：当 $a_0b_0\neq 0$，m,k 为非负整数时，有

$$\lim_{x\to\infty}\frac{a_0x^k+a_1x^{k-1}+\cdots+a_k}{b_0x^m+b_1x^{m-1}+\cdots+b_m}=\begin{cases}\frac{a_0}{b_0}, & m=k,\\ 0, & m>k,\\ \infty, & m<k.\end{cases}$$

考生应熟记并会运用. 当 x 换为正整数 n 时，仍有相同的结论，如 15 题.

20.【参考答案】 D

【答案解析】 由于

$$f\left(x+\frac{1}{x}\right)=\frac{x+x^3}{1+x^4}=\frac{x^2\left(\frac{1}{x}+x\right)}{x^2\left(\frac{1}{x^2}+x^2\right)}=\frac{\frac{1}{x}+x}{\left(\frac{1}{x}+x\right)^2-2},$$

因此

$$f(x)=\frac{x}{x^2-2},\ \lim_{x\to 2}f(x)=\lim_{x\to 2}\frac{x}{x^2-2}=1.$$

故选 D.

21.【参考答案】 E

【答案解析】 由于

$$\lim_{x\to 1^-}\frac{x^2-1}{x-1}\mathrm{e}^{\frac{1}{x-1}}=\lim_{x\to 1^-}(x+1)\mathrm{e}^{\frac{1}{x-1}}=0,$$

而
$$\lim_{x\to1^+}\frac{x^2-1}{x-1}e^{\frac{1}{x-1}}=\lim_{x\to1^+}(x+1)e^{\frac{1}{x-1}}=+\infty,$$

则 $x\to1$ 时，函数$\frac{x^2-1}{x-1}e^{\frac{1}{x-1}}$ 的极限不存在，但不为 ∞.

22.【参考答案】C

【答案解析】所给极限为“$\frac{0}{0}$”型，不能直接利用极限的四则运算法则. 首先进行等价无穷小代换，再分组，可简化运算.

$$\begin{aligned}\lim_{x\to0}\frac{5\sin x+x^2\cos\frac{1}{x}}{(2+\cos x)\ln(1+x)}&=\lim_{x\to0}\frac{1}{2+\cos x}\cdot\frac{5\sin x+x^2\cos\frac{1}{x}}{x}\\&=\frac{1}{3}\lim_{x\to0}\left(\frac{5\sin x}{x}+x\cos\frac{1}{x}\right)=\frac{5}{3}.\end{aligned}$$

故选 C.

23.【参考答案】A

【答案解析】当 $x\to1$ 时，$x^2-5x+4\to0$，因此

$$\begin{aligned}\lim_{x\to1}\frac{\sin(x^2-5x+4)}{x^2-1}&=\lim_{x\to1}\frac{x^2-5x+4}{x^2-1}=\lim_{x\to1}\frac{(x-1)(x-4)}{(x-1)(x+1)}\\&=\lim_{x\to1}\frac{x-4}{x+1}=-\frac{3}{2}.\end{aligned}$$

故选 A.

24.【参考答案】C

【答案解析】解法 1 由

$$\begin{aligned}\lim_{x\to0}\frac{\sin 6x+xf(x)}{x^3}&=\lim_{x\to0}\frac{\sin 6x-6x+6x+xf(x)}{x^3}\\&=\lim_{x\to0}\frac{\sin 6x-6x}{x^3}+\lim_{x\to0}\frac{6x+xf(x)}{x^3}\\&=-\frac{1}{6}\times6^3+\lim_{x\to0}\frac{6+f(x)}{x^2}=0,\end{aligned}$$

则$\lim\limits_{x\to0}\frac{6+f(x)}{x^2}=36$. 故选 C.

解法 2 对 $\sin 6x$ 使用泰勒展开，

$$\lim_{x\to0}\frac{\sin 6x+xf(x)}{x^3}=\lim_{x\to0}\frac{6x-\frac{1}{6}(6x)^3+o(x^3)+xf(x)}{x^3}=\lim_{x\to0}\frac{6+f(x)}{x^2}-36=0,$$

故$\lim\limits_{x\to0}\frac{6+f(x)}{x^2}=36$. 故选 C.

解法 3 由$\lim\limits_{x\to0}\frac{\sin 6x+xf(x)}{x^3}=0$，得

$$\frac{\sin 6x+xf(x)}{x^3}=0+\alpha,$$

其中$\lim\limits_{x\to0}\alpha=0$. 于是得 $xf(x)=-\sin 6x+o(x^3)$，故$\lim\limits_{x\to0}\frac{6+f(x)}{x^2}=\lim\limits_{x\to0}\frac{6x-\sin 6x+o(x^3)}{x^3}=36$. 故选 C.

25.【参考答案】 B

【答案解析】 利用等价无穷小可知，当 $x\to 0^+$ 时，

$$1-e^{\sqrt{x}}\sim-\sqrt{x};\ln\frac{1-x}{1-\sqrt{x}}=\ln(1+\sqrt{x})\sim\sqrt{x};$$

$$\sqrt{1+\sqrt{x}}-1\sim\frac{1}{2}\sqrt{x};1-\cos\sqrt{x}\sim\frac{x}{2};$$

$$\ln(1-\sqrt{x})\sim-\sqrt{x}.$$

【老师提示】 考生需要熟记常见的等价无穷小公式：

当 $x\to 0$ 时，

$$x\sim\sin x\sim\arcsin x\sim\tan x\sim\arctan x\sim\ln(1+x)\sim e^x-1\sim\frac{a^x-1}{\ln a}\sim\frac{(1+x)^a-1}{a};$$

$$1-\cos x\sim\frac{1}{2}x^2.$$

对于上述等价无穷小，考试用得较多的是它们的广义形式，如由 $x\to 0,x\sim\sin x$，有 $\Box\to 0,\Box\sim\sin\Box$，其中 $\Box\neq 0$.

26.【参考答案】 B

【答案解析】 设 $t=\sin^2 x$，则存在 $x=0$ 的较小邻域，使得

$$|\sin x|=\sin|x|=\sqrt{t},|x|=\arcsin\sqrt{t}.$$

因此 $f(\sin^2 x)=\dfrac{x^2}{|\sin x|}$ 可化为 $f(t)=\dfrac{(\arcsin\sqrt{t})^2}{\sqrt{t}}$. 则有

$$\lim_{x\to 0^+}\frac{f(x)}{x}=\lim_{x\to 0^+}\frac{(\arcsin\sqrt{x})^2}{\sqrt{x}\cdot x}=\lim_{x\to 0^+}\frac{x}{x\sqrt{x}}=+\infty,$$

又
$$\lim_{x\to 0^+}f(x)=\lim_{x\to 0^+}\frac{(\arcsin\sqrt{x})^2}{\sqrt{x}}=\lim_{x\to 0^+}\frac{x}{\sqrt{x}}=0,$$

即当 $x\to 0^+$ 时，$f(x)$ 为无穷小量. 因此可知当 $x\to 0^+$ 时，$f(x)$ 为 x 的低阶无穷小量，故选 B.

【老师提示】 判定当 $x\to 0^+$ 时，$f(x)$ 为无穷小量是不可缺少的一步.

27.【参考答案】 C

【答案解析】
$$\lim_{x\to 0}\frac{e^{\tan x}-e^{\sin x}}{x^a}=\lim_{x\to 0}e^{\sin x}\cdot\frac{e^{\tan x-\sin x}-1}{x^a}$$
$$=\lim_{x\to 0}e^{\sin x}\cdot\frac{\tan x-\sin x}{x^a}$$
$$=\lim_{x\to 0}e^{\sin x}\cdot\sin x\cdot\frac{\dfrac{1}{\cos x}-1}{x^a}$$
$$=\lim_{x\to 0}e^{\sin x}\cdot\frac{\sin x}{x}\cdot\frac{1}{\cos x}\cdot\frac{1-\cos x}{x^{a-1}}$$
$$=\lim_{x\to 0}\frac{\dfrac{1}{2}x^2}{x^{a-1}}.$$

由题意，知该极限应为不等于零的常数，因此 $a-1=2$，得 $a=3$. 故选 C.

28.【参考答案】 E

【答案解析】 对于A，$\lim\limits_{x\to0^+}\dfrac{\dfrac{\arcsin x}{\sqrt{x}}}{x}=\lim\limits_{x\to0^+}\dfrac{x}{x\sqrt{x}}=+\infty$，可知应排除A.

对于B，$\lim\limits_{x\to0^+}\dfrac{\sin x}{x}=1$，可知 $x\to0^+$ 时，$\dfrac{\sin x}{x}$ 不是无穷小量，应排除B.

对于C，$\lim\limits_{x\to0^+}\dfrac{1-\cos\sqrt{x}}{x}=\lim\limits_{x\to0^+}\dfrac{\dfrac{1}{2}x}{x}=\dfrac{1}{2}\neq1$，应排除C.

对于D，当 $x\to0^+$ 时，$x\sin\dfrac{1}{x}$ 为无穷小量，但是 $\lim\limits_{x\to0^+}\dfrac{x\sin\dfrac{1}{x}}{x}=\lim\limits_{x\to0^+}\sin\dfrac{1}{x}$ 不存在，这表明当 $x\to0^+$ 时，无穷小量 $x\sin\dfrac{1}{x}$ 的阶不能与 x 的阶进行比较，因此排除D.

对于E，

$$\lim_{x\to0^+}(\sqrt{1+x}-\sqrt{1-x})=0,$$

$$\begin{aligned}\lim_{x\to0^+}\frac{\sqrt{1+x}-\sqrt{1-x}}{x}&=\lim_{x\to0^+}\frac{(\sqrt{1+x}-\sqrt{1-x})(\sqrt{1+x}+\sqrt{1-x})}{x(\sqrt{1+x}+\sqrt{1-x})}\\&=\lim_{x\to0^+}\frac{1+x-(1-x)}{x(\sqrt{1+x}+\sqrt{1-x})}=1.\end{aligned}$$

可知当 $x\to0^+$ 时，$\sqrt{1+x}-\sqrt{1-x}$ 与 x 为等价无穷小量，故选E.

29.【参考答案】 D

【答案解析】 取点列 $x_n=\dfrac{1}{n\pi}(n=1,2,\cdots)$，则变量值为

$$\frac{1}{\left(\frac{1}{n\pi}\right)^2}\cdot\sin\frac{1}{\frac{1}{n\pi}}=(n\pi)^2\sin(n\pi)=0,$$

此时变量值为点列 $0,0,\cdots,0,\cdots$.

取点列 $x_n=\dfrac{1}{2n\pi+\frac{\pi}{2}}(n=1,2,\cdots)$，则变量值为

$$\frac{1}{\left(\frac{1}{2n\pi+\frac{\pi}{2}}\right)^2}\cdot\sin\frac{1}{\frac{1}{2n\pi+\frac{\pi}{2}}}=\left(2n\pi+\frac{\pi}{2}\right)^2,$$

此时变量值 $\left\{\left(2n\pi+\dfrac{\pi}{2}\right)^2\right\}$ 为无界点列.

综上可知，当 $x\to0$ 时，变量 $\dfrac{1}{x^2}\sin\dfrac{1}{x}$ 是无界变量，但不是无穷大量，故选D.

30.【参考答案】 B

【答案解析】 依题设，$\lim\limits_{n\to\infty}\dfrac{e^{\frac{1}{n}}-e^{\frac{1}{n+1}}}{\left(\frac{1}{n}\right)^m}=1$，其中 $n\to\infty$ 时，

$$e^{\frac{1}{n}}-e^{\frac{1}{n+1}}=e^{\frac{1}{n+1}}\left(e^{\frac{1}{n}-\frac{1}{n+1}}-1\right)\sim\frac{1}{n(n+1)}\sim\frac{1}{n^2},$$

于是，$\lim\limits_{n\to\infty}\dfrac{e^{\frac{1}{n}}-e^{\frac{1}{n+1}}}{\left(\dfrac{1}{n}\right)^{m}}=\lim\limits_{n\to\infty}\left(\dfrac{1}{n}\right)^{2-m}=1$，得 $m=2$，故选 B.

31.【参考答案】B

【答案解析】由常见的等价无穷小公式可得：当 $x\to 0$ 时，

$$(1-\cos x)\ln(1+x^2)\sim\frac{1}{2}x^2\cdot x^2=\frac{1}{2}x^4,$$

$$x\sin x^n\sim x^{n+1},e^{x^2}-1\sim x^2.$$

根据题意，有 $2<n+1<4$，也即 $1<n<3$，可得 $n=2$. 故选 B.

32.【参考答案】C

【答案解析】$\lim\limits_{x\to 0}\dfrac{f(x)}{g(x)}=\lim\limits_{x\to 0}\dfrac{x-\sin x\cos x\cos 2x}{\dfrac{\ln(1+\sin^4 x)}{x}}$

$$=\lim_{x\to 0}\frac{x-\frac{1}{4}\sin 4x}{x^3}（等价无穷小代换 \ln(1+\sin^4 x)\sim\sin^4 x\sim x^4）$$

$$=\lim_{x\to 0}\frac{1-\cos 4x}{3x^2}=\lim_{x\to 0}\frac{\frac{1}{2}(4x)^2}{3x^2}=\frac{8}{3}.$$

可知 $f(x)$ 是 $g(x)$ 的同阶非等价无穷小.

33.【参考答案】A

【答案解析】由题意有

$$\lim_{x\to 0}\frac{f(x)}{x^k}=\lim_{x\to 0}\frac{3\sin x-\sin 2x}{x^k}=c（c 为非零常数）.$$

所给极限为"$\dfrac{0}{0}$"型，由洛必达法则可得

$$\lim_{x\to 0}\frac{3\sin x-\sin 2x}{x^k}=\lim_{x\to 0}\frac{3\cos x-2\cos 2x}{kx^{k-1}},$$

此时分子的极限为 1，由于比值的极限存在且非零，因此分母的极限为非零常数，因此 $k-1=0$，即 $k=1$. 故选 A.

34.【参考答案】B

【答案解析】由题意知考查极限 $\lim\limits_{x\to 0}\dfrac{2^x+3^x-2}{x}$，所给极限为"$\dfrac{0}{0}$"型，利用洛必达法则求解.

$$\lim_{x\to 0}\frac{2^x+3^x-2}{x}=\lim_{x\to 0}\frac{2^x\ln 2+3^x\ln 3}{1}=\ln 2+\ln 3.$$

可知当 $x\to 0$ 时，$f(x)$ 与 x 为同阶非等价无穷小. 故选 B.

35.【参考答案】A

【答案解析】由 $\lim\limits_{x\to 0}\dfrac{f(x)}{x^2}=-1$ 知，当 $x\to 0$ 时，$f(x)\sim -x^2$，于是 $x^n f(x)\sim -x^{n+2}$. 又当 $x\to 0$ 时，$\ln\cos x^2=\ln[1+(\cos x^2-1)]\sim\cos x^2-1\sim-\dfrac{1}{2}x^4$，$e^{\sin^2 x}-1\sim\sin^2 x\sim x^2$.

再根据题设，有 $2<n+2<4$，可得 $n=1$.

36.【参考答案】 E

【答案解析】 利用定积分定义,有

$$\lim_{n\to\infty}\frac{1^{\alpha}+2^{\alpha}+\cdots+n^{\alpha}}{n^{\alpha+1}}=\lim_{n\to\infty}\sum_{k=1}^{n}\left(\frac{k}{n}\right)^{\alpha}\cdot\frac{1}{n}=\int_{0}^{1}x^{\alpha}\mathrm{d}x=\frac{1}{\alpha+1},$$

故选 E.

37.【参考答案】 D

【答案解析】 根据结论:$\lim\frac{f(x)}{g(x)}=A$,① 若 $g(x)\to 0$,则 $f(x)\to 0$;② 若 $f(x)\to 0$,且 $A\neq 0$, 则 $g(x)\to 0$.

因为$\lim\limits_{x\to 0}\frac{\sin x}{\mathrm{e}^{2x}-a}(\cos x-b)=\frac{5}{2}$,且$\lim\limits_{x\to 0}\sin x\cdot(\cos x-b)=0$,所以$\lim\limits_{x\to 0}(\mathrm{e}^{2x}-a)=0$(否则根据上述结论 ② 可知,极限是 0,而不是$\frac{5}{2}$,矛盾).

由$\lim\limits_{x\to 0}(\mathrm{e}^{2x}-a)=\lim\limits_{x\to 0}\mathrm{e}^{2x}-\lim\limits_{x\to 0}a=1-a=0$ 得 $a=1$.

极限化为$\lim\limits_{x\to 0}\frac{\sin x}{\mathrm{e}^{2x}-1}(\cos x-b)\xlongequal{\text{等价无穷小代换}}\lim\limits_{x\to 0}\frac{x}{2x}(\cos x-b)=\frac{1}{2}(1-b)=\frac{5}{2}$,得$b=-4$.

因此,$a=1,b=-4$.

38.【参考答案】 B

【答案解析】
$$\begin{aligned}\lim_{x\to 0}\left[\frac{1}{x}-\left(\frac{1}{x}-a\right)\mathrm{e}^{x}\right]&=\lim_{x\to 0}\left[\frac{1}{x}(1-\mathrm{e}^{x})+a\mathrm{e}^{x}\right]\\&=\lim_{x\to 0}\frac{1-\mathrm{e}^{x}}{x}+a\lim_{x\to 0}\mathrm{e}^{x}=-1+a=1.\end{aligned}$$

所以 $a=2$.

39.【参考答案】 E

【答案解析】 需先求出 $f(x)+g(x)$ 的表达式.

$$f(x)+g(x)=\begin{cases}2\mathrm{e}^{-x}+b, & x<0,\\ a+b, & 0\leqslant x<1,\\ a+\sin x, & x\geqslant 1.\end{cases}$$

显然点 $x=0,x=1$ 为 $f(x)+g(x)$ 的分段点,在分段点两侧函数表达式不同,应考虑左极限与右极限.

$$\lim_{x\to 0^-}[f(x)+g(x)]=\lim_{x\to 0^-}(2\mathrm{e}^{-x}+b)=2+b,$$
$$\lim_{x\to 0^+}[f(x)+g(x)]=\lim_{x\to 0^+}(a+b)=a+b.$$

由于 $f(x)+g(x)$ 在点 $x=0$ 处有极限,因此 $a+b=2+b$,可知 $a=2$.

$$\lim_{x\to 1^-}[f(x)+g(x)]=\lim_{x\to 1^-}(a+b)=a+b,$$
$$\lim_{x\to 1^+}[f(x)+g(x)]=\lim_{x\to 1^+}(a+\sin x)=a+\sin 1.$$

由于 $f(x)+g(x)$ 在点 $x=1$ 处有极限,因此 $a+b=a+\sin 1$,可知 $b=\sin 1$.

故选 E.

40.【参考答案】 B

【答案解析】 点 $x=0$ 为 $f(x)$ 的分段点，在分段点两侧 $f(x)$ 表达式不同，应考虑左极限、右极限.

$$\lim_{x\to0^-}f(x)=\lim_{x\to0^-}\frac{e^{\tan x}-1}{\sin\frac{x}{4}}=\lim_{x\to0^-}\frac{\tan x}{\frac{x}{4}}=\lim_{x\to0^-}\frac{x}{\frac{x}{4}}=4,$$

$$\lim_{x\to0^+}f(x)=\lim_{x\to0^+}(1+ax)^{\frac{1}{x}}=e^a.$$

由于$\lim\limits_{x\to0}f(x)$ 存在，有 $e^a=4$，从而 $a=\ln 4$. 故选 B.

41.【参考答案】 C

【答案解析】 点 $x=0$ 为 $f(x)$ 的分段点，在分段点两侧 $f(x)$ 表达式不同，应考虑左极限、右极限.

$$\lim_{x\to0^-}f(x)=\lim_{x\to0^-}\left(\frac{a+x}{a-x}\right)^{\frac{1}{x}}=\lim_{x\to0^-}\left[\frac{a\left(1+\frac{x}{a}\right)}{a\left(1-\frac{x}{a}\right)}\right]^{\frac{1}{x}}$$

$$=\lim_{x\to0^-}\frac{\left(1+\frac{x}{a}\right)^{\frac{1}{x}}}{\left(1-\frac{x}{a}\right)^{\frac{1}{x}}}=\frac{\lim\limits_{x\to0^-}\left(1+\frac{x}{a}\right)^{\frac{1}{x}}}{\lim\limits_{x\to0^-}\left(1-\frac{x}{a}\right)^{\frac{1}{x}}}=\frac{e^{\frac{1}{a}}}{e^{\frac{-1}{a}}}=e^{\frac{2}{a}}.$$

$$\lim_{x\to0^+}f(x)=\lim_{x\to0^+}(x^2-2x+e)=e.$$

由于$\lim\limits_{x\to0}f(x)$ 存在，则 $e^{\frac{2}{a}}=e$，可得 $a=2$. 故选 C.

【老师提示】 读者可以验证下列规律：

$$\lim_{x\to0}(1+ax)^{\frac{b}{x}+c}=e^{ab}.$$

以后可以用作公式，简化运算.

相仿
$$\lim_{x\to\infty}\left(1+\frac{a}{x}\right)^{bx+c}=e^{ab}.$$

如：
$$\lim_{x\to\infty}\left(\frac{x+3}{x-2}\right)^{2x}=\lim_{x\to\infty}\left(\frac{1+\frac{3}{x}}{1-\frac{2}{x}}\right)^{2x}=\lim_{x\to\infty}\frac{\left(1+\frac{3}{x}\right)^{2x}}{\left(1-\frac{2}{x}\right)^{2x}}=\frac{e^6}{e^{-4}}=e^{10}.$$

42.【参考答案】 D

【答案解析】 令 $t=x-1$，则 $x=t+1$，可得 $f(t)=\begin{cases}t+2, & t\leqslant-1,\\(t+1)\sin\frac{1}{t+1}, & t>-1,\end{cases}$ 故

$$f(x)=\begin{cases}x+2, & x\leqslant-1,\\(x+1)\sin\frac{1}{x+1}, & x>-1.\end{cases}$$

又
$$\lim_{x\to(-1)^-}f(x)=\lim_{x\to(-1)^-}(x+2)=1,$$

$$\lim_{x\to(-1)^+}f(x)=\lim_{x\to(-1)^+}(x+1)\sin\frac{1}{x+1}.$$

当 $x\to(-1)^+$ 时，$x+1$ 为无穷小量，$\sin\frac{1}{x+1}$ 为有界变量，可知 $\lim\limits_{x\to(-1)^+}f(x)=0$.

即当 $x \to -1$ 时，$f(x)$ 的左极限与右极限都存在，但二者不相等，因此当 $x \to -1$ 时，$f(x)$ 的极限不存在. 故选 D.

43. **【参考答案】** E

【答案解析】 由 $\lim\limits_{x\to0}f(x) = \lim\limits_{x\to0}\dfrac{\sin 2x + e^{2ax} - 1}{x} = \lim\limits_{x\to0}\dfrac{\sin 2x}{x} + \lim\limits_{x\to0}\dfrac{e^{2ax} - 1}{x} = 2 + 2a = a$

得 $a = -2$，故选 E.

44. **【参考答案】** E

【答案解析】 $x = 0$ 为 $f(x)$ 的分段点，在 $x = 0$ 两侧 $f(x)$ 的表达式不同. 应考虑 $f(x)$ 的左极限与右极限.

$$\lim_{x\to0^-}f(x) = \lim_{x\to0^-}(4 + x^2) = 4,$$

$$\lim_{x\to0^+}f(x) = \lim_{x\to0^+}\frac{a\sin x}{x} = a.$$

可知当 $a = 4$ 时，$\lim\limits_{x\to0}f(x) = 4$，又 $f(0) = 4$. 进而可知，当 $a = 4$ 时，$x = 0$ 为 $f(x)$ 的连续点.

当 $a \neq 4$ 时，$x = 0$ 为 $f(x)$ 的间断点，且为第一类间断点.

故选 E.

45. **【参考答案】** A

【答案解析】 由题设，点 $x = -1$ 与 $x = 1$ 为 $f(x)$ 的分段点，在 $(-\infty, -1)$，$(-1, 1)$，$(1, +\infty)$ 内 $f(x)$ 都是初等函数，皆为连续函数. 只需考查 $f(x)$ 在点 $x = -1$ 与 $x = 1$ 处的连续性.

$$\lim_{x\to(-1)^-}f(x) = \lim_{x\to(-1)^-}(-2) = -2,$$

$$\lim_{x\to(-1)^+}f(x) = \lim_{x\to(-1)^+}(x^2 + ax + b) = 1 - a + b.$$

当 $f(x)$ 在点 $x = -1$ 处连续时，应有 $1 - a + b = -2$，即

$$a - b = 3. \qquad ①$$

又
$$\lim_{x\to1^-}f(x) = \lim_{x\to1^-}(x^2 + ax + b) = 1 + a + b,$$

$$\lim_{x\to1^+}f(x) = \lim_{x\to1^+}2 = 2.$$

当 $f(x)$ 在点 $x = 1$ 处连续时，应有 $1 + a + b = 2$，即

$$a + b = 1. \qquad ②$$

联立 ①，② 得方程组
$$\begin{cases} a - b = 3, \\ a + b = 1, \end{cases}$$

解得 $a = 2$，$b = -1$. 故选 A.

【老师提示】 本题利用了"一切初等函数在其定义区间内都是连续的"这一重要结论.

46. **【参考答案】** E

【答案解析】 由于

$$\lim_{x\to(-1)^-}f(x) = \lim_{x\to(-1)^-}(a + bx^2) = a + b,$$

$$\lim_{x\to(-1)^+}f(x) = \lim_{x\to(-1)^+}\ln(b + x + x^2) = \ln b.$$

由于 $f(-1) = 1$，可知当 $a + b = \ln b = 1$，即 $a = 1 - e$，$b = e$ 时，$f(x)$ 在点 $x = -1$ 处

连续. 故选 E.

47.【参考答案】 B

【答案解析】 令 $t=x-1$,则 $x=t+1$,由 $f(x-1)$ 的表达式可得

$$f(t)=\begin{cases}t+3, & t<-1,\\ 2, & t=-1,\\ (t+1)\sin\dfrac{1}{t+1}, & t>-1,\end{cases}$$

从而

$$f(x)=\begin{cases}x+3, & x<-1,\\ 2, & x=-1,\\ (x+1)\sin\dfrac{1}{x+1}, & x>-1.\end{cases}$$

由

$$\lim_{x\to(-1)^-}f(x)=\lim_{x\to(-1)^-}(x+3)=2,$$

$$\lim_{x\to(-1)^+}f(x)=\lim_{x\to(-1)^+}(x+1)\sin\frac{1}{x+1}=0,$$

可知 $\lim\limits_{x\to(-1)^-}f(x)\neq\lim\limits_{x\to(-1)^+}f(x)$,即 $f(x)$ 在 $x=-1$ 处极限不存在. 因此 $x=-1$ 为 $f(x)$ 的间断点.

又 $f(-1)=2$,可知 $\lim\limits_{x\to(-1)^-}f(x)=f(-1)$,即 $f(x)$ 在 $x=-1$ 处左连续;

$\lim\limits_{x\to(-1)^+}f(x)\neq f(-1)$,即 $f(x)$ 在 $x=-1$ 处不右连续.

故选 B.

48.【参考答案】 B

【答案解析】 当 $x=-1$ 与 $x=1$ 时,$f(x)$ 没有定义. 这两个点是 $f(x)$ 的间断点.

$$\lim_{x\to-1}f(x)=\lim_{x\to-1}\frac{x^2-x}{x^2-1}=\lim_{x\to-1}\frac{x(x-1)}{(x-1)(x+1)}=\infty,$$

$$\lim_{x\to1}f(x)=\lim_{x\to1}\frac{x(x-1)}{(x-1)(x+1)}=\frac{1}{2}.$$

可知 $x=-1$ 为 $f(x)$ 的无穷间断点,$x=1$ 为 $f(x)$ 的可去间断点. 故选 B.

49.【参考答案】 E

【答案解析】 所给问题为函数 $g(x)$ 在点 $x=0$ 处的连续性及间断点的类型判定问题.

$$\lim_{x\to0}g(x)=\lim_{x\to0}\frac{\ln(1+x^a)\cdot\sin x}{x^2}=\lim_{x\to0}\frac{x^{a+1}}{x^2}=\lim_{x\to0}x^{a-1},$$

又由 $g(0)=0$,可知:

当 $a>1$ 时,$\lim\limits_{x\to0}g(x)=g(0)$,此时 $g(x)$ 在 $x=0$ 处连续;

当 $a=1$ 时,$\lim\limits_{x\to0}g(x)=1$,此时 $g(x)$ 在 $x=0$ 处间断,$x=0$ 为 $g(x)$ 的跳跃间断点;

当 $a<1$ 时,$\lim\limits_{x\to0}g(x)$ 不存在,此时 $g(x)$ 在 $x=0$ 处间断,$x=0$ 为 $g(x)$ 的无穷间断点.

综上可知,$g(x)$ 在点 $x=0$ 处的连续性与 a 的取值有关. 故应选 E.

50.【参考答案】 E

【答案解析】 依题设，$\lim\limits_{x\to 0}g(x)=\lim\limits_{x\to 0}f\left(\frac{1}{x}\right)=\lim\limits_{u\to\infty}f(u)=a$，知当 $x\to 0$ 时，$g(x)$ 极限存在，但在点 $x=0$ 处是否连续，取决于 $\lim\limits_{x\to 0}g(x)=g(0)$ 是否成立，即 a 是否为零，故选 E.

51.【参考答案】 A

【答案解析】 由

$$h(x)=f(x)+g(x)=\begin{cases}x^2+x+1, & x\leqslant 0,\\ x^2+x-1, & 0<x<1,\\ 3x-2, & x\geqslant 1,\end{cases}$$

则

$$\lim_{x\to 0^+}h(x)=\lim_{x\to 0^+}(x^2+x-1)=-1\neq h(0)=1,$$

知点 $x=0$ 为间断点.

$$\lim_{x\to 1^+}h(x)=\lim_{x\to 1^+}(3x-2)=1=h(1),$$
$$\lim_{x\to 1^-}h(x)=\lim_{x\to 1^-}(x^2+x-1)=1=h(1),$$

知点 $x=1$ 为连续点.

又
$$h'_-(1)=\lim_{x\to 1^-}\frac{h(x)-h(1)}{x-1}=\lim_{x\to 1^-}\frac{x^2+x-1-1}{x-1}=3,$$
$$h'_+(1)=\lim_{x\to 1^+}\frac{h(x)-h(1)}{x-1}=\lim_{x\to 1^+}\frac{3x-2-1}{x-1}=3,$$

即 $h'(1)=3$，可知 $h(x)$ 在 $x=1$ 处可导. 故选 A.

另外，本题可先确定点 $x=0$ 为函数 $f(x)$ 的间断点，从而确定 $x=0$ 为函数 $f(x)+g(x)$ 的间断点.

52.【参考答案】 A

【答案解析】 由于 $f(x)$ 在 $x_1=1,x_2=3$ 处没有定义，当 $x\neq 1,x\neq 3$ 时，$f(x)$ 为初等函数且为连续函数. 又由

$$\lim_{x\to 1}f(x)=\lim_{x\to 1}\frac{x\sin(x-3)}{(x-1)(x-3)^2}=\infty,\lim_{x\to 3}f(x)=\lim_{x\to 3}\frac{x\sin(x-3)}{(x-1)(x-3)^2}=\infty,$$

$$\lim_{x\to 0}f(x)=\lim_{x\to 0}\frac{x\sin(x-3)}{(x-1)(x-3)^2}=0,\lim_{x\to -1}f(x)=\lim_{x\to -1}\frac{x\sin(x-3)}{(x-1)(x-3)^2}=-\frac{\sin 4}{32},$$

可知 $f(x)$ 在 $(-1,0)$ 内为有界函数，故选 A.

【老师提示】 若 $y=f(x)$ 为闭区间 $[a,b]$ 上的连续函数，则 $f(x)$ 在 $[a,b]$ 上必定有界. 若 $y=f(x)$ 为开区间 (a,b) 内的连续函数，且 $\lim\limits_{x\to a^+}f(x)$ 与 $\lim\limits_{x\to b^-}f(x)$ 都存在，则 $f(x)$ 在 (a,b) 内必定有界.

第二章　导数与微分

1.【参考答案】D

【答案解析】由于函数 $y=f(x)$ 在点 $x=x_0$ 处可导，由导数定义可知

$$\lim_{\Delta x\to 0}\frac{f(x_0+\Delta x)-f(x_0)}{\Delta x}=f'(x_0).$$

对于 A，$\lim\limits_{\Delta x\to 0}\dfrac{f(x_0)-f(x_0+\Delta x)}{\Delta x}=-f'(x_0)$，知 A 不正确.

对于 B，$\lim\limits_{\Delta x\to 0}\dfrac{f(x_0-\Delta x)-f(x_0)}{\Delta x}=\lim\limits_{\Delta x\to 0}\dfrac{-[f(x_0-\Delta x)-f(x_0)]}{-\Delta x}=-f'(x_0)$，

知 B 不正确.

对于 C，$\lim\limits_{\Delta x\to 0}\dfrac{f(x_0+2\Delta x)-f(x_0)}{\Delta x}=\lim\limits_{\Delta x\to 0}2\cdot\dfrac{f(x_0+2\Delta x)-f(x_0)}{2\Delta x}=2f'(x_0)$，

知 C 不正确.

对于 E，$\lim\limits_{\Delta x\to 0}\dfrac{f(x_0-2\Delta x)-f(x_0)}{2\Delta x}=-\lim\limits_{\Delta x\to 0}\dfrac{f(x_0-2\Delta x)-f(x_0)}{-2\Delta x}=-f'(x_0)$，

知 E 不正确.

对于 D，

$$\begin{aligned}&\lim_{\Delta x\to 0}\frac{f(x_0+2\Delta x)-f(x_0+\Delta x)}{\Delta x}\\=&\lim_{\Delta x\to 0}\left[\frac{f(x_0+2\Delta x)-f(x_0)}{\Delta x}-\frac{f(x_0+\Delta x)-f(x_0)}{\Delta x}\right]\\=&\lim_{\Delta x\to 0}2\cdot\frac{f(x_0+2\Delta x)-f(x_0)}{2\Delta x}-\lim_{\Delta x\to 0}\frac{f(x_0+\Delta x)-f(x_0)}{\Delta x}\\=&2f'(x_0)-f'(x_0)=f'(x_0).\end{aligned}$$

故选 D.

【老师提示】(1) 导数定义 $\lim\limits_{\Delta x\to 0}\dfrac{f(x_0+\Delta x)-f(x_0)}{\Delta x}=f'(x_0)$ 的含义：函数增量与自变量增量之比在 $\Delta x\to 0$ 时的极限形式. 其中函数增量是函数在动点处的值减去在定点处的值. 虽然D为两动点处的函数值之差与自变量增量之比的极限，且选项D正确，但反之不对，即使这种极限存在也不可以作为导数存在的充分条件.

(2) 与导数定义等价的形式：

$$\lim_{h\to 0}\frac{f(x_0+h)-f(x_0)}{h}=f'(x_0);$$

$$\lim_{x\to x_0}\frac{f(x)-f(x_0)}{x-x_0}=f'(x_0);$$

$\lim\limits_{\square\to 0}\dfrac{f(x_0+\square)-f(x_0)}{\square}=f'(x_0)$，$\square$ 可填任一极限为零的非零函数.

2.【参考答案】C

【答案解析】函数 $f(x)$ 可能出现的不可导点是绝对值内函数为零的点，即 $x=-1,0,1$ 三

点,其中,

$$\lim_{x\to-1}\frac{f(x)-f(-1)}{x-(-1)}=\lim_{x\to-1}\frac{(x+1)(x-2)}{x+1}|x^3-x|=0,$$

因此,$f(x)$ 在点 $x=-1$ 处可导,可以排除点 $x=-1$.

同理,可以验证$\lim\limits_{x\to0}\frac{f(x)-f(0)}{x-0}$ 及$\lim\limits_{x\to1}\frac{f(x)-f(1)}{x-1}$ 不存在,即 $f(x)$ 在点 $x=0$ 和 $x=1$ 处不可导,故选 C.

3.【参考答案】 B

【答案解析】 判断函数在某定点处的可导性应从定义出发考虑. 对于选项 B,由

$$\lim_{x\to0}\frac{f(x)-f(0)}{x}=\lim_{x\to0}\frac{|x|\cos x}{x}=\lim_{x\to0}\frac{|x|}{x}$$

不存在,知 $f(x)=|x|\cos x$ 在点 $x=0$ 处不可导,故选 B.

4.【参考答案】 A

【答案解析】 由 $f'(-1)=\lim\limits_{x\to-1}\frac{f(x)-f(-1)}{x-(-1)}=\lim\limits_{x\to-1}x(x+2)(x+3)\cdots(x+10)=-9!$,

所以有 $f'(-1)=-9!$,故选 A.

【老师提示】 由于本题是求函数在给定点的导数,因此直接利用导数定义较为简便. 若先依照导数运算规则求出 $f'(x)$,再将 x 换为 -1,将使运算复杂化.

5.【参考答案】 B

【答案解析】 $F(x)$在点$x=0$处可导的充要条件是$f(x)|\sin x|$在点$x=0$处可导,即极限 $\lim\limits_{x\to0}\frac{f(x)|\sin x|}{x}$ 存在. 由于在 $x\to0$ 时,$\frac{|\sin x|}{x}$ 的极限不存在,仅为有界变量,若要 $\lim\limits_{x\to0}\frac{f(x)|\sin x|}{x}$ 存在,其充要条件是$\lim\limits_{x\to0}f(x)=0$,即 $f(0)=0$,故选 B.

6.【参考答案】 D

【答案解析】 所给题设条件为导数定义的等价形式,由导数定义可知

$$\lim_{h\to0}\frac{f(1)-f(1-h)}{3h}=\lim_{h\to0}\frac{1}{3}\cdot\frac{f(1-h)-f(1)}{-h}=\frac{1}{3}f'(1)=2,$$

可得 $f'(1)=6$. 故选 D.

7.【参考答案】 E

【答案解析】 所给题设条件为导数定义的等价形式,有

$$\lim_{h\to0}\frac{f(2h)-f(0)}{h}=\lim_{h\to0}2\cdot\frac{f(2h)-f(0)}{2h}=2f'(0).$$

故选 E.

8.【参考答案】 E

【答案解析】 所给条件为在点 $x=2$ 处的导数值. 但是,应该明确若 $f'(2)$ 存在,则

$$f'(2)=\lim_{\Delta x\to0}\frac{f(2+\Delta x)-f(2)}{\Delta x}=\lim_{\Delta x\to0}\frac{\Delta y}{\Delta x},$$

即当自变量的增量趋于零时,函数增量与自变量增量之比的极限存在. 注意函数增量的形式:动点处函数值与定点处函数值之差.

本题中函数增量是函数在两个动点处的差值,不属于导数定义的标准形式,也不属于导数

定义的等价形式,因此应考虑将其变形,化为导数定义的等价形式,即

$$\begin{aligned}\lim_{x\to0}\frac{x}{f(2-2x)-f(2-x)}&=\lim_{x\to0}\frac{1}{\dfrac{f(2-2x)-f(2-x)}{x}}\\&=\lim_{x\to0}\frac{1}{\dfrac{f(2-2x)-f(2)}{x}+\dfrac{f(2-x)-f(2)}{-x}}\\&=\frac{1}{-2f'(2)+f'(2)}=-\frac{1}{f'(2)}=1.\end{aligned}$$

故选 E.

9.【参考答案】 D

【答案解析】 由于

$$\begin{aligned}\lim_{x\to0}\frac{x^2f(x)-f(x^3)}{x^3}&=\lim_{x\to0}\left[\frac{f(x)}{x}-\frac{f(x^3)}{x^3}\right]\\&=\lim_{x\to0}\frac{f(x)-f(0)}{x-0}-\lim_{x\to0}\frac{f(x^3)-f(0)}{x^3-0}\\&=f'(0)-f'(0)=0.\end{aligned}$$

故选 D.

【老师提示】 利用导数定义求函数在某点处的导数,有以下三种情况:

(1) 若函数表达式中含有抽象函数符号,且仅知其连续,不知其是否可导,求其导数时必须用导数定义;

(2) 求分段函数(如带绝对值符号的函数)在分段点处的导数时,必须用导数的定义;

(3) 求某些简单函数在某点处的导数时,有时利用导数定义也相当简便.

10.【参考答案】 B

【答案解析】 所给问题似乎与导数定义的形式相同,但是仔细分析可以发现两者之间的差异.已知条件为 $f'(4)=1$,从而有 $\lim\limits_{x\to4}\dfrac{f(x)-f(4)}{x-4}=1$.因此可设 $u=2x$,得

$$\lim_{x\to2}\frac{f(2x)-f(4)}{x-2}=\lim_{u\to4}\frac{f(u)-f(4)}{\frac{1}{2}u-2}=2\lim_{u\to4}\frac{f(u)-f(4)}{u-4}=2f'(4)=2.$$

故选 B.

11.【参考答案】 B

【答案解析】 由题设 $f(x)$ 在 $x=2$ 处可导,而题中极限过程为 $x\to1$.若设 $u=x+1$,则当 $x\to1$ 时,$u\to2$,因此

$$\lim_{x\to1}\frac{f(x+1)-f(2)}{3x-3}=\lim_{u\to2}\frac{f(u)-f(2)}{3(u-2)}=\frac{1}{3}f'(2)=\frac{1}{3},$$

因此 $f'(2)=1$.故选 B.

12.【参考答案】 E

【答案解析】 由于 $f'(0)$存在,知 $\lim\limits_{x\to0}\dfrac{f(x)-f(0)}{x}=f'(0)$,从而有

$$\lim_{x\to0}\frac{2}{x}\left[f(x)-f\left(\frac{x}{3}\right)\right]=\lim_{x\to0}\frac{2}{x}\left\{f(x)-f(0)-\left[f\left(\frac{x}{3}\right)-f(0)\right]\right\}$$

$$=2\lim_{x\to0}\frac{f(x)-f(0)}{x}-\frac{2}{3}\lim_{x\to0}\frac{f\left(\frac{x}{3}\right)-f(0)}{\frac{x}{3}}$$

$$=\left(2-\frac{2}{3}\right)f'(0)=a,$$

得 $f'(0)=\frac{3}{4}a$,故选 E.

13.【参考答案】 B

【答案解析】 本题主要判断各选项的极限存在能否推出极限 $\lim\limits_{h\to0}\frac{f(h)}{h}$ 存在. 其中选项 A,E 只能推出 $f(x)$ 在点 $x=0$ 处右导数存在,选项 C,D 不能推出极限 $\lim\limits_{h\to0}\frac{f(h)}{h}$ 存在,由排除法,故选 B. 事实上,由于 $h\to0$ 时,$e^{2h}-1\sim2h$,有 $\lim\limits_{h\to0}\frac{f(e^{2h}-1)}{h}=\lim\limits_{h\to0}\frac{f(2h)}{h}$,所以,极限 $\lim\limits_{h\to0}\frac{f(e^{2h}-1)}{h}$ 存在可推出极限 $\lim\limits_{h\to0}\frac{f(h)}{h}$ 存在.

14.【参考答案】 D

【答案解析】 对于 A,令 $t=\frac{1}{h}$,则 $h\to+\infty$ 时,$t\to0^+$,可知当 $t\to0^+$ 时,

$$\lim_{h\to+\infty}h\left[f\left(a+\frac{1}{h}\right)-f(a)\right]=\lim_{h\to+\infty}\frac{f\left(a+\frac{1}{h}\right)-f(a)}{\frac{1}{h}}=\lim_{t\to0^+}\frac{f(a+t)-f(a)}{t}$$

存在,这只能保证 $f'_+(a)$ 存在,而不能保证 $f'(a)$ 存在,因此排除 A.

对于 B,C,可设 $f(x)=\begin{cases}1, & x\neq a,\\0, & x=a,\end{cases}$ $f(x)$ 在点 $x=a$ 处不连续,因此必不可导,但此时,

$$\lim_{h\to0}\frac{f(a+2h)-f(a+h)}{h}=0,\lim_{h\to0}\frac{f(a+h)-f(a-h)}{2h}=0$$

存在,因此排除 B,C.

对于 E,$h\to0$ 时,$h-\sin h\sim\frac{1}{6}h^3$,与分母 h 不同阶,故排除 E.

对于 D,$\lim\limits_{h\to0}\frac{f(a)-f(a-h)}{h}=\lim\limits_{h\to0}\frac{f(a-h)-f(a)}{-h}=f'(a)$,知 D 正确. 故选 D.

【老师提示】 在本章第 1 题"老师提示"中已指出,当自变量的增量趋于零时,函数在两动点处函数值之差与自变量增量比值的极限存在不能作为导数在某点处存在的充分条件.

15.【参考答案】 C

【答案解析】 题目考查该抽象函数在点 $x=0$ 处的函数值及其左、右导数,计算如下.
换元,令 $x=h^2$,由题设可得

$$\lim_{h\to0}\frac{f(h^2)}{h^2}=\lim_{x\to0^+}\frac{f(x)}{x}=1,$$

于是 $\lim\limits_{x\to0^+}f(x)=\lim\limits_{x\to0^+}\frac{f(x)}{x}\cdot x=1\cdot0=0.$

因为函数 $f(x)$ 在点 $x=0$ 处连续,故 $f(0)=\lim\limits_{x\to0^+}f(x)=0$,进而有

$$1=\lim_{x\to 0^+}\frac{f(x)}{x}=\lim_{x\to 0^+}\frac{f(x)-f(0)}{x-0}=f'_+(0).$$

这表明 $f(0)=0$ 且 $f'_+(0)$ 存在. 故应选 C.

16.【参考答案】 C

【答案解析】 显然 $f(0)=0$，且 $\lim\limits_{x\to 0}f(x)=0$，所以 $f(x)$ 在 $x=0$ 处连续，又由 $|f(x)|\leqslant x^2$ 得

$$0\leqslant\left|\frac{f(x)-f(0)}{x}\right|\leqslant|x|,$$

根据夹逼准则，有

$$\lim_{x\to 0}\frac{f(x)-f(0)}{x}=0,\text{即 } f'(0)=0,$$

可知，$f(x)$ 在点 $x=0$ 处可导且 $f'(0)=0$.

17.【参考答案】 C

【答案解析】 $f(x)$ 在分段点 $x=0$ 两侧函数表达式不同，考虑：

$$\lim_{x\to 0^-}f(x)=\lim_{x\to 0^-}x^2g(x)=0,$$

$$\lim_{x\to 0^+}f(x)=\lim_{x\to 0^+}\frac{e^{x^2}-1}{x}=\lim_{x\to 0^+}\frac{x^2}{x}=0.$$

可知 $\lim\limits_{x\to 0^-}f(x)=\lim\limits_{x\to 0^+}f(x)=f(0)$，因此 $f(x)$ 在 $x=0$ 处极限存在且连续，应排除 A，B.

又由单侧导数的定义，有

$$f'_-(0)=\lim_{x\to 0^-}\frac{f(x)-f(0)}{x}=\lim_{x\to 0^-}\frac{x^2g(x)}{x}=0,$$

$$f'_+(0)=\lim_{x\to 0^+}\frac{f(x)-f(0)}{x}=\lim_{x\to 0^+}\frac{\frac{e^{x^2}-1}{x}}{x}=\lim_{x\to 0^+}\frac{x^2}{x^2}=1.$$

可知 $f'_-(0)\neq f'_+(0)$，从而 $f'(0)$ 不存在，故选 C.

【老师提示】 一般遇到判定分段函数在分段点的可导性问题有两种解答方法.

(1) 先判定 $f(x)$ 在该分段点处的连续性. 如果 $f(x)$ 在该点连续且 $f'(x)(x\neq x_0)$ 易求，则可利用：

$$\lim_{x\to x_0^-}f'(x)=f'_-(x_0),$$

$$\lim_{x\to x_0^+}f'(x)=f'_+(x_0).$$

若 $f'(x)(x\neq x_0)$ 不易求得，则不能利用此方法. 本题虽然 $f(x)$ 在点 $x=0$ 处连续但表达式复杂，所以不采用该方法.

(2) 利用左导数、右导数定义来判定，这是试题通常考查的知识点.

18.【参考答案】 D

【答案解析】 所给选项为连续性、可导性及导函数连续性的考查，因此应逐个加以讨论.

因为 $\lim\limits_{x\to 0}x^2\sin\dfrac{1}{x}=0=f(0)$，所以 $f(x)$ 在点 $x=0$ 处连续，这里 $\sin\dfrac{1}{x}$ 是有界函数.

又 $f'(0)=\lim\limits_{x\to 0}\dfrac{f(x)-f(0)}{x}=\lim\limits_{x\to 0}\dfrac{x^2\sin\frac{1}{x}}{x}=0$，所以 $f(x)$ 在点 $x=0$ 处可导.

注意到，当 $x \neq 0$ 时，

$$f'(x) = 2x\sin\frac{1}{x} + x^2\cos\frac{1}{x}\cdot\left(-\frac{1}{x^2}\right) = 2x\sin\frac{1}{x} - \cos\frac{1}{x},$$

于是

$$f'(x) = \begin{cases} 2x\sin\dfrac{1}{x} - \cos\dfrac{1}{x}, & x \neq 0, \\ 0, & x = 0, \end{cases}$$

由于$\lim\limits_{x\to0}\cos\dfrac{1}{x}$不存在，而$\lim\limits_{x\to0}2x\sin\dfrac{1}{x} = 0$，可知$\lim\limits_{x\to0}f'(x)$不存在，则导函数 $f'(x)$ 在 $x = 0$ 处不连续，且为第二类间断点，故选 D.

19.【参考答案】E

【答案解析】由于 $f(x)$ 在点 $x = 1$ 处可导，因此必定连续. 又由于

$$\lim_{x\to1^-}f(x) = \lim_{x\to1^-}e^x = e,$$

$$\lim_{x\to1^+}f(x) = \lim_{x\to1^+}(ax+b) = a+b,$$

因此 $a+b = e$.

由于 $f(x)$ 在点 $x = 1$ 处可导，且当 $x < 1$ 时，$f(x) = e^x$，$f'(x) = e^x$，

$$\lim_{x\to1^-}f'(x) = \lim_{x\to1^-}e^x = e = f'_-(1).$$

当 $x > 1$ 时，$f(x) = ax+b$，$f'(x) = a$，

$$\lim_{x\to1^+}f'(x) = \lim_{x\to1^+}a = a = f'_+(1).$$

从而有 $f'_-(1) = f'_+(1)$，因此 $a = e$，进而可知 $b = 0$. 故选 E.

20.【参考答案】C

【答案解析】$\lim\limits_{x\to0}\dfrac{f(\sin^3x)}{\lambda x^k} = \lim\limits_{x\to0}\dfrac{f(\sin^3x)}{\sin^3x}\cdot\dfrac{\sin^3x}{\lambda x^k} = \lim\limits_{x\to0}\dfrac{f(\sin^3x)-f(0)}{\sin^3x-0}\cdot\dfrac{\sin^3x}{\lambda x^k}$

$$= f'(0)\cdot\lim_{x\to0}\frac{\sin^3x}{\lambda x^k} \xlongequal{f'(0)=1} \lim_{x\to0}\frac{\sin^3x}{\lambda x^k}$$

$$= \frac{1}{\lambda}\lim_{x\to0}\frac{x^3}{x^k} = \frac{1}{2}.$$

所以 $\lambda = 2$，$k = 3$.

故选 C.

21.【参考答案】D

【答案解析】$b = f'(0) = \lim\limits_{x\to0}\dfrac{f(x)-f(0)}{x-0} = \lim\limits_{x\to0}\dfrac{\dfrac{1}{a}f(1+x)-\dfrac{1}{a}f(1)}{x} = \dfrac{1}{a}f'(1).$

所以 $f'(1) = ab$.

【老师提示】本题中，因为没有假设 $f(x)$ 可导，故不能对 $f(1+x) = af(x)$ 两边求导.

22.【参考答案】C

【答案解析】由已知条件不难得到：$f(1) = 1$，且 $f(x)$ 在 $x = 0$ 处连续，所以

$$f'(1) = \lim_{\Delta x\to0}\frac{f(1+\Delta x)-f(1)}{\Delta x} = \lim_{\Delta x\to0}\frac{f^2(\Delta x)-1}{\Delta x}$$

$$= \lim_{\Delta x\to0}\frac{f(\Delta x)-1}{\Delta x}\cdot[f(\Delta x)+1]$$

$$= \lim_{\Delta x \to 0} \frac{f(\Delta x) - f(0)}{\Delta x} \cdot [f(\Delta x) + 1]$$

$$= 2f'(0) = 2.$$

23.【参考答案】 A

【答案解析】 由微分的定义可知，当 $\Delta x \to 0$ 时，$\frac{\Delta y - \mathrm{d}y}{\Delta x} \to 0$，$\Delta y - \mathrm{d}y$ 为 Δx 的高阶无穷小，故选 A.

24.【参考答案】 A

【答案解析】 由于当 $f(x)$ 可导且由微分的定义知 $\Delta x \to 0$ 时，$\Delta y - \mathrm{d}y$ 为 Δx 的高阶无穷小量，且 $\mathrm{d}y$ 为 Δy 的线性主部，因此有

$$\Delta y = \mathrm{d}y + o(\Delta x) = y'\Delta x + o(\Delta x),$$

当 $y = f(x^3)$ 时，有 $y' = 3x^2 f'(x^3)$，由题设有

$$[f'(x^3) \cdot 3x^2]\Big|_{x=-1} \cdot \Delta x\Big|_{\Delta x=-0.1} = 0.3,$$

$$3f'(-1) \cdot (-0.1) = 0.3,$$

$$f'(-1) = -1,$$

故选 A.

25.【参考答案】 B

【答案解析】 在 $x = x_0$ 处，

$$\mathrm{d}y = f'(x_0)\Delta x = \frac{1}{2}\Delta x,$$

故当 $\Delta x \to 0$ 时，$\mathrm{d}y$ 是与 Δx 同阶但不等价的无穷小.

故选 B.

26.【参考答案】 E

【答案解析】 由复合函数的链式求导法则，可知

$$[f(\mathrm{e}^x)]' = f'(\mathrm{e}^x) \cdot \mathrm{e}^x = \mathrm{e}^{-x} \cdot \mathrm{e}^x = 1,$$

故选 E.

27.【参考答案】 A

【答案解析】解法 1　利用导数定义：

$$f'(0) = \lim_{x \to 0} \frac{f(x) - f(0)}{x - 0} = \lim_{x \to 0} \frac{(\mathrm{e}^x - 1)(\mathrm{e}^{2x} - 2)\cdots(\mathrm{e}^{nx} - n) - 0}{x}$$

$$= \lim_{x \to 0} \frac{\mathrm{e}^x - 1}{x} \cdot \lim_{x \to 0}[(\mathrm{e}^{2x} - 2)\cdots(\mathrm{e}^{nx} - n)] = (-1)^{n-1}(n-1)!.$$

解法 2　记 $g(x) = (\mathrm{e}^{2x} - 2)\cdots(\mathrm{e}^{nx} - n)$，则 $f(x) = (\mathrm{e}^x - 1)g(x)$，于是 $f'(x) = \mathrm{e}^x g(x) + (\mathrm{e}^x - 1)g'(x)$，则 $f'(0) = g(0) = (-1)^{n-1}(n-1)!$，选 A.

28.【参考答案】 E

【答案解析】 $f(x) = \ln(4x + \cos^2 2x)$，

$$f'(x) = \frac{1}{4x + \cos^2 2x}[4 + 2\cos 2x \cdot (-\sin 2x) \cdot 2] = \frac{4 - 4\sin 2x\cos 2x}{4x + \cos^2 2x},$$

$$f'\left(\frac{\pi}{8}\right) = \frac{4 - 4 \times \frac{\sqrt{2}}{2} \times \frac{\sqrt{2}}{2}}{\frac{\pi}{2} + \frac{1}{2}} = \frac{4}{\pi + 1}.$$

29.【参考答案】 A

【答案解析】 $y=\ln\sqrt{\dfrac{1-x}{1+x^2}}=\dfrac{1}{2}[\ln(1-x)-\ln(1+x^2)]$,

$$y'=\frac{1}{2}\left(\frac{-1}{1-x}-\frac{2x}{1+x^2}\right),y'\Big|_{x=0}=-\frac{1}{2},$$

因此

$$\mathrm{d}y\Big|_{x=0}=y'\Big|_{x=0}\mathrm{d}x=-\frac{1}{2}\mathrm{d}x.$$

故选 A.

【老师提示】 本题利用对数性质,将 $y=\ln\sqrt{\dfrac{1-x}{1+x^2}}$ 先变形再求导数,简化了运算,这是常用的技巧.

30.【参考答案】 D

【答案解析】 设 $u=\dfrac{x-1}{x+1}$,则 $y=f\left(\dfrac{x-1}{x+1}\right)=f(u)$,

$$u'=\left(\frac{x-1}{x+1}\right)'=\frac{(x+1)-(x-1)}{(x+1)^2}=\frac{2}{(x+1)^2},$$

$$\frac{\mathrm{d}y}{\mathrm{d}x}=f'(u)\cdot u'=\arctan u^2\cdot\frac{2}{(x+1)^2}.$$

当 $x=0$ 时,$u=-1$. 因此

$$\frac{\mathrm{d}y}{\mathrm{d}x}\Big|_{x=0}=\arctan(-1)^2\cdot\frac{2}{(0+1)^2}=\frac{\pi}{2}.$$

故选 D.

31.【参考答案】 A

【答案解析】

$$h'(x)=\mathrm{e}^{\sin 2x+g(x)}\cdot[2\cos 2x+g'(x)],$$

把 $x=\dfrac{\pi}{4}$ 代入上式得

$$h'\left(\frac{\pi}{4}\right)=\mathrm{e}^{\sin\left(2\cdot\frac{\pi}{4}\right)+g\left(\frac{\pi}{4}\right)}\cdot\left[2\cos\left(2\cdot\frac{\pi}{4}\right)+g'\left(\frac{\pi}{4}\right)\right]\Rightarrow 1=\mathrm{e}^{1+g\left(\frac{\pi}{4}\right)}\cdot 2,$$

即 $1+g\left(\dfrac{\pi}{4}\right)=\ln\dfrac{1}{2}$,故 $g\left(\dfrac{\pi}{4}\right)=-\ln 2-1$.

32.【参考答案】 C

【答案解析】 对照函数极值的定义、定理逐个检验.

对比极值存在的必要条件,易知 A 不正确. 因为 $f'(x_0)$ 不存在时,x_0 也可能是极值点. 例如 $f(x)=|x|$ 在 $x=0$ 处取极小值,但 $f'(0)$ 不存在.

B 错误. 因为 $f'(x_0)=0$ 且 $f''(x_0)$ 不存在时,x_0 也可能为极值点. 例如函数 $f(x)=x^{\frac{4}{3}}$,容易看出 $x=0$ 是 $f(x)$ 的极小值点,且 $f'(0)=0$. 但 $f''(x)=\dfrac{4}{9}x^{-\frac{2}{3}}$ 在 $x=0$ 处不存在.

C 是正确的. 因为若 $f''(x_0)$ 存在,则 $f'(x_0)$ 必存在,且 $f'(x)$ 在 x_0 处连续. 于是由可导函数取极值的必要条件,必有 $f'(x_0)=0$.

D 容易判断错误. 因为从图形上观察单调与极值的关系,会误认为 D 是正确的. 殊不知我们所画的图形是一些比较简单的函数图形,特别是 $f'(x)$ 在 x_0 连续且 $f'(x_0)=0$ 的情

形. 对于一些特殊、复杂的函数,如

$$f(x)=\begin{cases}x^2\left(2+\sin\dfrac{1}{x}\right), & x\neq 0,\\ 0, & x=0,\end{cases}$$

易得

$$f'(x)=\begin{cases}2x\left(2+\sin\dfrac{1}{x}\right)-\cos\dfrac{1}{x}, & x\neq 0,\\ 0, & x=0,\end{cases}$$

在点 $x=0$ 处取极小值 $f(0)=0$. 但当 $x\to 0$ 时, $2x\left(2+\sin\dfrac{1}{x}\right)\to 0$, $\cos\dfrac{1}{x}$ 却总在 -1 和 1 之间振荡,即 $f'(x)$ 在 $x=0$ 处的极限不存在(且不为无穷大). 所以无法说左侧单调减少,右侧单调增加. 故选 C.

33.【参考答案】 A

【答案解析】 $f(x)$, $g(x)$ 都为抽象函数,可以先将选项 A,B 变形:

A 可以变形为 $\dfrac{f(x)}{g(x)}>\dfrac{f(b)}{g(b)}$;

B 可以变形为 $\dfrac{f(x)}{g(x)}>\dfrac{f(a)}{g(a)}$.

由此可得 A,B 是比较 $\dfrac{f(x)}{g(x)}$ 与其两个端点值的大小.

而 C,D 是比较 $f(x)g(x)$ 与其两个端点值的大小.

由于题设条件不能转化为 $[f(x)\cdot g(x)]'$,而题设 $f(x)>0$, $g(x)>0$,且 $f'(x)g(x)-g'(x)f(x)<0$,因此有

$$\frac{f'(x)g(x)-g'(x)f(x)}{g^2(x)}=\left[\frac{f(x)}{g(x)}\right]'<0,$$

从而知 $\dfrac{f(x)}{g(x)}$ 在 $[a,b]$ 上为单调减少函数,因此当 $a<x<b$ 时,有

$$\frac{f(x)}{g(x)}>\frac{f(b)}{g(b)},$$

进而知

$$f(x)g(b)>f(b)g(x).$$

故选 A.

34.【参考答案】 C

【答案解析】 由题设 $f(-x)=f(x)$,可知函数 $f(x)$ 为偶函数,其图形关于 y 轴对称.

由于在 $(-\infty,0)$ 内 $f'(x)>0$,可知 $f(x)$ 单调增加. 因此在 $(0,+\infty)$ 内 $f(x)$ 关于 y 轴对称的图形为单调减少,应有 $f'(x)<0$.

由于在 $(-\infty,0)$ 内 $f''(x)<0$,因此其图形为凸. 而经 y 轴对称,在 $(0,+\infty)$ 内图形仍为凸,从而 $f''(x)<0$. 故选 C.

【老师提示】 本题也可以直接将 $f(-x)=f(x)$ 两端关于 x 求导:

$$-f'(-x)=f'(x),\ f''(-x)=f''(x).$$

可知一阶导数在 y 轴两侧异号,二阶导数在 y 轴两侧同号. 故选 C.

35.【参考答案】 E

【答案解析】 本题考查导数值的大小关系. 题设条件为二阶导数大于零,可考虑利用二阶导数符号判定一阶导函数的单调性来求解.

由于在$[0,1]$上$f''(x)>0$,可知$f'(x)$为$[0,1]$上的单调增加函数,因此$f'(1)>f'(0)$. 又$f''(x)$在$[0,1]$上存在,可知$f'(x)$在$[0,1]$上连续. $f(x)$在$[0,1]$上满足拉格朗日中值定理,可知必定存在点$\xi\in(0,1)$,使得

$$f(1)-f(0)=f'(\xi),$$

由于$f'(x)$在$[0,1]$上为单调增加函数,必有

$$f'(1)>f'(\xi)>f'(0),$$

即

$$f'(1)>f(1)-f(0)>f'(0).$$

36.【参考答案】 D

【答案解析】 需注意,如果$f''(x_0)=0$,则判定极值的第二充分条件失效.

如果记$F(x)=f'(x)$,由题设条件有$F'(x_0)=0,F''(x_0)>0$. 由极值的第二充分条件知$F(x_0)$为$F(x)$的极小值,即$f'(x_0)$为$f'(x)$的极小值,因此A不正确,排除A.

取$f(x)=x^3$,则$f'(x)=3x^2,f''(x)=6x,f'''(x)=6$. 因此$f'(0)=f''(0)=0,f'''(0)=6>0$. 而$x=0$既不为$f(x)=x^3$的极小值点,也不为$f(x)=x^3$的极大值点,可知B,C都不正确,排除B,C.

由于$f'''(x_0)>0$,知$f''(x)$在点x_0处连续,又$f''(x_0)=0$,由导数定义可以验证$f''(x)$在x_0两侧异号,从而知点$(x_0,f(x_0))$为曲线$y=f(x)$的拐点,可知D正确,E不正确. 故选D.

【老师提示】 利用泰勒公式可以证明下述命题:

设$y=f(x)$在$x=x_0$处n阶可导,若

$$f'(x_0)=f''(x_0)=\cdots=f^{(n-1)}(x_0)=0,$$

而$f^{(n)}(x_0)\neq 0$,则

(1) 当n为偶数时,则x_0为$f(x)$的极值点,且

① 当$f^{(n)}(x_0)>0$时,x_0为$f(x)$的极小值点;

② 当$f^{(n)}(x_0)<0$时,x_0为$f(x)$的极大值点.

(2) 当$n(n\geqslant 3)$为奇数时,x_0不为$f(x)$的极值点. 但点$(x_0,f(x_0))$为曲线$y=f(x)$的拐点.

以后可以将上述结论作为定理使用.

37.【参考答案】 B

【答案解析】 由于$\lim\limits_{x\to a}\dfrac{f'(x)}{x-a}=-1$,其中求极限的函数为分式,分母的极限为零,因此必定有分子的极限为零,即$\lim\limits_{x\to a}f'(x)=0$.

由题设知$f'(x)$在点$x=a$处连续,因此有

$$f'(a)=\lim_{x\to a}f'(x)=0,$$

即$x=a$为$f(x)$的驻点. 又

$$f''(a)=\lim_{x\to a}\frac{f'(x)-f'(a)}{x-a}=\lim_{x\to a}\frac{f'(x)}{x-a}=-1<0,$$

由极值第二充分条件知$x=a$为$f(x)$的极大值点. 故选B.

38.【参考答案】 B

【答案解析】 首先应求出 ξ_n，进而得到 $f(\xi_n)$，最后求出极限值. 因为 ξ_n 是曲线在点(1,1)处的切线与 x 轴交点的横坐标，即 x 轴截距，所以还需从切线方程入手. 注意点(1,1)在曲线 $f(x)=x^n$ 上.

由于 $f'(x)=nx^{n-1}$，所以过点(1,1)的切线斜率 $k=f'(1)=n$. 切线方程为

$$y-1=n(x-1),$$

令 $y=0$，代入切线方程，求得的 x 值就是 ξ_n. 所以

$$\xi_n=1-\frac{1}{n},$$

$$f(\xi_n)=\left(1-\frac{1}{n}\right)^n,$$

故

$$\lim_{n\to\infty}f(\xi_n)=\lim_{n\to\infty}\left(1-\frac{1}{n}\right)^n=\mathrm{e}^{-1}=\frac{1}{\mathrm{e}}.$$

故选 B.

【老师提示】 ξ_n 的几何意义是，随着 n 的增大，曲线 $f(x)=x^n$ 在点(1,1)处的切线与 x 轴的交点就越来越靠近点(1,0). 当 $n\to\infty$ 时，切线的极限位置将是一条过点(1,1)且垂直于 x 轴的直线，此时切线的斜率 k 不存在.

39.【参考答案】 A

【答案解析】 由于极值点只能是导数为零的点或不可导的点，因此只需考虑这两类特殊点.

由图 1-2-1 可知，导数为零的点有三个，自左至右依次记为 x_1，x_2，x_3.

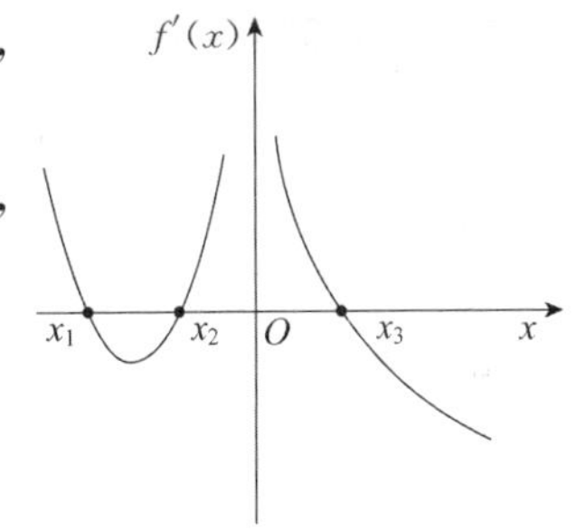

图 1-2-1

在这些点的两侧，$f'(x)$ 异号.

当 $x<x_1$ 时，$f'(x)>0$；当 $x_1<x<x_2$ 时，$f'(x)<0$.

可知 x_1 为 $f(x)$ 的极大值点.

当 $x_1<x<x_2$ 时，$f'(x)<0$；当 $x_2<x<0$ 时，$f'(x)>0$.

可知 x_2 为 $f(x)$ 的极小值点.

当 $0<x<x_3$ 时，$f'(x)>0$；当 $x>x_3$ 时，$f'(x)<0$. 可知 x_3 为 $f(x)$ 的极大值点.

由导函数图形知，在点 $x=0$ 处 $f(x)$ 不可导，但在 $x=0$ 左侧 $f'(x)>0$，在 $x=0$ 右侧 $f'(x)>0$. 可知点 $x=0$ 不为 $f(x)$ 的极值点.

综上可知函数 $f(x)$ 有一个极小值点和两个极大值点. 故选 A.

40.【参考答案】 B

【答案解析】 $f'(x)$ 的零点即为 $f'(x)=0$ 的根，也就是 $f(x)$ 的驻点. 可以直接求 $f'(x)$，令 $f'(x)=0$ 求解，但运算较复杂. 注意到由 $f(x)=(x-1)(x-2)(x-3)(x-4)$，可知 $f(1)=f(2)=f(3)=f(4)=0$. 在[1,2]，[2,3]，[3,4]上 $f(x)$ 满足罗尔定理，因此必定存在 $\xi_1\in(1,2)$，$\xi_2\in(2,3)$，$\xi_3\in(3,4)$，使得

$$f'(\xi_1)=f'(\xi_2)=f'(\xi_3)=0,$$

由于 $f(x)$ 为四次多项式，$f'(x)$ 为三次多项式，因此三次方程 $f'(x)=0$ 至多有三个实根. 故选 B.

41.【参考答案】 C

【答案解析】 由于 $f(x)=|x(3-x)|\geqslant 0$，$f(0)=0$，可知 $x=0$ 为 $f(x)$ 的极小值点. 排除 B,D. 由

$$f(x)=\begin{cases}-3x+x^2, & x\leqslant 0 \text{ 或 } x\geqslant 3,\\ 3x-x^2, & 0<x<3.\end{cases}$$

可得当 $x<0$ 或 $x>3$ 时，$f'(x)=-3+2x$，$f''(x)=2$；

当 $0<x<3$ 时，$f'(x)=3-2x$，$f''(x)=-2$.

由于在 $x=0$ 两侧 $f''(x)$ 异号，因此 $(0,f(0))=(0,0)$ 为曲线 $y=f(x)$ 的拐点. 故选 C.

【老师提示】 画出本题函数图形可以得知，极值点与图形的拐点可以重合在一起.

42.【参考答案】 B

【答案解析】 $f'(x)=\sin x+x\cos x-\sin x=x\cos x$，显然 $f'(0)=0$，$f'\left(\frac{\pi}{2}\right)=0$.

又 $f''(x)=\cos x-x\sin x$，且 $f''(0)=1>0$，$f''\left(\frac{\pi}{2}\right)=-\frac{\pi}{2}<0$.

所以，$f(0)$ 是极小值，$f\left(\frac{\pi}{2}\right)$ 是极大值.

【老师提示】 驻点与极值点的关系：极值点不一定为驻点（因为函数在极值点处可能不可导）；驻点也不一定为极值点.

但如果函数是可导的，那么极值点一定为驻点. 由该结论可知，函数的极值点只可能出现在驻点或不可导点上. 因此，计算函数的极值的一般思路可以概括为：先找出函数所有的驻点与不可导点，再通过（第一或第二）充分条件判断每个点是否为极值点.

43.【参考答案】 E

【答案解析】 由于 $f(x)$ 在 $(-\infty,+\infty)$ 内可导，且 $f(x)=f(x+4)$，又由于周期函数的导函数也是周期函数，且其周期与相应周期函数的周期相同，都为 4. 即 $f'(1)=f'(5)$.

又由 $\lim\limits_{x\to 0}\frac{f(1)-f(1-x)}{2x}=-1$，可得 $f'(1)=-2$. 因此知曲线 $y=f(x)$ 在点 $(5,f(5))$ 处的切线斜率为 $f'(5)=-2$. 故选 E.

44.【参考答案】 A

【答案解析】 由连续性的定义可知只需求 $\lim\limits_{x\to 0}F(x)$.

解法 1 由于 $f(0)=0$，利用洛必达法则可知

$$\lim_{x\to 0}\frac{f(x)+a\sin x}{x}=\lim_{x\to 0}\frac{f'(x)+a\cos x}{1}=f'(0)+a=b+a,$$

$F(x)$ 在点 $x=0$ 处连续，则 $\lim\limits_{x\to 0}F(x)=F(0)=A$，从而 $A=b+a$，故选 A.

解法 2 由于 $f'(0)=b$，$f(0)=0$，由导数定义可知

$$\begin{aligned}\lim_{x\to 0}F(x)&=\lim_{x\to 0}\frac{f(x)+a\sin x}{x}=\lim_{x\to 0}\left[\frac{f(x)}{x}+\frac{a\sin x}{x}\right]\\&=\lim_{x\to 0}\left[\frac{f(x)-f(0)}{x}+\frac{a\sin x}{x}\right]=f'(0)+a=b+a.\end{aligned}$$

由于 $F(x)$ 在点 $x=0$ 处连续，因此 $\lim\limits_{x\to 0}F(x)=F(0)=A$，可知 $A=b+a$，故选 A.

【老师提示】 由解法 1 可知，使用洛必达法则时，利用了 $f(x)$ 有连续导函数的条件. 解法 2

只需要 $f'(0)$ 存在,可知题目的条件宽松,可以降低为 $f'(0)=b$. 又当 $f(x)$ 在点 $x=0$ 处连续,$F(x)$ 在点 $x=0$ 处连续时,有

$$\lim_{x\to 0}F(x)=\lim_{x\to 0}\frac{f(x)+a\sin x}{x}$$

存在,由于分母极限为零,可知分子极限必定为零,从而 $f(0)=0$,这表明题中 $f(0)=0$ 也是可以去掉的.

45.【参考答案】 C

【答案解析】 将所给方程两端关于 x 求导,可得

$$e^y\cdot y'=4x(x^2+1)-y',$$

$$y'=\frac{1}{e^y+1}\cdot 4x(x^2+1).$$

令 $y'=0$,可得 y 的唯一驻点 $x=0$. 当 $x<0$ 时,$y'<0$;当 $x>0$ 时,$y'>0$. 由极值的第一充分条件可知 $x=0$ 为 y 的极小值点. 故选 C.

46.【参考答案】 C

【答案解析】 由于 $f(x)$ 为连续函数,$\lim\limits_{x\to 0}\frac{f(x)}{x}=2$,可知 $f(0)=\lim\limits_{x\to 0}f(x)=0$. 因此

$$2=\lim_{x\to 0}\frac{f(x)}{x}=\lim_{x\to 0}\frac{f(x)-f(0)}{x}=f'(0).$$

曲线 $y=f(x)$ 在点 $(0,f(0))$ 处的切线方程为 $y=2x$.

故选 C.

47.【参考答案】 B

【答案解析】 所给问题为由隐函数形式确定的函数曲线的切线问题,这类问题与由显函数形式确定的函数曲线的切线问题相仿,只需求出导数值,代入切线方程即可.

将所给方程两端关于 x 求导,可得

$$\cos(xy)\cdot(xy)'+\frac{1}{y-x}\cdot(y-x)'=1,$$

$$(y+xy')\cos(xy)+\frac{y'}{y-x}-\frac{1}{y-x}=1.$$

点 $(0,1)$ 在曲线上,故将 $x=0,y=1$ 代入上式有

$$1+\frac{y'\big|_{x=0}}{1-0}-1=1,$$

$$y'\big|_{x=0}=1,$$

切线方程为

$$y=x+1.$$

故选 B.

【老师提示】 对于显函数,如果 $y=f(x)$ 在点 $x=x_0$ 处可导,则曲线 $y=f(x)$ 在点 $x=x_0$ 处必定存在切线,切线斜率为 $f'(x_0)$,切线方程为

$$y-f(x_0)=f'(x_0)(x-x_0).$$

当 $f'(x_0)\neq 0$ 时,法线方程为

$$y-f(x_0)=\frac{-1}{f'(x_0)}(x-x_0).$$

特别地,当 $f'(x_0)=0$ 时,相应的切线方程为

$$y=f(x_0).$$

对于隐函数,如果曲线方程 $y=y(x)$ 由 $F(x,y)=0$ 确定,且 (x_0,y_0) 在曲线上,求过该点的切线方程时,只需先依隐函数求导方法求出 $\left.\frac{\mathrm{d}y}{\mathrm{d}x}\right|_{x=x_0}$,再代入切线方程即可.

48.【参考答案】 C

【答案解析】

$$f''(x)=x\ln x-3[f'(x)]^2,f''(1)=0.$$

$$f'''(x)=\ln x+1-6f'(x)f''(x),f'''(1)=1.$$

可知 $(1,f(1))$ 是曲线 $y=f(x)$ 的拐点,故选 C.

【老师提示】 拐点的计算及判断与极值点类似. 假设函数具有三阶导数,则先通过必要条件 $f''(x)=0$ 确定可能为拐点的点的范围,再通过充分条件判断这些点是否为拐点.

判断一个点是否为拐点,一般来说,如果能判断出 $f''(x)$ 在每个子区间上的符号,则使用第一充分条件;如果函数存在三阶导数,并且三阶导数的计算比较方便,则使用第二充分条件.

49.【参考答案】 A

【答案解析】 $y=f(x)=\ln(1+x^2)$,定义域为 $(-\infty,+\infty)$.

$$y'=\frac{2x}{1+x^2},y''=\frac{2(1-x^2)}{(1+x^2)^2}.$$

在区间 $(-1,0)$ 内,$y'<0$,函数 $y=f(x)$ 单调减少;$y''>0$,曲线 $y=f(x)$ 为凹. 故选 A.

50.【参考答案】 E

【答案解析】 由于 $f'(0)=0,f''(x)+[f'(x)]^2=x$,可得

$$f''(0)=0,$$

可知判定极值的第二充分条件失效. 由题设知

$$f''(x)=x-[f'(x)]^2,$$

上式右端可导,表示 $f(x)$ 三阶可导,且

$$f'''(x)=1-2f'(x)f''(x),f'''(0)=1.$$

由 36 题"老师提示",可知:$f(0)$ 不是函数 $f(x)$ 的极值,但点 $(0,f(0))$ 是曲线 $y=f(x)$ 的拐点.

故选 E.

51.【参考答案】 D

【答案解析】 先研究 $f(x)$ 在点 $x=0$ 处的可导性.

由于 $f(0)=0$,且 $\lim\limits_{x\to0}\frac{f(x)}{1-\cos x}=2$,可得

$$\lim_{x\to0}\frac{f(x)}{1-\cos x}=\lim_{x\to0}\frac{f(x)}{\frac{x^2}{2}}=\lim_{x\to0}\frac{2f(x)}{x^2}=2,$$

从而知

$$\lim_{x\to0}\frac{f(x)}{x^2}=\lim_{x\to0}\frac{\frac{f(x)}{x}}{x}=\lim_{x\to0}\frac{\frac{f(x)-f(0)}{x}}{x}=1,$$

由于上式右端分式的分母极限为零，则其分子极限也必定为零（或当 $x \to 0$ 时，$\frac{f(x)-f(0)}{x} \sim x$），即

$$\lim_{x\to 0}\frac{f(x)-f(0)}{x}=0,$$

可知 $f'(0)=0$，因此 A，B 都不正确.

此时知 $x=0$ 为 $f(x)$ 的驻点. 又由 $\lim\limits_{x\to 0}\frac{f(x)}{x^2}=1$，由极限基本定理可知

$$\frac{f(x)}{x^2}=1+\alpha\text{（当 }x\to 0\text{ 时，}\alpha\text{ 为无穷小量）},$$

因此可知 $f(x)=x^2+o(x^2)$，对任意 $x\neq 0$，都有

$$f(x)>0=f(0),$$

可知 $f(0)$ 为 $f(x)$ 的极小值. 故选 D.

52.【参考答案】C

【答案解析】由题意可知，曲线过(0，3)点，则 $3c=3\Rightarrow c=1$. 又 $y'=3x^2+6ax+3b$，由 $x=-1$ 为极大值点，则有 $y'\big|_{x=-1}=0$，得 $3-6a+3b=0$. 又由 $y''=6x+6a$，点(0，3)是拐点，则有 $y''\big|_{x=0}=0$，得 $a=0$，故 $b=-1$.

综上所述，$a=0$，$b=-1$，$c=1$，故 $a+b+c=0$，故选 C.

【老师提示】本题为综合题，解题时，读者应注意由条件拐点在曲线上，也可得到方程，不只有 $y''(0)=0$ 这个条件.

53.【参考答案】D

【答案解析】从题图可以看到，$f'(x)$ 与 x 轴有三个交点，其中在交点 $x=x_1$ 的两侧，$f'(x)$ 的取值由正到负，即函数 $f(x)$ 由单调增加到单调减少，可以确定该点为函数 $f(x)$ 的一个极大值点，某余两个驻点都为极小值点，且函数无不可导点. 故选 D.

54.【参考答案】B

【答案解析】如图 1-2-2 所示，曲线 $y=f(t)$ 在区间 $(0,T)$ 内为凹的，有三种形态，即

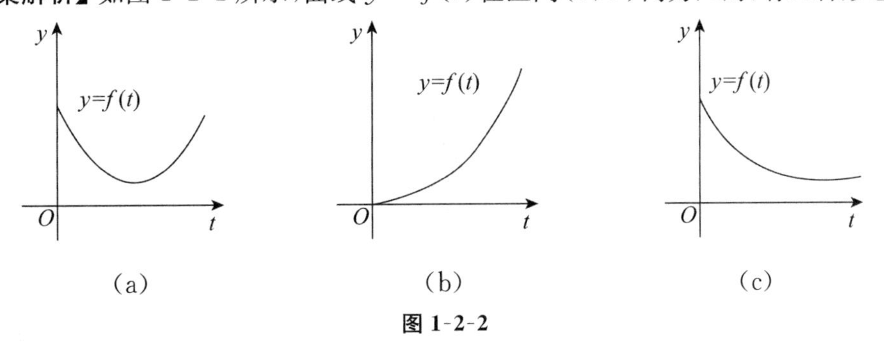

图 1-2-2

或由单调下降转变单调上升；或持续单调上升；或持续单调下降，不可能出现由单调上升转变单调下降的情况，故选 B.

55.【参考答案】E

【答案解析】设 $F(x)=f^2(x)$，则 $F'(x)=2f(x)f'(x)>0$，故 $F(x)$ 单调增加，即有 $F(1)>F(-1)$，即 $|f(1)|>|f(-1)|$，故选 E.

56.【参考答案】 C

【答案解析】 因为 $f(x)$ 为奇函数，其函数图像关于原点对称，借助几何直观，y 轴两侧函数图像有相同的单调性，相反的凹凸性. 故当 $x<0$ 时，有 $f'(x)>0$，$f''(x)<0$，故选 C.

57.【参考答案】 C

【答案解析】 由于 $f(x)$ 满足微分方程 $y''+y'-e^{\sin x}=0$，当 $x=x_0$ 时，有

$$f''(x_0)+f'(x_0)=e^{\sin x_0}.$$

又由 $f'(x_0)=0$，有 $f''(x_0)=e^{\sin x_0}>0$，因而点 $x=x_0$ 是 $f(x)$ 的极小值点，应选 C.

【老师提示】 对于抽象函数或当题目中只告诉了函数在某一点处的信息时，一般通过第二充分条件来判断函数在该点是否取极值.

58.【参考答案】 B

【答案解析】 依题设，$f'(x_0)=0$，将 $x=x_0$ 代入题中所给等式，有

$$x_0f''(x_0)=1-e^{-x_0},f''(x_0)=\frac{1-e^{-x_0}}{x_0},$$

由于 $x_0\neq 0$，无论 $x=x_0$ 取正负，分式中的分子、分母均同号，即有 $f''(x_0)>0$，知 $f(x_0)$ 为极小值，故选 B.

59.【参考答案】 A

【答案解析】 记 $f(x)=x^3+(2m-3)x+m^2-m$. 依题设，曲线 $y=f(x)$ 与 x 轴有三个交点，根据闭区间上连续函数的介值定理，应有

$$\begin{cases}f(0)=m^2-m>0,\\ f(1)=m^2+m-2<0,\end{cases}$$

解得 $-2<m<0$，故选 A.

60.【参考答案】 B

【答案解析】 依题设，如图 1-2-3 所示，曲线 $y=f(x)$ 的图形为凹且向上延伸，又 $y=f(x)$ 与 $y=g(x)$ 互为反函数，则曲线 $y=g(x)$ 的图形与 $y=f(x)$ 的图形关于直线 $y=x$ 对称. 借助几何直观，知曲线 $y=g(x)$ 的图形为凸，且向上延伸，因此，有 $g'(x)>0$，$g''(x)<0$，故选 B.

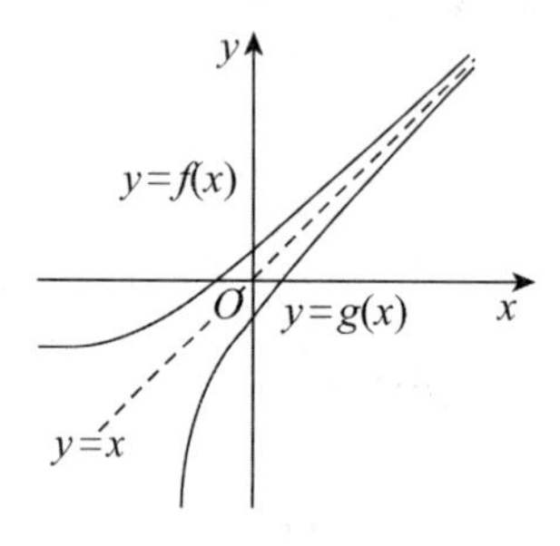

图 1-2-3

61.【参考答案】 B

【答案解析】 由

$$\begin{aligned}f'(x)&=2(x-1)(x-3)^3+3(x-1)^2(x-3)^2\\&=(x-1)(x-3)^2(5x-9),\end{aligned}$$

可以观察到，其二阶导数中必含一次因子 $(x-3)$. 另由 $f'(1)=f'\left(\frac{9}{5}\right)=f'(3)=0$，知

必存在点 $x_1 \in \left(1,\frac{9}{5}\right)$，$x_2 \in \left(\frac{9}{5},3\right)$，使得 $f''(x_1)=f''(x_2)=0$，故 $f''(x)=A(x-x_1)\cdot(x-x_2)(x-3)$ 在 $x_1,x_2,3$ 两侧异号，因此，该曲线共有 3 个拐点. 故选 B.

62.【参考答案】C

【答案解析】由于 $\lim\limits_{x\to\infty}f(x)=\lim\limits_{x\to\infty}\frac{(x+1)\sin x}{x^2}=0$，知该曲线有一条水平渐近线 $y=0$；

又由于 $\lim\limits_{x\to 0}f(x)=\lim\limits_{x\to 0}\frac{x+1}{x}\lim\limits_{x\to 0}\frac{\sin x}{x}=\infty$，知该曲线有一条铅直渐近线 $x=0$.

从而知该曲线共有 2 条渐近线，故选 C.

63.【参考答案】C

【答案解析】对于 $y=x+\sin\frac{1}{x}$，可知 $\lim\limits_{x\to\infty}\frac{y}{x}=\lim\limits_{x\to\infty}\left(1+\frac{1}{x}\sin\frac{1}{x}\right)=1$. 又

$$\lim_{x\to\infty}(y-x)=\lim_{x\to\infty}\sin\frac{1}{x}=0,$$

所以有斜渐近线 $y=x$，因此应选 C.

64.【参考答案】B

【答案解析】根据极限的保号性，由 $\lim\limits_{x\to 0}\frac{f''(x)}{|x|}=1$，知在 $x=0$ 的某去心邻域内总有 $\frac{f''(x)}{|x|}>0$，故 $f''(x)>0$，$f'(x)$ 单调增加，又 $f'(0)=0$，故 $f'(x)$ 在 $x=0$ 两侧异号，且左负右正，因此，$f(0)$ 为极小值，故选 B.

65.【参考答案】D

【答案解析】易知，$f'_-(0)\overset{\triangle}{=\!=}\lim\limits_{x\to 0^-}\frac{f(x)-f(0)}{x-0}=\lim\limits_{x\to 0^-}\frac{x}{x}=1$；

但对于 $f'_+(0)\overset{\triangle}{=\!=}\lim\limits_{x\to 0^+}\frac{f(x)-f(0)}{x-0}$，需这样写才为严谨. 由题设，当 $\frac{1}{n+1}<x\leqslant\frac{1}{n}$ 时，$f(x)=\frac{1}{n}$，故

$$1\leqslant\frac{f(x)}{x}<\frac{n+1}{n}.$$

当 $x\to 0^+$ 时，$n\to\infty$，$\lim\limits_{n\to\infty}\frac{n+1}{n}=1$，由夹逼准则知 $\lim\limits_{x\to 0^+}\frac{f(x)}{x}=1$，即 $f'_+(0)=1$.

由此可知，$f'(0)=f'_-(0)=f'_+(0)=1$. 故选 D.

【老师提示】此题中 $f'_+(0)\xlongequal{\text{可否写成}}\lim\limits_{\frac{1}{n}\to 0^+}\frac{f\left(0+\frac{1}{n}\right)-f(0)}{\frac{1}{n}}$ 呢?

(1) 从逻辑上讲，上述证明过程已经先得出 $f'(0)$ 存在，故自然可以这样写，具体问题具体分析.

(2) 但是，一般而言，$f'_+(0)\xlongequal{\text{并不一定}}\lim\limits_{\frac{1}{n}\to 0^+}\frac{f\left(0+\frac{1}{n}\right)-f(0)}{\frac{1}{n}}$.

如 $f(x)=\begin{cases}1, & x\text{ 为有理数},\\ 0, & x\text{ 为无理数},\end{cases}$ 处处有定义，但处处不连续，处处不可导. 但

$$\lim_{\frac{1}{n}\to 0^+}\frac{f\left(0+\frac{1}{n}\right)-f(0)}{\frac{1}{n}}=\lim_{\frac{1}{n}\to 0^+}\frac{0}{\frac{1}{n}}=0$$

是存在的，显然 $f'_+(0)$ 不存在，故有 $f'_+(0)\neq\lim\limits_{\frac{1}{n}\to 0^+}\dfrac{f\left(0+\frac{1}{n}\right)-f(0)}{\frac{1}{n}}$.

第三章　一元函数积分

1. **【参考答案】** C

【答案解析】 对于 A,由不定积分的性质知应为$\int f'(x)\mathrm{d}x = f(x)+C$,可知 A 不正确.

同理,对于 B,应为$\int \mathrm{d}[f(x)] = f(x)+C$,可知 B 不正确.

对于 D,应为 $\mathrm{d}\left[\int f(x)\mathrm{d}x\right] = f(x)\mathrm{d}x$,可知 D 不正确.

对于 E,应为$\frac{\mathrm{d}}{\mathrm{d}x}\left[\int f'(x)\mathrm{d}x\right] = f'(x)$,可知 E 不正确.

故由排除法,可知 C 正确. 故选 C.

2. **【参考答案】** A

【答案解析】 由不定积分的性质$\int f'(x)\mathrm{d}x = f(x)+C$ 知

$$\int f'(2x)\mathrm{d}x = \frac{1}{2}\int f'(2x)\mathrm{d}(2x) = \frac{1}{2}f(2x)+C,$$

故 A 正确,C,E 不正确.

$\int f'(2x)\mathrm{d}x$ 也可以理解为先对 $2x$ 求导,后对 x 积分,因此$\int f'(2x)\mathrm{d}x \neq f(2x)+C$.

又由于不定积分$\left[\int f(x)\mathrm{d}x\right]' = f(x)$,即先积分后求导,作用抵消,可知 B,D 都不正确.

故选 A.

3. **【参考答案】** B

【答案解析】 由函数的不定积分公式:

若 $F(x)$ 是 $f(x)$ 的一个原函数,$\int f(x)\mathrm{d}x = F(x)+C$,$\mathrm{d}[F(x)] = f(x)\mathrm{d}x$,有

$$\mathrm{d}\left[\int f(x)\mathrm{d}x\right] = \left[\int f(x)\mathrm{d}x\right]'\mathrm{d}x = f(x)\mathrm{d}x.$$

故选 B.

4. **【参考答案】** D

【答案解析】 由题设 $F(x)$ 为 $x\cos x$ 的一个原函数,可知 $F'(x) = x\cos x$,因此

$$\mathrm{d}[F(x^2)] = F'(x^2)\mathrm{d}(x^2) = F'(x^2)\cdot 2x\mathrm{d}x = 2x^3\cos x^2\mathrm{d}x.$$

故选 D.

5. **【参考答案】** D

【答案解析】 设 $u = 2t+a$,则 $\mathrm{d}u = 2\mathrm{d}t$. 当 $t = a$ 时,$u = 3a$;当 $t = x$ 时,$u = 2x+a$.

因此

$$\int_a^x f(2t+a)\mathrm{d}t = \int_{3a}^{2x+a}\frac{1}{2}f(u)\mathrm{d}u = \frac{1}{2}F(u)\Big|_{3a}^{2x+a} = \frac{1}{2}[F(2x+a)-F(3a)].$$

故选 D.

6.【参考答案】 E

【答案解析】 由题设 e^{-2x} 为 $f(x)$ 的一个原函数，可知

$$f(x)=(e^{-2x})'=-2e^{-2x},$$

因此

$$f'(x)=(-2e^{-2x})'=4e^{-2x}.$$

故选 E.

7.【参考答案】 B

【答案解析】 题中所给等式两边关于 x 求导，得

$$(1-x^2)f(x^2)=\frac{1}{\sqrt{1-x^2}},$$

即 $\dfrac{1}{f(x^2)}=(1-x^2)^{\frac{3}{2}}$，从而有 $\dfrac{1}{f(x)}=(1-x)^{\frac{3}{2}}(0\leqslant x<1)$.

故

$$\int\frac{1}{f(x)}dx=\int(1-x)^{\frac{3}{2}}dx=-\frac{2}{5}(1-x)^{\frac{5}{2}}+C,$$

故选 B.

8.【参考答案】 E

【答案解析】 由分部积分公式，得 $\int\sin f(x)dx=x\sin f(x)-\int xf'(x)\cos f(x)dx$，故由题设，得 $xf'(x)=1$，$f'(x)=\dfrac{1}{x}$，积分得 $f(x)=\ln|x|+C$，故选 E.

9.【参考答案】 B

【答案解析】 选项 A 当且仅当 $k\neq0$ 时成立；选项 C 等式右端第一项缺少系数 $\dfrac{1}{a}$；选项 D 的积分应为 $(x^2+a)t+C$；选项 E 应为 $\int d[f(x)]=f(x)+C$. 由排除法，故选 B.

10.【参考答案】 A

【答案解析】 若 $f(x)$ 为奇函数，则 $f(-x)=-f(x)$，$\int_{-a}^{a}f(t)dt=0$. 又 $f(x)$ 的全体原函数可表示为 $F(x)=\int_{a}^{x}f(t)dt+C$，于是有

$$\begin{aligned}F(-x)&=\int_{a}^{-x}f(t)dt+C\overset{u=-t}{=\!=\!=}\int_{-a}^{x}f(-u)d(-u)+C\\&=\int_{-a}^{a}f(u)du+\int_{a}^{x}f(u)du+C=\int_{a}^{x}f(u)du+C=F(x),\end{aligned}$$

因此，$F(x)$ 为偶函数，故选 A.

11.【参考答案】 A

【答案解析】 依题设，$F'(x)=f(x)$，从而有 $\dfrac{F'(x)}{F(x)}=\tan x$，对等式两边积分，有

$$\int\frac{F'(x)}{F(x)}dx=\int\tan x dx,$$

即

$$\ln|F(x)|=-\ln|\cos x|+\ln C_1,$$

从而有 $F(x)=\dfrac{C}{\cos x}$，故选 A.

12.【参考答案】B

【答案解析】设 $u=\ln x, x=\mathrm{e}^{u}$，则换元后，$\int f(u)\mathrm{d}u=\mathrm{e}^{2u}+C$，再将 $u=\sin x$ 代入，得

$$\int \cos x f(\sin x)\mathrm{d}x=\mathrm{e}^{2\sin x}+C,$$

故选 B.

13.【参考答案】C

【答案解析】$f(x)=\mathrm{e}^{|x|}$ 的原函数首先是连续函数，其中仅有选项 C 中函数在点 $x=0$ 处连续，故选 C.

14.【参考答案】B

【答案解析】由题设 $F(x)$ 为 $f(x)$ 的一个原函数，可知

$$\int f(x)\mathrm{d}x=F(x)+C,$$

故$\int \dfrac{1}{x}f(\ln ax)\mathrm{d}x=\int \dfrac{1}{ax}f(\ln ax)\mathrm{d}(ax)=\int f(\ln ax)\mathrm{d}(\ln ax)=F(\ln ax)+C.$

故选 B.

15.【参考答案】C

【答案解析】对于 A，因为 $F(x)$ 为 $f(x)$ 的一个原函数，因此 $F'(x)=f(x)$.

若 $F(x)$ 为奇函数，即 $F(-x)=-F(x)$，两端关于 x 求导，可得

$$-F'(-x)=-F'(x),$$

即

$$F'(-x)=F'(x).$$

从而知 $f(-x)=f(x)$，即 $f(x)$ 为偶函数，可知 A 正确.

对于 B，由于 $F(x)$ 是 $f(x)$ 的一个原函数，可知

$$F(x)=\int_0^x f(t)\mathrm{d}t+C_0,$$

则

$$F(-x)=\int_0^{-x} f(t)\mathrm{d}t+C_0,$$

令 $u=-t$，则

$$F(-x)=\int_0^x f(-u)\cdot(-1)\mathrm{d}u+C_0,$$

当 $f(x)$ 为奇函数时，有

$$f(-u)=-f(u),$$

从而有

$$F(-x)=\int_0^x f(u)\mathrm{d}u+C_0=F(x),$$

即 $F(x)$ 为偶函数，可知 B 正确.

对于 C，E，若 $f(x)$ 是连续的偶函数，即有 $f(-x)=f(x)$，且$\int_{-a}^{a} f(t)\mathrm{d}t=2\int_0^a f(t)\mathrm{d}t$，则

$$\begin{aligned}F(-x)&=\int_a^{-x} f(t)\mathrm{d}t\xlongequal{\text{令 } t=-u}-\int_{-a}^{x} f(-u)\mathrm{d}u=-\int_{-a}^{a} f(u)\mathrm{d}u-\int_a^x f(u)\mathrm{d}u\\&=-2\int_0^a f(u)\mathrm{d}u-F(x),\end{aligned}$$

只有当$\int_0^a f(u)\mathrm{d}u=0$时,$F(-x)=-F(x)$,即连续的偶函数$f(x)$的原函数中仅有一个原函数为奇函数,故C不正确,E正确.

对于D,若$F(x)$为偶函数,即$F(-x)=F(x)$,两端关于x求导,可得$-F'(-x)=F'(x)$,即$-f(-x)=f(x)$,可知$f(x)$为奇函数,因此D正确.故选C.

16.【参考答案】B

【答案解析】函数$2(\mathrm{e}^{2x}-\mathrm{e}^{-2x})$的所有原函数为

$$\int 2(\mathrm{e}^{2x}-\mathrm{e}^{-2x})\mathrm{d}x=\int 2\mathrm{e}^{2x}\mathrm{d}x-\int 2\mathrm{e}^{-2x}\mathrm{d}x=\mathrm{e}^{2x}+\mathrm{e}^{-2x}+C.$$

故选B.

17.【参考答案】C

【答案解析】由于$\int f(x)\mathrm{e}^{-x^2}\mathrm{d}x=-\mathrm{e}^{-x^2}$,等式两边对$x$求导,有

$$\left[\int f(x)\mathrm{e}^{-x^2}\mathrm{d}x\right]'=(-\mathrm{e}^{-x^2})',$$

$$f(x)\mathrm{e}^{-x^2}=-\mathrm{e}^{-x^2}\cdot(-x^2)'=2x\mathrm{e}^{-x^2},$$

因此

$$f(x)=2x.$$

故选C.

18.【参考答案】E

【答案解析】这个题目有两种常见的解法.

解法1 由于$f'(x)=\cos x$,可知

$$f(x)=\int f'(x)\mathrm{d}x=\int\cos x\mathrm{d}x=\sin x+C_1,$$

则$f(x)$的原函数为

$$\int f(x)\mathrm{d}x=\int(\sin x+C_1)\mathrm{d}x=-\cos x+C_1x+C_2.$$

对照五个选项,当$C_1=0,C_2=1$时,得$1-\cos x$.故选E.

解法2 将五个选项分别求导数,得出$f(x)$,再分别求导数,哪个导数值为$\cos x$,则这个为正确选项.换句话说,将五个选项分别求二阶导数,值为$\cos x$的选项正确,此时

$$(1-\cos x)''=(\sin x)'=\cos x,$$

可知E正确.故选E.

19.【参考答案】C

【答案解析】由于$f'(\mathrm{e}^x)=x\mathrm{e}^{-x}$,令$t=\mathrm{e}^x$,则得$f'(t)=\dfrac{1}{t}\ln t$.

所以
$$f(t)=\int f'(t)\mathrm{d}t=\int\frac{1}{t}\ln t\mathrm{d}t=\int\ln t\mathrm{d}(\ln t)=\frac{1}{2}\ln^2 t+C.$$

由于$f(1)=0$,代入$f(t)$表达式可得$C=0$,因此

$$f(t)=\frac{1}{2}\ln^2 t,f(x)=\frac{1}{2}\ln^2 x.$$

故选C.

20.【参考答案】 B

【答案解析】 利用凑微分法可得

$$\int x^2\sqrt{1-x^3}\,dx=\frac{1}{3}\int(1-x^3)^{\frac{1}{2}}d(x^3)=-\frac{1}{3}\int(1-x^3)^{\frac{1}{2}}d(1-x^3)$$

$$=-\frac{1}{3}\cdot\frac{2}{3}(1-x^3)^{\frac{3}{2}}+C=-\frac{2}{9}(1-x^3)^{\frac{3}{2}}+C.$$

故选 B.

21.【参考答案】 B

【答案解析】 由于 $f(x)$ 为 5^x 的一个原函数,因此

$$f'(x)=5^x,f''(x)=(5^x)'=5^x\ln 5.$$

故选 B.

22.【参考答案】 A

【答案解析】 由于 $x+\frac{1}{x}$ 是 $f(x)$ 的一个原函数,可得

$$f(x)=\left(x+\frac{1}{x}\right)'=1-\frac{1}{x^2},$$

$$\int xf(x)dx=\int\left(x-\frac{1}{x}\right)dx=\frac{1}{2}x^2-\ln|x|+C.$$

故选 A.

23.【参考答案】 B

【答案解析】 对于 $\int xf'(x)dx$,被积函数中含有 $f'(x)$,通常是先考虑利用分部积分公式

$$\int xf'(x)dx=xf(x)-\int f(x)dx.\qquad (*)$$

又由于 $\sin x$ 为 $f(x)$ 的一个原函数,由原函数定义可得

$$f(x)=(\sin x)'=\cos x,$$

$$\int f(x)dx=\sin x+C_1,$$

代入上述公式(*),可得

$$\int xf'(x)dx=x\cos x-\sin x+C.$$

这里 $C=-C_1$,因为 C_1,C 都为任意常数,因此上述写法是允许的. 故选 B.

24.【参考答案】 A

【答案解析】 由题设 $f(x)$ 为 $[a,b]$ 上的连续函数,因此 $\int_a^b f(x)dx$ 存在,故它的值为确定的数值,取决于 $f(x)$ 和 $[a,b]$,与积分变量无关,因此 $\int_a^b f(x)dx=\int_a^b f(t)dt$,可知 A 正确,E 不正确. 由于题设并没有指明 $f(x)$ 的正负变化,可知 B,C,D 都不正确. 故选 A.

25.【参考答案】 D

【答案解析】 注意定积分的不等式性质:若连续函数 $f(x),g(x)$ 在 $[a,b]$ 上满足 $f(x)\leqslant g(x)$,且 $a<b$ 时,$\int_a^b f(x)dx\leqslant\int_a^b g(x)dx$.

由于 $c\in(0,1)$，因此 $c<1$ 恒成立，而 c 可能大于 $\frac{1}{2}$，也可能小于 $\frac{1}{2}$，可知 A，B 不正确. 由于 $f(x)\leqslant g(x)$，可知应有 $\int_c^1 f(t)\mathrm{d}t\leqslant\int_c^1 g(t)\mathrm{d}t$，$\int_0^c f(t)\mathrm{d}t\leqslant\int_0^c g(t)\mathrm{d}t$，所以 D 正确，C，E 不正确. 故选 D.

26.【参考答案】 B

【答案解析】 由题设 $f'(x)$ 连续，可知 $f(x)$ 必定连续，因此 $\int_a^x f'(t)\mathrm{d}t$ 连续，且 $\int_a^b f(x)\mathrm{d}x$ 存在，它表示一个确定的数值，可知 A，E 正确，B 不正确.

由牛顿 - 莱布尼茨公式得 $\int_a^x f'(t)\mathrm{d}t=f(t)\Big|_a^x=f(x)-f(a)$，则 C 正确.

由变限积分求导公式得 $\frac{\mathrm{d}}{\mathrm{d}x}\left[\int_a^x f(t)\mathrm{d}t\right]=f(x)$，则 D 正确. 故选 B.

27.【参考答案】 D

【答案解析】 利用定积分的对称性及其几何背景，有

$$\int_{-a}^a (x-a)\sqrt{a^2-x^2}\,\mathrm{d}x=-a\int_{-a}^a \sqrt{a^2-x^2}\,\mathrm{d}x=-a\cdot\frac{1}{2}\pi a^2=-\frac{1}{2}\pi a^3,$$

其中 $\int_{-a}^a \sqrt{a^2-x^2}\,\mathrm{d}x$ 表示圆心为 $(0,0)$，半径为 a 的上半圆的面积，故选 D.

28.【参考答案】 E

【答案解析】 由于被积函数含自变量 x，化简为

$$\int_0^a (x-t)f'(t)\mathrm{d}t=x\int_0^a f'(t)\mathrm{d}t-\int_0^a tf'(t)\mathrm{d}t,$$

于是 $\frac{\mathrm{d}}{\mathrm{d}x}\left[\int_0^a (x-t)f'(t)\mathrm{d}t\right]=\int_0^a f'(t)\mathrm{d}t=f(a)-f(0)$，故选 E.

29.【参考答案】 B

【答案解析】 函数 $f(x)$ 的大致图形如图 1-3-1 所示，借助几何直观，

$$\int_{-1}^a f(x)\mathrm{d}x<-\int_a^0 f(x)\mathrm{d}x,\int_b^1 f(x)\mathrm{d}x<-\int_0^b f(x)\mathrm{d}x,$$

即
$$\int_{-1}^0 f(x)\mathrm{d}x<0,\int_0^1 f(x)\mathrm{d}x<0,$$

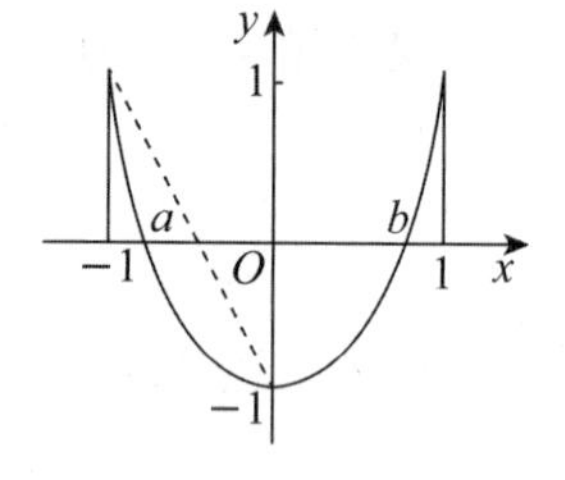

图 1-3-1

因此，有 $\int_{-1}^1 f(x)\mathrm{d}x<0$，故选 B.

30.【参考答案】 E

【答案解析】 不妨设 $p>0$. 根据积分中值定理，$\int_n^{n+p}\frac{\sin x}{x}\mathrm{d}x=\frac{\sin\xi}{\xi}p$，$\xi\in[n,n+p]$，因此，有

$$\lim_{n\to\infty}\int_n^{n+p}\frac{\sin x}{x}\mathrm{d}x=\lim_{\xi\to+\infty}\frac{\sin\xi}{\xi}p=0,$$

故选 E.

31.【参考答案】 A

【答案解析】 由 $\int_0^x f(x-u)\mathrm{e}^u\mathrm{d}u\xlongequal{t=x-u}\int_0^x f(t)\mathrm{e}^{x-t}\mathrm{d}t=\mathrm{e}^x\int_0^x f(t)\mathrm{e}^{-t}\mathrm{d}t=\sin x$，

从而有

$$\int_0^x f(t)\mathrm{e}^{-t}\mathrm{d}t = \mathrm{e}^{-x}\sin x,$$

等式两边对 x 求导，得

$$f(x)\mathrm{e}^{-x} = -\mathrm{e}^{-x}\sin x + \mathrm{e}^{-x}\cos x\text{，即 } f(x) = \cos x - \sin x.$$

32. 【参考答案】 E

【答案解析】 $F(x)$的定义域为$(-\infty,0)\cup(0,+\infty)$，对$F(x)$求导，得

$$F'(x) = \frac{1}{1+x^2} + \frac{1}{1+\left(\frac{1}{x}\right)^2}\cdot\left(-\frac{1}{x^2}\right) \equiv 0,$$

因此，$F(x)$在定义域的子区间内分别为定常数.

由 $F(1) = 2\int_0^1 \frac{1}{1+t^2}\mathrm{d}t = 2\arctan t\Big|_0^1 = \frac{\pi}{2}$，知在$(0,+\infty)$内 $F(x) \equiv \frac{\pi}{2}$；

由 $F(-1) = 2\int_0^{-1} \frac{1}{1+t^2}\mathrm{d}t = 2\arctan t\Big|_0^{-1} = -\frac{\pi}{2}$，知在$(-\infty,0)$内 $F(x) \equiv -\frac{\pi}{2}$.

综上讨论，$F(x)$在定义域内非定常数，故选 E.

33. 【参考答案】 C

【答案解析】 由 $f'(x) = 2x^3(x^2-1) = 2x^3(x-1)(x+1)$，知 $f'(x)$ 有 3 个单调区间的分界点，且在分界点两侧导函数都异号，即有 3 个极值点，故选 C.

34. 【参考答案】 C

【答案解析】 奇函数的原函数必为偶函数，因此，$f(x)F(x)$为奇函数，从而有

$$\int_{-a}^{a} f(x)F(x)\mathrm{d}x = 0,$$

故选 C.

35. 【参考答案】 E

【答案解析】 由 $\int_0^T f(x+y)\mathrm{d}y \xlongequal{u=x+y} \int_x^{x+T} f(u)\mathrm{d}u$，于是

$$\frac{\mathrm{d}}{\mathrm{d}x}\left[\int_0^T f(x+y)\mathrm{d}y\right] = f(T+x) - f(x) = f(x) - f(x) = 0.$$

36. 【参考答案】 D

【答案解析】 由于 $f'(x) < 0$，可知函数 $f(x)$ 在$[a,b]$上单调减少；由于 $f''(x) > 0$，可知曲线 $y = f(x)$ 在$[a,b]$上为凹. 曲线的图形特点如图 1-3-2 所示.

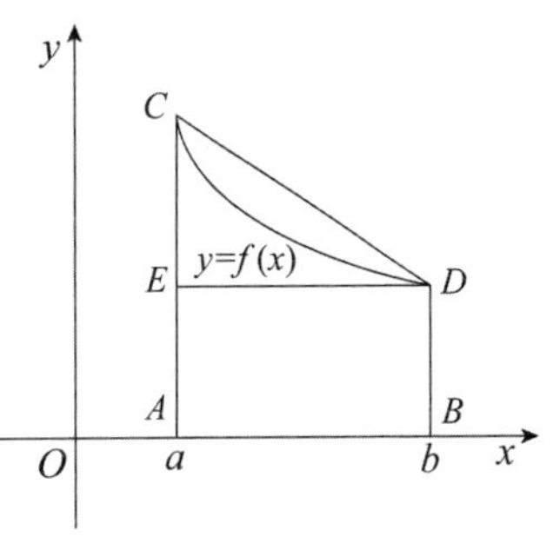

图 1-3-2

由图可知，S_1 表示曲边梯形 $ABDC$ 的面积，S_2 表示以 $b-a$ 为长，$f(b)$ 为宽的矩形 $ABDE$ 的面积，而 S_3 表示直角梯形 $ABDC$ 的面积，因此可得 $S_2 < S_1 < S_3$，故选 D.

37. 【参考答案】 D

【答案解析】 本题借助几何直观，容易给出判断. 由题设，函数 $f(x)$ 的图形特点如图 1-3-3 所示，$N = \int_a^b f(x)\mathrm{d}x$ 表示以 $y = f(x)$ 为曲边的曲边梯形的面积，$P = f(a)(b-a)$ 表示边长分别为 $f(a)$ 和 $(b-a)$ 的矩形面积，

$$Q=\frac{1}{2}[f(a)+f(b)](b-a)$$

表示以 $f(a)$，$f(b)$ 为上、下底，以 $(b-a)$ 为高的直角梯形的面积，因此有 $P<Q<N$.

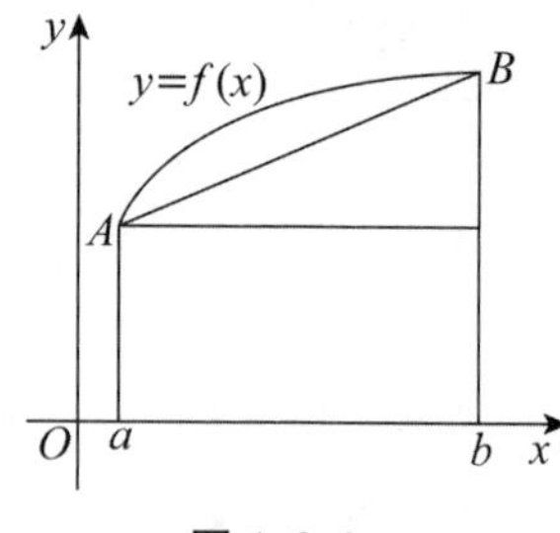

图 1-3-3

故选 D.

38.【参考答案】 A

【答案解析】 当 $x\in\left(0,\frac{\pi}{4}\right)$ 时，$0<\sin x<x<1$，因此 $0<\frac{\sin x}{x}<1<\frac{x}{\sin x}$，故

$$\int_0^{\frac{\pi}{4}}\frac{\sin x}{x}\mathrm{d}x<\int_0^{\frac{\pi}{4}}1\mathrm{d}x<\int_0^{\frac{\pi}{4}}\frac{x}{\sin x}\mathrm{d}x,$$

即

$$\int_0^{\frac{\pi}{4}}\frac{\sin x}{x}\mathrm{d}x<\frac{\pi}{4}<\int_0^{\frac{\pi}{4}}\frac{x}{\sin x}\mathrm{d}x.$$

故选 A.

39.【参考答案】 B

【答案解析】 因为当 $0<x<\frac{\pi}{4}$ 时，$0<\sin x<\cos x<1<\cot x$，又因为 $\ln x$ 是单调递增的函数，所以 $\ln\sin x<\ln\cos x<\ln\cot x$，即 $I<K<J$.

故选 B.

40.【参考答案】 C

【答案解析】 由题设可知只需比较三个定积分值的大小，并不需要求出它们的具体值. 三个定积分的积分区间均为对称区间，可以考虑利用定积分的性质求解.

对于 M，被积函数为奇函数，可知 $M=0$.

对于 N，被积函数为偶函数且 $\frac{x^6}{1+x^2}>0$，可知 $N>0$.

对于 P，被积函数中 $\frac{x^7}{2+x^2}$ 为奇函数，$x^4(>0)$ 为偶函数，可知

$$P=\int_{-3}^{3}\left(\frac{x^7}{2+x^2}-x^4\right)\mathrm{d}x=\int_{-3}^{3}\frac{x^7}{2+x^2}\mathrm{d}x-\int_{-3}^{3}x^4\mathrm{d}x<0.$$

因此

$$P<M<N.$$

故选 C.

41.【参考答案】 E

【答案解析】 对于关于原点对称的区间上的积分，应该关注被积函数的奇偶性.

由对称区间上奇偶函数积分的性质可知，被积函数是奇函数，积分区间关于原点对称，则积分为 0，故 $M=0$. 且由定积分的性质，如果在区间 $[a,b]$ 上，被积函数 $f(x)\geqslant 0$，则 $\int_a^b f(x)\mathrm{d}x\geqslant 0(a<b)$. 所以

$$N=2\int_0^{\frac{\pi}{2}}\cos^4 x\mathrm{d}x>0,P=-2\int_0^{\frac{\pi}{2}}\cos^4 x\mathrm{d}x=-N<0.$$

因而 $P<M<N$，应选 E.

【老师提示】对称区间上的积分一般需要先通过被积函数的奇偶性简化,然后再进行相关的讨论.

42. 【参考答案】C

【答案解析】由几何意义,$F(3)=F(-3)=\frac{1}{2}\pi\left(1-\frac{1}{4}\right)=\frac{3}{8}\pi$,即两个半圆面积之差,

$F(2)=F(-2)=\frac{1}{2}\pi\cdot 1=\frac{1}{2}\pi$,有 $F(-3)=\frac{3}{4}F(2)$,故选 C.

43. 【参考答案】D

【答案解析】在等式两边对 x 求导,有 $f'(x)=f(x)$,即有$\frac{f'(x)}{f(x)}=1$,两边积分,

$$\int\frac{f'(x)}{f(x)}\mathrm{d}x=\ln|f(x)|=\int\mathrm{d}x=x+\ln C_1,$$

得 $f(x)=C\mathrm{e}^x$,又 $f(0)=\int_0^0 f(t)\mathrm{d}t+1=1$,从而知 $C=1$,所以 $f(x)=\mathrm{e}^x$,故选 D.

【老师提示】注意,本题不要忘记给常数 C 定值.

44. 【参考答案】B

【答案解析】先求分段函数 $f(x)$ 的变限积分 $F(x)=\int_0^x f(t)\mathrm{d}t$,再讨论函数 $F(x)$ 的连续性与可导性即可.

解法 1　关于具有跳跃间断点的函数的变限积分,有下述定理:设 $f(x)$ 在$[a,b]$上除点 $c\in(a,b)$外连续,且 $x=c$ 为 $f(x)$ 的跳跃间断点,又设 $F(x)=\int_c^x f(t)\mathrm{d}t$,则

(1)$F(x)$ 在$[a,b]$上必连续;

(2)$F'(x)=f(x)$,当 $x\in[a,b]$,但 $x\neq c$;

(3)$F'(c)$ 必不存在,并且 $F'_+(c)=f(c^+)$,$F'_-(c)=f(c^-)$.

直接利用上述结论,这里的 $c=0$,即可得出选项 B 正确.

解法 2　当 $x<0$ 时,$F(x)=\int_0^x(-1)\mathrm{d}t=-x$;

当 $x>0$ 时,$F(x)=\int_0^x 1\mathrm{d}t=x$;

当 $x=0$ 时,$F(0)=0$.

故 $F(x)=|x|$.

显然,$F(x)$ 在$(-\infty,+\infty)$内连续,排除选项 A,又 $F'_+(0)=\lim\limits_{x\to0^+}\frac{x-0}{x-0}=1$,$F'_-(0)=\lim\limits_{x\to0^-}\frac{-x-0}{x-0}=-1$,所以在点 $x=0$ 处不可导. 故选 B.

45. 【参考答案】D

【答案解析】直接计算出 $g(x)$,然后再判断.

当 $x\in[-1,0)$ 时,$g(x)=\int_{-1}^x f(u)\mathrm{d}u=\int_{-1}^x\frac{1}{1+\cos u}\mathrm{d}u$

$$=\tan\frac{u}{2}\bigg|_{-1}^x=\tan\frac{x}{2}+\tan\frac{1}{2};$$

当 $x\in[0,2]$ 时,$g(x)=\int_{-1}^x f(u)\mathrm{d}u=\int_{-1}^0\frac{1}{1+\cos u}\mathrm{d}u+\int_0^x u\mathrm{e}^{-u^2}\mathrm{d}u$

$$= \tan\frac{u}{2}\Big|_{-1}^{0} - \frac{1}{2}e^{-u^2}\Big|_{0}^{x}$$

$$= \tan\frac{1}{2} - \frac{1}{2}e^{-x^2} + \frac{1}{2}.$$

故

$$g(x) = \begin{cases} \tan\frac{x}{2} + \tan\frac{1}{2}, & -1 \leqslant x < 0, \\ \tan\frac{1}{2} - \frac{1}{2}e^{-x^2} + \frac{1}{2}, & 0 \leqslant x \leqslant 2. \end{cases}$$

$$\lim_{x\to 0^-} g(x) = \lim_{x\to 0^-}\left(\tan\frac{x}{2} + \tan\frac{1}{2}\right) = \tan\frac{1}{2};$$

$$\lim_{x\to 0^+} g(x) = \lim_{x\to 0^+}\left(\tan\frac{1}{2} - \frac{1}{2}e^{-x^2} + \frac{1}{2}\right) = \tan\frac{1}{2} = g(0).$$

所以 $g(x)$ 在 $x=0$ 处是连续的，因而它在$(-1,2)$ 内也是连续的.

46.【参考答案】 C

【答案解析】 当 $x\to 0$ 时，有

$$\lim_{x\to 0}\frac{\alpha(x)}{\beta(x)} = \lim_{x\to 0}\frac{\int_0^{5x}\frac{\sin t}{t}dt}{\int_0^{\sin x}(1+t)^{\frac{1}{t}}dt} = \lim_{x\to 0}\frac{\frac{\sin 5x}{5x}\cdot 5}{(1+\sin x)^{\frac{1}{\sin x}}\cdot\cos x}$$

$$= 5\lim_{x\to 0}\frac{\sin 5x}{5x}\cdot\frac{1}{\lim\limits_{\sin x\to 0}(1+\sin x)^{\frac{1}{\sin x}}\cdot\lim\limits_{x\to 0}\cos x} = 5\cdot 1\cdot\frac{1}{e\cdot 1} = \frac{5}{e}.$$

所以当 $x\to 0$ 时，$\alpha(x)$ 是 $\beta(x)$ 的同阶但非等价无穷小.

47.【参考答案】 B

【答案解析】 由于 $g(x)$ 在 $x=0$ 处没有定义，可知 $x=0$ 为 $g(x)$ 的间断点.

又

$$\lim_{x\to 0} g(x) = \lim_{x\to 0}\frac{\int_0^x f(t)dt}{x} = \lim_{x\to 0}\frac{f(x)}{1} = f(0),$$

由 $f(x)$ 连续，知 $f(0)$ 存在，则点 $x=0$ 为 $g(x)$ 的可去间断点. 故选 B.

48.【参考答案】 D

【答案解析】 由于

$$\lim_{x\to 0}\frac{\int_0^{\sin x}\sin t^2 dt}{x^3+x^4} \xlongequal{\text{洛必达法则}} \lim_{x\to 0}\frac{\sin(\sin x)^2\cdot\cos x}{3x^2+4x^3}$$

$$= \lim_{x\to 0}\cos x\cdot\frac{\sin^2 x}{3x^2+4x^3}$$

$$= \lim_{x\to 0}\frac{x^2}{3x^2+4x^3} = \frac{1}{3},$$

可知当 $x\to 0$ 时，$f(x)$ 是 $g(x)$ 的同阶但非等价无穷小. 故选 D.

49.【参考答案】 B

【答案解析】 由于

$$\lim_{x\to 0}\frac{\int_0^x f(t)\sin t dt}{\int_0^x t\varphi(t)dt} = \lim_{x\to 0}\frac{f(x)\sin x}{\varphi(x)x} = \lim_{x\to 0}\frac{f(x)}{\varphi(x)} = 0,$$

所以当 $x\to 0$ 时，$\int_0^x f(t)\sin t\mathrm{d}t$ 为 $\int_0^x t\varphi(t)\mathrm{d}t$ 的高阶无穷小. 故选 B.

50.【参考答案】 E

【答案解析】 因为 $F'(x)=2-\frac{1}{\sqrt{x}}$，令 $F'(x)=0$，得 $x=\frac{1}{4}$ 为 $F(x)$ 的唯一驻点.

所以当 $0<x<\frac{1}{4}$ 时，$F'(x)<0$，$F(x)$ 单调减少；

当 $x>\frac{1}{4}$ 时，$F'(x)>0$，$F(x)$ 单调增加. 故选 E.

51.【参考答案】 A

【答案解析】 由于 $\int_0^1 f(x)\mathrm{d}x$ 存在，它为一个确定的数值，设 $A=\int_0^1 f(x)\mathrm{d}x$，则

$$f(x)=\frac{1}{1+x^2}+Ax^3,$$

将上述等式两端在 $[0,1]$ 上分别积分，可得

$$A=\int_0^1 f(x)\mathrm{d}x=\int_0^1\frac{1}{1+x^2}\mathrm{d}x+\int_0^1 Ax^3\mathrm{d}x,$$

$$A=\arctan x\Big|_0^1+\frac{1}{4}Ax^4\Big|_0^1=\frac{\pi}{4}+\frac{A}{4},$$

解得 $A=\frac{\pi}{3}$，从而 $f(x)=\frac{1}{1+x^2}+\frac{\pi}{3}x^3$. 故选 A.

52.【参考答案】 E

【答案解析】 令 $x-1=t$，则 $\mathrm{d}x=\mathrm{d}t$，当 $x=\frac{1}{2}$ 时，$t=-\frac{1}{2}$；当 $x=2$ 时，$t=1$. 因此

$$\int_{\frac{1}{2}}^2 f(x-1)\mathrm{d}x=\int_{-\frac{1}{2}}^1 f(t)\mathrm{d}t=\int_{-\frac{1}{2}}^{\frac{1}{2}} t\mathrm{e}^{t^2}\mathrm{d}t+\int_{\frac{1}{2}}^1(-1)\mathrm{d}t\overset{(*)}{=\!=}0-\frac{1}{2}=-\frac{1}{2}.$$

故选 E.

【老师提示】 上述运算(＊)处利用“对称区间上奇函数积分等于零”的性质简化运算.

53.【参考答案】 C

【答案解析】 由于 $\int_0^a xf'(x)\mathrm{d}x=xf(x)\Big|_0^a-\int_0^a f(x)\mathrm{d}x=af(a)-\int_0^a f(x)\mathrm{d}x$.

又由于 $af(a)$ 的值等于矩形 $ABOC$ 的面积，$\int_0^a f(x)\mathrm{d}x$ 的值等于曲边梯形 $ABOD$ 的面积，

可知 $\int_0^a xf'(x)\mathrm{d}x$ 的值等于曲边三角形 ACD 的面积. 故选 C.

54.【参考答案】 C

【答案解析】 **解法 1**　利用定积分的求面积公式有

$$\int_0^2|x(x-1)(2-x)|\mathrm{d}x=\int_0^2 x|(x-1)|(2-x)\mathrm{d}x$$

$$=-\int_0^1 x(x-1)(2-x)\mathrm{d}x+\int_1^2 x(x-1)(2-x)\mathrm{d}x.$$

解法 2　画出曲线 $y=x(x-1)(2-x)$ 的图形(如图 1-3-4)，所求面积为图中两阴影面积之和，即

$$-\int_0^1 x(x-1)(2-x)\mathrm{d}x+\int_1^2 x(x-1)(2-x)\mathrm{d}x.$$

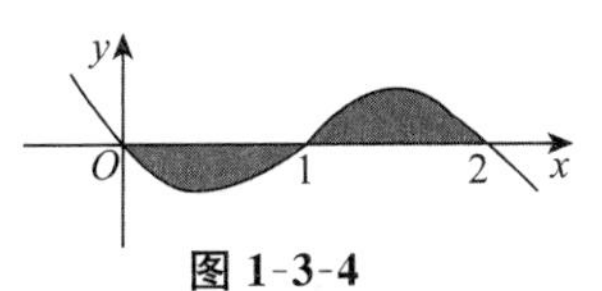

图 1-3-4

故应选 C.

55.【参考答案】 B

【答案解析】 由题设知 $f(x)$ 在 $x=0$ 处连续，且 $f(0)=a$. 又有

$$\lim_{x\to 0}f(x)=\lim_{x\to 0}\frac{\int_0^x \tan t^2\,\mathrm{d}t}{x^3}=\lim_{x\to 0}\frac{\tan x^2}{3x^2}=\lim_{x\to 0}\frac{x^2}{3x^2}=\frac{1}{3},$$

所以 $\lim_{x\to 0}f(x)=f(0)$，得 $a=\frac{1}{3}$. 故选 B.

56.【参考答案】 E

【答案解析】 由题设知 $f(0)=0$. 又

$$y'=\left(\int_0^{\arcsin x}\mathrm{e}^{-t^{\frac{3}{2}}}\,\mathrm{d}t\right)'=\mathrm{e}^{-(\arcsin x)^{\frac{3}{2}}}\cdot\frac{1}{\sqrt{1-x^2}},$$

可知 $y'\Big|_{x=0}=1$，所以在点 $(0,0)$ 处曲线 $y=f(x)$ 的切线斜率为 $f'(0)=1$. 则

$$\lim_{n\to\infty}nf\left(\frac{1}{n}\right)=\lim_{n\to\infty}\frac{f\left(\frac{1}{n}\right)-f(0)}{\frac{1}{n}}=f'(0)=1.$$

故选 E.

57.【参考答案】 B

【答案解析】 由连续函数 $f(x)$ 在 $[a,b]$ 上的平均值为 $\frac{1}{b-a}\int_a^b f(x)\mathrm{d}x$，可知

$$\frac{1}{3-1}\int_1^3 f(x)\mathrm{d}x=\frac{1}{2}\int_1^3 x^2\mathrm{d}x=\frac{1}{2}\cdot\frac{1}{3}x^3\Big|_1^3=\frac{13}{3}.$$

故选 B.

58.【参考答案】 D

【答案解析】 围成的封闭图形如图 1-3-5 所示. 在 $[-1,0]$ 上，图形在横坐标轴下方；在 $(0,2]$ 上，图形在横坐标轴上方. 因此图形面积

$$S=-\int_{-1}^0 x^3\mathrm{d}x+\int_0^2 x^3\mathrm{d}x=-\frac{1}{4}x^4\Big|_{-1}^0+\frac{1}{4}x^4\Big|_0^2=\frac{1}{4}+4=\frac{17}{4}.$$

故选 D.

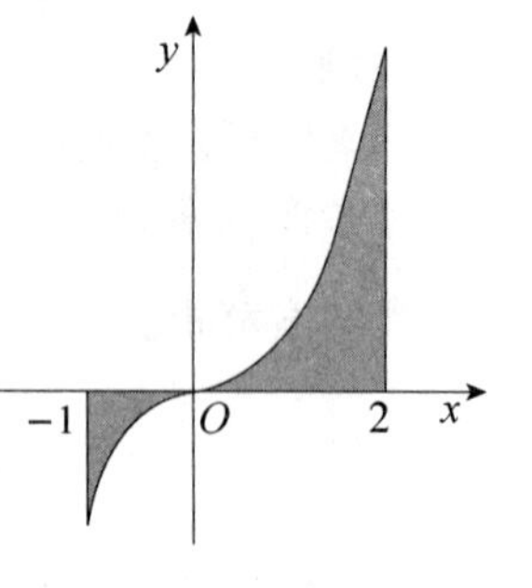

图 1-3-5

【老师提示】 注意定积分的几何意义，当 $f(x)$ 在 $[a,b]$ 上有正、有负时，$\int_a^b f(x)\mathrm{d}x$ 表示各部分面积的代数和.

59.【参考答案】 A

【答案解析】 由总产量函数与其变化率的关系，有 $Q'(t)=f(t)$，于是总产量增加值为

$$\begin{aligned}\Delta Q&=\int_2^8 Q'(t)\mathrm{d}t=\int_2^8 f(t)\mathrm{d}t=\int_2^8\left(200+5t-\frac{1}{2}t^2\right)\mathrm{d}t\\&=\left(200t+\frac{5}{2}t^2-\frac{1}{6}t^3\right)\Big|_2^8\\&=1\ 266.\end{aligned}$$

故选 A.

60.【参考答案】 D

【答案解析】 $y=\sqrt{2x-x^2}$ 可以化为 $(x-1)^2+y^2=1, y\geqslant 0$，因此 $y=\sqrt{2x-x^2}$ 表示圆心在 $(1,0)$，半径为 1 的上半圆，$\int_0^1\sqrt{2x-x^2}\,\mathrm{d}x$ 的值等于上述半圆的面积的二分之一，即

$$\int_0^1\sqrt{2x-x^2}\,\mathrm{d}x=\frac{\pi}{4}.$$

故选 D.

【老师提示】(1) 本题利用定积分的几何意义简化了运算.

(2) 由于被积函数含有根式，可以利用三角代换计算.

如果利用定积分的换元法求解可先化为

$$\int_0^1\sqrt{2x-x^2}\,\mathrm{d}x=\int_0^1\sqrt{1-(x-1)^2}\,\mathrm{d}x,$$

令 $1-x=\sin t$，则

$$\int_0^1\sqrt{2x-x^2}\,\mathrm{d}x=\int_0^{\frac{\pi}{2}}\cos^2 t\,\mathrm{d}t=\frac{\pi}{4}.$$

运算显然复杂.

61.【参考答案】 B

【答案解析】 由于 $f(x)$ 为抽象函数，题设条件没有给出 $f(x)$ 的表达式，只给出其在特定点的值，因此不应求 $f(x)$ 的表达式. 所以

$$\begin{aligned}\int_1^2 xf(x^2)f'(x^2)\,\mathrm{d}x&=\int_1^2\frac{1}{2}f(x^2)f'(x^2)\,\mathrm{d}(x^2)=\int_1^2\frac{1}{2}f(x^2)\,\mathrm{d}[f(x^2)]\\&=\frac{1}{4}f^2(x^2)\Big|_1^2=\frac{1}{4}[f^2(4)-f^2(1)]=1.\end{aligned}$$

故选 B.

62.【参考答案】 A

【答案解析】 令 $t=\sqrt{x-1}$，则 $x=t^2+1, \mathrm{d}x=2t\mathrm{d}t$. 当 $x=1$ 时，$t=0$；当 $x=5$ 时，$t=2$. 因此

$$\begin{aligned}\int_1^5 x\sqrt{x-1}\,\mathrm{d}x&=\int_0^2(t^2+1)t\cdot 2t\mathrm{d}t=2\int_0^2(t^4+t^2)\mathrm{d}t\\&=2\left(\frac{1}{5}t^5+\frac{1}{3}t^3\right)\Big|_0^2=\frac{272}{15}.\end{aligned}$$

故选 A.

【老师提示】 定积分中的换元法要特别注意：换元应换限，否则必定会出现错误.

63.【参考答案】 B

【答案解析】解法 1　利用凑微分法.

$$\begin{aligned}\int\frac{x}{\sqrt{1-x^2}}\mathrm{d}x&=-\frac{1}{2}\int(1-x^2)^{-\frac{1}{2}}\mathrm{d}(1-x^2)=-\frac{1}{2}\cdot\frac{1}{-\frac{1}{2}+1}(1-x^2)^{-\frac{1}{2}+1}+C\\&=-(1-x^2)^{\frac{1}{2}}+C=-\sqrt{1-x^2}+C.\end{aligned}$$

故选 B.

解法 2 设 $x=\sin t$，则 $\sqrt{1-x^2}=\cos t$，$dx=\cos t dt$. 因此

$$\int \frac{x}{\sqrt{1-x^2}}dx=\int \frac{\sin t}{\cos t}\cdot \cos t dt=\int \sin t dt=-\cos t+C=-\sqrt{1-x^2}+C.$$

故选 B.

【老师提示】 本题表明不定积分（或定积分）有时可能有多种解法，应注意题目特点，选择恰当的解题方法.

64.【参考答案】 B

【答案解析】 利用凑微分法.

$$\begin{aligned}\int \frac{x+2}{x^2+4x+5}dx&=\int \frac{1}{2}\cdot \frac{1}{x^2+4x+5}d(x^2+4x)\\&=\frac{1}{2}\int \frac{1}{x^2+4x+5}d(x^2+4x+5)\\&=\frac{1}{2}\ln(x^2+4x+5)+C.\end{aligned}$$

故选 B.

65.【参考答案】 C

【答案解析】 利用分部积分法.

设 $u=x$，$v'=\cos x$，则 $u'=1$，$v=\sin x$，因此

$$\int x\cos x dx=x\sin x-\int \sin x dx=x\sin x+\cos x+C.$$

故选 C.

66.【参考答案】 C

【答案解析】 $f[\varphi(x)]=e^{2\ln x}=x^2$，$\varphi[f(x)]=\ln e^{2x}=2x$，所以

$$\int_0^1\{f[\varphi(x)]+\varphi[f(x)]\}dx=\int_0^1(x^2+2x)dx=\left(\frac{x^3}{3}+x^2\right)\Big|_0^1=\frac{1}{3}+1=\frac{4}{3}.$$

67.【参考答案】 C

【答案解析】

$$\begin{aligned}\int_1^e \frac{\ln x-1}{x^2}dx&=\int_1^e\left(\frac{\ln x}{x^2}-\frac{1}{x^2}\right)dx=\int_1^e \ln x d\left(-\frac{1}{x}\right)-\int_1^e \frac{1}{x^2}dx\\&=-\frac{1}{x}\ln x\Big|_1^e+\int_1^e \frac{1}{x^2}dx-\int_1^e \frac{1}{x^2}dx=-\frac{1}{e}.\end{aligned}$$

也可以直接使用分部积分法：

$$\int_1^e \frac{\ln x-1}{x^2}dx=\int_1^e(\ln x-1)d\left(-\frac{1}{x}\right)=-\frac{1}{x}(\ln x-1)\Big|_1^e+\int_1^e \frac{1}{x^2}dx=-\frac{1}{e}.$$

故选 C.

68.【参考答案】 E

【答案解析】 由于

$$\begin{aligned}\int_0^{\pi}\sqrt{\sin x-\sin^3 x}dx&=\int_0^{\pi}\sqrt{\sin x(1-\sin^2 x)}dx\\&\xlongequal{(*)}\int_0^{\pi}\sqrt{\sin x}\,|\cos x|\,dx\\&=\int_0^{\frac{\pi}{2}}\sqrt{\sin x}\cos x dx-\int_{\frac{\pi}{2}}^{\pi}\sqrt{\sin x}\cos x dx\end{aligned}$$

$$=\int_{0}^{\frac{\pi}{2}}\sqrt{\sin x}\,d(\sin x)-\int_{\frac{\pi}{2}}^{\pi}\sqrt{\sin x}\,d(\sin x)$$

$$=\frac{4}{3}.$$

故选 E.

【老师提示】注意开平方的表达式，在(＊)处$\sqrt{1-\sin^2 x}=\sqrt{\cos^2 x}=|\cos x|$，如果写为$\cos x$，则是错误的.

69.【参考答案】B

【答案解析】$\int_{\frac{1}{2}}^{2}|\ln x|\,dx=-\int_{\frac{1}{2}}^{1}\ln x\,dx+\int_{1}^{2}\ln x\,dx=-(x\ln x-x)\Big|_{\frac{1}{2}}^{1}+(x\ln x-x)\Big|_{1}^{2}$

$$=\frac{1}{2}(1-\ln 2)+2\ln 2-1=\frac{1}{2}(3\ln 2-1).$$

故选 B.

故选 A.

第四章　多元函数微分

1.【参考答案】 B

【答案解析】 与一元函数求定义域相仿,要考虑:分式的分母不能为零;偶次方根号下的表达式非负;对数式的真数大于零;反正弦、反余弦中表达式的绝对值小于或等于 1. 因此,本题中应有

$$y-x>0, x\geqslant 0, 1-x^2-y^2>0,$$

即

$$y>x\geqslant 0, x^2+y^2<1.$$

故选 B.

2.【参考答案】 D

【答案解析】 由题设 $f(x,y)=3x+2y$,意味着

$$f(\square,\bigcirc)=3\cdot\square+2\cdot\bigcirc,$$

其中 $\square,\bigcirc$ 分别表示 f 的表达式中第一个位置和第二个位置的元素. 因此

$$f[1,f(x,y)]=3+2f(x,y)=3+2\cdot(3x+2y)=6x+4y+3.$$

故选 D.

3.【参考答案】 E

【答案解析】 设 $u=\dfrac{1}{x},v=\dfrac{1}{y}$,则 $x=\dfrac{1}{u},y=\dfrac{1}{v}$. 由题设表达式可得

$$f(u,v)=\frac{1}{u^3}-\frac{2}{uv^2}+\frac{3}{v},$$

因此

$$f(x,y)=\frac{1}{x^3}-\frac{2}{xy^2}+\frac{3}{y}.$$

故选 E.

4.【参考答案】 A

【答案解析】 由题设当 $x=1$ 时,$z=y$,可知

$$y=1+f(\sqrt{y}-1), f(\sqrt{y}-1)=y-1,$$

令 $u=\sqrt{y}-1$,则 $y=(u+1)^2$,从而

$$f(u)=(u+1)^2-1=u^2+2u,$$

进而

$$z=\sqrt{x}+(\sqrt{y}-1)^2+2(\sqrt{y}-1)=\sqrt{x}+y-1.$$

故选 A.

5.【参考答案】 C

【答案解析】 当 $f(x,y)$ 在(a,b) 处存在偏导数时,依定义可得

$$\lim_{x\to 0}\frac{f(a+x,b)-f(a-x,b)}{x}=\lim_{x\to 0}\left[\frac{f(a+x,b)-f(a,b)}{x}+\frac{f(a-x,b)-f(a,b)}{-x}\right]$$

$$= \lim_{x \to 0} \frac{f(a+x,b)-f(a,b)}{x} + \lim_{x \to 0} \frac{f(a-x,b)-f(a,b)}{-x}$$

$$= 2f'_x(a,b).$$

故选 C.

6.【参考答案】 A

【答案解析】 在对变量 y 求偏导时,x 看作常量,于是有

$$\frac{\partial z}{\partial y} = (x+2)^y \ln(x+2).$$

故选 A.

7.【参考答案】 B

【答案解析】 设 $u = x^2 - y^2, v = xy$,则 $z = \mathrm{e}^u \sin v$.

$$\frac{\partial z}{\partial x} = \frac{\partial z}{\partial u} \cdot \frac{\partial u}{\partial x} + \frac{\partial z}{\partial v} \cdot \frac{\partial v}{\partial x} = \mathrm{e}^u \cdot 2x \cdot \sin v + \mathrm{e}^u \cdot \cos v \cdot y$$

$$= \mathrm{e}^{x^2-y^2}(2x\sin xy + y\cos xy).$$

故选 B.

8.【参考答案】 E

【答案解析】 若令 $u = 3x + 2y$,取 $z = u^u$,由此求 $\frac{\partial z}{\partial x}, \frac{\partial z}{\partial y}$ 运算较复杂. 如果再令 $v = 3x + 2y$,取 $z = u^v$(虽然 u,v 取相同表达式,但是 $z = u^v$ 的表达式中 u,v 的地位不同,下面将很快发现这种代换简化了运算!). 由于

$$\frac{\partial z}{\partial x} = \frac{\partial z}{\partial u}\frac{\partial u}{\partial x} + \frac{\partial z}{\partial v}\frac{\partial v}{\partial x}, \frac{\partial z}{\partial y} = \frac{\partial z}{\partial u}\frac{\partial u}{\partial y} + \frac{\partial z}{\partial v}\frac{\partial v}{\partial y},$$

$$\frac{\partial z}{\partial u} = vu^{v-1}, \frac{\partial z}{\partial v} = u^v \ln u, \frac{\partial u}{\partial x} = 3, \frac{\partial u}{\partial y} = 2, \frac{\partial v}{\partial x} = 3, \frac{\partial v}{\partial y} = 2,$$

因此

$$\frac{\partial z}{\partial x} = vu^{v-1} \cdot 3 + u^v \ln u \cdot 3 = 3(3x+2y)^{3x+2y}[1 + \ln(3x+2y)],$$

$$\frac{\partial z}{\partial y} = vu^{v-1} \cdot 2 + u^v \ln u \cdot 2 = 2(3x+2y)^{3x+2y}[1 + \ln(3x+2y)].$$

所以

$$2\frac{\partial z}{\partial x} - 3\frac{\partial z}{\partial y} = 0.$$

故选 E.

【老师提示】 本题表明选取中间变量在多元函数求偏导数运算中是值得注意的技巧.

9.【参考答案】 E

【答案解析】 偏导数存在反映的是函数 $f(x,y)$ 的局部性质,函数 $f(x,y)$ 的连续性和可微性反映的是函数 $f(x,y)$ 的整体性质,因此,$f(x,y)$ 存在二阶偏导数,其未必连续和可微,同样其一阶偏导数也未必连续,而二阶混合偏导数与求导次序无关反映的是函数 $f(x,y)$ 的整体性质,因此也不保证有 $\frac{\partial^2 f(x,y)}{\partial x \partial y} = \frac{\partial^2 f(x,y)}{\partial y \partial x}$,故由排除法,只有 E 正确.

故选 E.

10.【参考答案】 B

【答案解析】 根据隐函数求导法则，有$\frac{\partial x}{\partial y}=-\frac{F'_y}{F'_x},\frac{\partial y}{\partial z}=-\frac{F'_z}{F'_y},\frac{\partial z}{\partial x}=-\frac{F'_x}{F'_z}$，于是，

$$\frac{\partial z}{\partial x}\cdot\frac{\partial x}{\partial y}\cdot\frac{\partial y}{\partial z}=\left(-\frac{F'_x}{F'_z}\right)\left(-\frac{F'_y}{F'_x}\right)\left(-\frac{F'_z}{F'_y}\right)=-1.$$

故选 B.

【老师提示】 符号$\frac{\partial x}{\partial y}$是一个整体，上下不可以拆分.

11.【参考答案】 B

【答案解析】 由 $f(x+y,xy)=(x+y)^3-2xy(x+y)+(x+y)^2-2xy$，知

$$f(x,y)=x^3-2xy+x^2-2y,$$

从而有$\frac{\partial f(x,y)}{\partial x}=3x^2-2y+2x$. 故选 B.

12.【参考答案】 C

【答案解析】 记 $G(x,y,z)=F\left(\frac{y}{x},\frac{z}{x}\right)$. 由

$$\frac{\partial z}{\partial x}=-\frac{\frac{\partial G}{\partial x}}{\frac{\partial G}{\partial z}}=-\frac{F'_1\cdot\left(-\frac{y}{x^2}\right)+F'_2\cdot\left(-\frac{z}{x^2}\right)}{\frac{1}{x}F'_2}=\frac{yF'_1+zF'_2}{xF'_2},$$

$$\frac{\partial z}{\partial y}=-\frac{\frac{\partial G}{\partial y}}{\frac{\partial G}{\partial z}}=-\frac{\frac{1}{x}F'_1}{\frac{1}{x}F'_2}=-\frac{F'_1}{F'_2},$$

得 $x\frac{\partial z}{\partial x}+y\frac{\partial z}{\partial y}=\frac{yF'_1+zF'_2}{F'_2}-\frac{yF'_1}{F'_2}=z$. 故选 C.

13.【参考答案】 B

【答案解析】 令 $u=\frac{y}{x}$，则 $z=xyf(u)$，其中 $f(u)$ 为抽象函数，依四则运算法则与链式求导法则有

$$\frac{\partial z}{\partial x}=yf(u)+xyf'(u)\frac{\partial u}{\partial x}=yf(u)+xyf'(u)\cdot\left(-\frac{y}{x^2}\right)=yf(u)-\frac{y^2}{x}f'(u),$$

$$\frac{\partial z}{\partial y}=xf(u)+xyf'(u)\frac{\partial u}{\partial y}=xf(u)+xyf'(u)\cdot\frac{1}{x}=xf(u)+yf'(u).$$

因此

$$x\frac{\partial z}{\partial x}+y\frac{\partial z}{\partial y}=xyf(u)-y^2f'(u)+xyf(u)+y^2f'(u)=2xyf(u)=2xyf\left(\frac{y}{x}\right).$$

故选 B.

14.【参考答案】 E

【答案解析】 所给问题为综合性题目. 本题包含隐函数求导，可变上(下)限积分求导及抽象复合函数求导.

由 $z=f(u)$ 可得

$$\frac{\partial z}{\partial x}=f'(u)\frac{\partial u}{\partial x},\frac{\partial z}{\partial y}=f'(u)\frac{\partial u}{\partial y}.$$

方程 $u=\varphi(u)+\int_y^x p(t)\mathrm{d}t$ 两端分别关于 x,y 求偏导数,可得

$$\frac{\partial u}{\partial x}=\varphi'(u)\frac{\partial u}{\partial x}+p(x),\frac{\partial u}{\partial y}=\varphi'(u)\frac{\partial u}{\partial y}-p(y),$$

由 $\varphi'(u)\neq 1$ 可得

$$\frac{\partial u}{\partial x}=\frac{p(x)}{1-\varphi'(u)},\frac{\partial u}{\partial y}=\frac{-p(y)}{1-\varphi'(u)},$$

于是

$$p(y)\frac{\partial z}{\partial x}+p(x)\frac{\partial z}{\partial y}=\frac{f'(u)p(x)p(y)}{1-\varphi'(u)}-\frac{f'(u)p(x)p(y)}{1-\varphi'(u)}=0.$$

故选 E.

【老师提示】由于 $f(u)$ 为一元函数,因此上述求导运算利用了 $f'(u)$ 的符号,这里不能用偏导数符号.

15.【参考答案】B

【答案解析】所给函数 f,g 均为抽象复合函数,应引入中间变量.

解法 1　令 $u=xy,v=\frac{x}{y},w=\frac{y}{x}$,则 $z=f(u,v)+g(w)$,依四则运算法则与链式求导法则有

$$\frac{\partial z}{\partial x}=\frac{\partial f}{\partial u}\frac{\partial u}{\partial x}+\frac{\partial f}{\partial v}\frac{\partial v}{\partial x}+g'(w)\frac{\partial w}{\partial x}=y\frac{\partial f}{\partial u}+\frac{1}{y}\frac{\partial f}{\partial v}-\frac{y}{x^2}g',$$

式中 $\frac{\partial f}{\partial u}=f'_1,\frac{\partial f}{\partial v}=f'_2$. 故选 B.

解法 2　记 f'_i 表示 f 对第 i 个位置变元的偏导数,$i=1,2$,注意到第一个位置变元为 xy,其对 x 的偏导数为 y;第二个位置变元为 $\frac{x}{y}$,其对 x 的偏导数为 $\frac{1}{y}$. 依四则运算法则与链式求导法则有

$$\frac{\partial z}{\partial x}=yf'_1+\frac{1}{y}f'_2-\frac{y}{x^2}g'.$$

故选 B.

【老师提示】上述解法 2,当 f 的每个位置变元关于 x,y 的偏导数易求时,常能简化运算,特别对于求高阶偏导数效果更明显.

16.【参考答案】D

【答案解析】由于 $y=0$ 时,$z=x^2$,故

$$\mathrm{e}^{-x}-f(x)=x^2,$$

则

$$f(x)=\mathrm{e}^{-x}-x^2,$$

所以有

$$f(x-2y)=\mathrm{e}^{-(x-2y)}-(x-2y)^2,$$

$$z=\mathrm{e}^{-x}-\mathrm{e}^{2y-x}+(x-2y)^2,$$

故

$$\frac{\partial z}{\partial x}=e^{2y-x}-e^{-x}+2(x-2y).$$

因此

$$\left.\frac{\partial z}{\partial x}\right|_{(2,1)}=1-\frac{1}{e^{2}}.$$

故选 D.

17.【参考答案】D

【答案解析】注意隐函数存在定理:设函数 $F(x,y,z)$ 在点 $P(x_0,y_0,z_0)$ 的某一邻域内具有连续偏导数,且 $F(x_0,y_0,z_0)=0,F'_z(x_0,y_0,z_0)\neq 0$,则方程 $F(x,y,z)=0$ 在点 $P(x_0,y_0,z_0)$ 的某一邻域内恒能唯一确定一个连续且具有连续偏导数的函数 $z=z(x,y)$,它满足条件 $z_0=z(x_0,y_0)$,且有

$$\frac{\partial z}{\partial x}=-\frac{F'_x}{F'_z},\frac{\partial z}{\partial y}=-\frac{F'_y}{F'_z}.$$

在本题中令

$$F(x,y,z)=xy-z\ln y+z^2-1,$$

则

$$F(1,1,0)=0,$$

且

$$F'_x=y,F'_y=x-\frac{z}{y},F'_z=-\ln y+2z,$$

$$F'_x(1,1,0)=1,F'_y(1,1,0)=1,F'_z(1,1,0)=0.$$

由隐函数存在定理可知,可确定两个具有连续偏导数的函数 $x=x(y,z)$ 和 $y=y(x,z)$.

故选 D.

18.【参考答案】C

【答案解析】设

$$F(x,y,z)=x^2y-z-\varphi(x+y+z),$$

则

$$F'_x=2xy-\varphi',F'_z=-1-\varphi',$$

可得

$$\frac{\partial z}{\partial x}=-\frac{F'_x}{F'_z}=\frac{2xy-\varphi'}{1+\varphi'}.$$

故选 C.

19.【参考答案】B

【答案解析】由于

$$z=e^{x^2}-f(x-3y),$$

可知

$$\frac{\partial z}{\partial x}=2xe^{x^2}-f'(x-3y),$$

$$\frac{\partial^2 z}{\partial x\partial y}=-f''(x-3y)\cdot(-3)=3f''(x-3y).$$

故选 B.

20.【参考答案】 A

【答案解析】 由于 $$\frac{\partial f}{\partial x}=y\mathrm{e}^{-x^2y^2},\frac{\partial f}{\partial y}=x\mathrm{e}^{-x^2y^2},$$

可得

$$\frac{\partial^2 f}{\partial x^2}=-2xy^3\mathrm{e}^{-x^2y^2},\frac{\partial^2 f}{\partial x\partial y}=(1-2x^2y^2)\mathrm{e}^{-x^2y^2},\frac{\partial^2 f}{\partial y^2}=-2x^3y\mathrm{e}^{-x^2y^2}.$$

因此

$$\frac{x}{y}\frac{\partial^2 f}{\partial x^2}-2\frac{\partial^2 f}{\partial x\partial y}+\frac{y}{x}\frac{\partial^2 f}{\partial y^2}=-2\mathrm{e}^{-x^2y^2}.$$

故选 A.

21.【参考答案】 E

【答案解析】解法 1 由于$\frac{\partial g}{\partial x}=f_1'\cdot y+f_2'\cdot x,\frac{\partial g}{\partial y}=f_1'\cdot x-f_2'\cdot y$,则

$$y\frac{\partial g}{\partial x}+x\frac{\partial g}{\partial y}=y^2f_1'+xyf_2'+x^2f_1'-xyf_2'=(x^2+y^2)f_1'.$$

故选 E.

解法 2 设 $u=xy,v=\frac{1}{2}(x^2-y^2)$,则 $g=f(u,v)$. 所以

$$\frac{\partial g}{\partial x}=\frac{\partial g}{\partial u}\cdot\frac{\partial u}{\partial x}+\frac{\partial g}{\partial v}\cdot\frac{\partial v}{\partial x}=y\frac{\partial f}{\partial u}+x\frac{\partial f}{\partial v},$$

$$\frac{\partial g}{\partial y}=\frac{\partial g}{\partial u}\cdot\frac{\partial u}{\partial y}+\frac{\partial g}{\partial v}\cdot\frac{\partial v}{\partial y}=x\frac{\partial f}{\partial u}-y\frac{\partial f}{\partial v}.$$

因此

$$y\frac{\partial g}{\partial x}+x\frac{\partial g}{\partial y}=y^2\frac{\partial f}{\partial u}+xy\frac{\partial f}{\partial v}+x^2\frac{\partial f}{\partial u}-xy\frac{\partial f}{\partial v}=(x^2+y^2)\frac{\partial f}{\partial u},$$

其中$\frac{\partial f}{\partial u}=f_1'$. 故选 E.

22.【参考答案】 A

【答案解析】 设 $u=\frac{y}{x},v=\frac{x}{y}$,则 $g(x,y)=f(u)+yf(v)$,

$$\frac{\partial g}{\partial x}=f'(u)\cdot\frac{\partial u}{\partial x}+yf'(v)\cdot\frac{\partial v}{\partial x}=-\frac{y}{x^2}f'(u)+f'(v),$$

$$\frac{\partial g}{\partial y}=f'(u)\cdot\frac{\partial u}{\partial y}+f(v)+yf'(v)\cdot\frac{\partial v}{\partial y}=\frac{1}{x}f'(u)+f(v)-\frac{x}{y}f'(v),$$

因此

$$x\frac{\partial g}{\partial x}+y\frac{\partial g}{\partial y}=-\frac{y}{x}f'(u)+xf'(v)+\frac{y}{x}f'(u)+yf(v)-xf'(v)=yf\left(\frac{x}{y}\right).$$

故选 A.

23.【参考答案】 B

【答案解析】 需先求出 $f(x,y)$. 为此设

$$u=x+y,v=\frac{y}{x},$$

则可解得

$$x=\frac{u}{1+v},y=\frac{uv}{1+v}.$$

因此

$$f\left(x+y,\frac{y}{x}\right)=f(u,v)=\left(\frac{u}{1+v}\right)^2-\left(\frac{uv}{1+v}\right)^2=\frac{u^2(1-v)}{1+v},$$

$$z=f(x,y)=\frac{x^2(1-y)}{1+y},$$

可得

$$\frac{\partial z}{\partial x}=\frac{2x(1-y)}{1+y}.$$

故选 B.

24.【参考答案】C

【答案解析】由于 $f(x,y)=3x+2y$,则

$$z=f[xy,f(x,y)]=3xy+2f(x,y)=3xy+6x+4y,$$

从而知

$$\frac{\partial z}{\partial y}=3x+4.$$

故选 C.

25.【参考答案】A

【答案解析】由于 $z=\sin xy$,可得

$$\frac{\partial z}{\partial x}=y\cos xy,\frac{\partial^2 z}{\partial x^2}=-y^2\sin xy,$$

$$\frac{\partial z}{\partial y}=x\cos xy,\frac{\partial^2 z}{\partial y^2}=-x^2\sin xy,$$

因此

$$\frac{\partial^2 z}{\partial x^2}+\frac{\partial^2 z}{\partial y^2}=-(x^2+y^2)\sin xy.$$

故选 A.

26.【参考答案】E

【答案解析】$f(x,y)=\dfrac{e^x}{x-y}$,则

$$f'_x=\frac{(e^x)'(x-y)-e^x\cdot(x-y)'_x}{(x-y)^2}=\frac{e^x(x-y-1)}{(x-y)^2},$$

$$f'_y=\frac{e^x}{(x-y)^2},$$

因此

$$f'_x+f'_y=\frac{e^x(x-y-1)}{(x-y)^2}+\frac{e^x}{(x-y)^2}=\frac{e^x}{x-y}=f.$$

故选 E.

27.【参考答案】C

【答案解析】对 $f(x,x^2)=x^2e^{-x}$ 两边同时求导,由链式求导法则可得

$$f'_x(x,y)\Big|_{y=x^2}+f'_y(x,y)\Big|_{y=x^2}\cdot 2x=2x\cdot e^{-x}-x^2e^{-x},$$

又因为 $f'_x(x,y)\Big|_{y=x^2}=-x^2e^{-x}$,则 $f'_y(x,y)\Big|_{y=x^2}=e^{-x}$.

【老师提示】注意,在对 $f(x,x^2)$ 求导时,由于两个变量都是 x 的函数,因此需要通过链式求导法则计算.

28.【参考答案】A

【答案解析】$\ln z=3xy\cdot\ln(2x+y)$,两边对 x 求偏导

$$\frac{\frac{\partial z}{\partial x}}{z}=3y\cdot\ln(2x+y)+3xy\cdot\frac{1}{2x+y}\cdot 2,$$

$$\frac{\partial z}{\partial x}=(2x+y)^{3xy}\cdot\left[3y\cdot\ln(2x+y)+\frac{6xy}{2x+y}\right],$$

代入点(1,1),得$\frac{\partial z}{\partial x}\Big|_{(1,1)}=(2+1)^3\cdot\left(3\cdot\ln 3+\frac{6}{3}\right)=3^3\cdot(3\ln 3+2)$.

【老师提示】计算偏导数最基本的思路:将一个变量看作常数,再利用一元函数求导公式与法则对另一个变量求导.

29.【参考答案】B

【答案解析】设 $F(x,y,z)=z-y-x+xe^{z-y-x}$,则

$$F'_y=-1+xe^{z-y-x}\cdot(-1)=-(1+xe^{z-y-x}),$$

$$F'_z=1+xe^{z-y-x}.$$

因此
$$\frac{\partial z}{\partial y}=-\frac{F'_y}{F'_z}=-\frac{-(1+xe^{z-y-x})}{1+xe^{z-y-x}}=1.$$

故选 B.

30.【参考答案】C

【答案解析】由于 $z=\arctan\frac{x-y}{x+y}$,则

$$\frac{\partial z}{\partial x}=\frac{1}{1+\left(\frac{x-y}{x+y}\right)^2}\cdot\frac{(x+y)-(x-y)}{(x+y)^2}=\frac{2y}{(x+y)^2+(x-y)^2}=\frac{y}{x^2+y^2},$$

$$\frac{\partial^2 z}{\partial x^2}=\frac{-2xy}{(x^2+y^2)^2}.$$

故选 C.

31.【参考答案】D

【答案解析】根据链式求导法则,得

$$\frac{\partial z}{\partial x}=\cos(x+y)f'_1+e^{xy}yf'_2.$$

32.【参考答案】E

【答案解析】设 $u=xg(y),v=y$,则

$$f(u,v)=\frac{u}{g(v)}+g(v),$$

所以
$$\frac{\partial f}{\partial u}=\frac{1}{g(v)},$$

$$\frac{\partial^2 f}{\partial u \partial v}=-\frac{g'(v)}{[g(v)]^2}.$$

故选 E.

33.【参考答案】 C

【答案解析】 设 $z=f(x,y)=\sqrt{x^2+y^2}$，当 $(x,y)\neq(0,0)$ 时，$f(x,y)=\sqrt{x^2+y^2}>0$，而 $f(0,0)=0$，可知点 $(0,0)$ 为 $f(x,y)$ 的极小值点. 由于 $\lim\limits_{x\to 0}\frac{f(x,0)-f(0,0)}{x}=\lim\limits_{x\to 0}\frac{\sqrt{x^2}}{x}=\lim\limits_{x\to 0}\frac{|x|}{x}$ 不存在，可知在点 $(0,0)$ 处 $\frac{\partial z}{\partial x}$ 不存在，因此点 $(0,0)$ 不是 z 的驻点. 故选 C.

34.【参考答案】 B

【答案解析】 由于 $z=xy$，则 $\frac{\partial z}{\partial x}=y$，$\frac{\partial z}{\partial y}=x$，且在点 $(0,0)$ 处 $\frac{\partial z}{\partial x}$，$\frac{\partial z}{\partial y}$ 连续，可知 $z=xy$ 在点 $(0,0)$ 处可微分，因此函数必定连续. 由于在点 $(0,0)$ 处 $\frac{\partial z}{\partial x}=0$，$\frac{\partial z}{\partial y}=0$，知点 $(0,0)$ 为 $z=xy$ 的驻点.

又当点 (x,y) 在第一、三象限时，$z=xy>0$；当点 (x,y) 在第二、四象限时，$z=xy<0$，知点 $(0,0)$ 不是 $z=xy$ 的极值点. 故选 B.

35.【参考答案】 D

【答案解析】 由 $\begin{cases}f'_x(x,y)=2x+y=0,\\ f'_y(x,y)=x=0,\end{cases}$ 得 $\begin{cases}x=0,\\ y=0,\end{cases}$ 知点 $(0,0)$ 是驻点.

又 $f''_{xx}(x,y)=2$，$f''_{yy}(x,y)=0$，$f''_{xy}(x,y)=1$，得

$$\Delta(0,0)=\left[(f''_{xy})^2-f''_{xx}f''_{yy}\right]\Big|_{(0,0)}=1>0,$$

从而知点 $(0,0)$ 非极值点. 故选 D.

36.【参考答案】 A

【答案解析】 $f(x,y)$ 为可微函数，点 (x_0,y_0) 为 $f(x,y)$ 的极小值点，则由极值的必要条件知

$$f'_x(x_0,y_0)=0,f'_y(x_0,y_0)=0,$$

而 $f(x_0,y)$ 在 $y=y_0$ 处的导数即为 $f'_y(x_0,y_0)=0$. 故选 A.

37.【参考答案】 D

【答案解析】 所给问题为无约束条件极值问题，函数 $f(x,y)$ 的定义域为整个 xOy 坐标面. 令

$$\begin{cases}\frac{\partial f}{\partial x}=3ay-3x^2=0,\\ \frac{\partial f}{\partial y}=3ax-3y^2=0,\end{cases}$$

可解得 $\begin{cases}x=a,\\ y=a,\end{cases}$ $\begin{cases}x=0,\\ y=0,\end{cases}$ 可知 $f(x,y)$ 有驻点 $M(a,a)$，$M'(0,0)$.

又由于
$$\frac{\partial^2 f}{\partial x^2}=-6x,\frac{\partial^2 f}{\partial x\partial y}=3a,\frac{\partial^2 f}{\partial y^2}=-6y,$$

则有

$$A=\frac{\partial^2 f}{\partial x^2}\bigg|_M=-6a<0,B=\frac{\partial^2 f}{\partial x\partial y}\bigg|_M=3a,C=\frac{\partial^2 f}{\partial y^2}\bigg|_M=-6a,$$

$$B^2-AC=9a^2-36a^2=-27a^2<0,$$

所以由极值的充分条件可知点 $M(a,a)$ 为 $f(x,y)$ 的极大值点，极大值为 $f(a,a)=a^3$.

$$A=\frac{\partial^2 f}{\partial x^2}\bigg|_{M'}=0,B=\frac{\partial^2 f}{\partial x\partial y}\bigg|_{M'}=3a,C=\frac{\partial^2 f}{\partial y^2}\bigg|_{M'}=0,$$

$$B^2-AC=9a^2>0,$$

故点(0,0)不是极值点.

故选 D.

38.【参考答案】 E

【答案解析】 由题设可知

$$f'_x(x,y)=2xy^2+\ln x+1,$$
$$f'_y(x,y)=2x^2y.$$

令

$$\begin{cases}f'_x(x,y)=2xy^2+\ln x+1=0,\\ f'_y(x,y)=2x^2y=0,\end{cases}$$

解得 $f(x,y)$ 的唯一驻点 $x=\frac{1}{\mathrm{e}},y=0$，即驻点为 $\left(\frac{1}{\mathrm{e}},0\right)$，因此排除 A,B.

又由于

$$f''_{xx}=2y^2+\frac{1}{x},f''_{xy}=4xy,f''_{yy}=2x^2,$$

$$A=f''_{xx}\bigg|_{\left(\frac{1}{\mathrm{e}},0\right)}=\mathrm{e}>0,B=f''_{xy}\bigg|_{\left(\frac{1}{\mathrm{e}},0\right)}=0,C=f''_{yy}\bigg|_{\left(\frac{1}{\mathrm{e}},0\right)}=\frac{2}{\mathrm{e}^2},$$

$$B^2-AC=-\frac{2}{\mathrm{e}}<0,$$

所以由极值的充分条件知 $\left(\frac{1}{\mathrm{e}},0\right)$ 为 $f(x,y)$ 的极小值点，极小值为 $-\frac{1}{\mathrm{e}}$. 故选 E.

39.【参考答案】 C

【答案解析】 所给问题为条件极值. 构造拉格朗日函数

$$F(x,y,\lambda)=x^2+y^2+\lambda\left(\frac{x}{a}+\frac{y}{b}-1\right),$$

令

$$\begin{cases}F'_x=2x+\dfrac{\lambda}{a}=0,\\ F'_y=2y+\dfrac{\lambda}{b}=0,\\ F'_\lambda=\dfrac{x}{a}+\dfrac{y}{b}-1=0,\end{cases}$$

可解得唯一一组解 $x=\frac{ab^2}{a^2+b^2},y=\frac{a^2b}{a^2+b^2}$.

对于条件极值问题，判定其驻点是否为极值点，往往是利用问题的实际背景来解决. 所给问题不是实际问题，但是可以理解为考查直线 $\frac{x}{a}+\frac{y}{b}=1$ 上的点到原点的距离的极值问

题. 由于直线$\frac{x}{a}+\frac{y}{b}=1$上任意一点$(x,y)$到原点的距离

$$d=\sqrt{x^2+y^2},$$

而点(x,y)应满足直线方程$\frac{x}{a}+\frac{y}{b}=1$. 因此问题转化为求在条件$\frac{x}{a}+\frac{y}{b}=1$下函数$d=\sqrt{x^2+y^2}$的最小值问题. 为了计算简便,可以求$z=d^2=x^2+y^2$在条件$\frac{x}{a}+\frac{y}{b}=1$下的极值问题. 在此实际背景之下,由于原点到定直线上的点之间的距离存在最小值,可知所给条件极值存在最小值. 由于驻点唯一,因此所求驻点为最(极)小值点,相应的最(极)小值为

$$z\left(\frac{ab^2}{a^2+b^2},\frac{a^2b}{a^2+b^2}\right)=\frac{a^2b^2}{a^2+b^2}.$$

故选 C.

第五章　随机事件与概率

1.【参考答案】A

【答案解析】通过事件的恒等运算，将 $\overline{A}+\overline{A}B+\overline{A}\,\overline{B}$ 化简，即由

$$\overline{A}+\overline{A}B+\overline{A}\,\overline{B}=\overline{A}+\overline{A}(B+\overline{B})=\overline{A}+\overline{A}\Omega=\overline{A}+\overline{A}=\overline{A},$$

知该事件与事件 $\overline{A}$ 相等，故选 A.

【老师提示】随机事件的设定及其运算是概率计算的基础，本题是讨论用符号描述两个事件是否相等或等价的问题. 一般地，判断两事件相等或等价有两个途径：一是通过事件的恒等运算，将两事件联系起来；二是通过文氏图，考查两事件所表示的是否为同一区域.

2.【参考答案】E

【答案解析】解法 1　用排除法.

射击三次，事件 $A_i(i=1,2,3)$ 表示第 i 次命中目标，则 $A_1+A_2+A_3$ 表示至少命中一次的事件，要选择的是与之等价的选项. 从选项形式容易看出，选项 A 将概率的加法运算公式与事件的运算混淆了；选项 B 表示至多命中两次；选项 C 表示仅有一次命中；另外，若从运算角度判断，

$$A_1+A_2+A_3=\Omega-\overline{A_1+A_2+A_3}=\Omega-\overline{A_1}\,\overline{A_2}\,\overline{A_3},$$

与选项 D 不一致，即选项 A，B，C，D 均不正确，由排除法，应选 E.

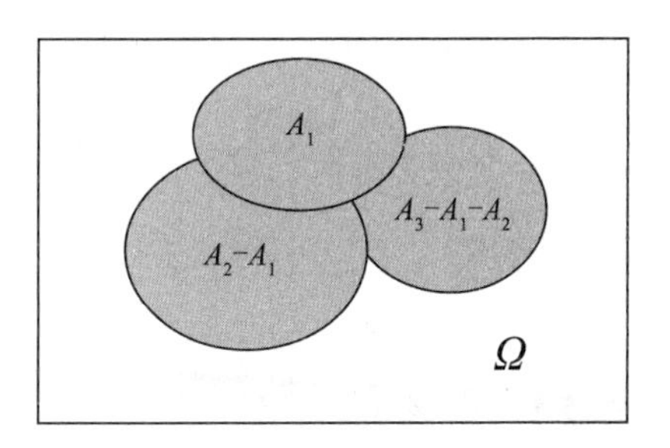

图 2-5-1

解法 2　用文氏图.

如图 2-5-1 所示，事件 $A_1+A_2+A_3$ 与事件 $A_1+(A_2-A_1)+(A_3-A_1-A_2)$ 对应在同一区域，故 E 正确.

【老师提示】同一个事件可能有多种设定方法，每种设定反映了考生对问题的理解程度和角度，也体现出考生求解问题的思路. 同一事件的不同描述形式是相互等价的，就本题而言，用文氏图判断事件等价关系是直观而简便的方法.

3.【参考答案】D

【答案解析】$A\cup B\subset B$ 即 $A+B=B$，知 $A\subset B$，故 $AB=A$，且有 $\overline{A+B}=\overline{A}\,\overline{B}=\overline{B}$，知 $\overline{B}\subset\overline{A}$.

将 $A=\Omega-\overline{A}$ 代入等式 $\overline{A}\,\overline{B}=\overline{B}$，有 $\overline{B}-A\overline{B}=\overline{B}$，即 $A\overline{B}=\varnothing$，由排除法，知 $\overline{A}B=\varnothing$ 与 $A\cup B\subset B$ 不等价，故选 D.

【老师提示】本题中 $A\cup B\subset B$ 与 $A+B=B$ 的转换很重要，有了这个运算式，就可以通过事件的恒等运算找出各种等价关系. 德摩根律是用得较多的一个运算律，应注意掌握.

4.【参考答案】C

【答案解析】一般地，由 $P(AB)=0$，推不出 $AB=\varnothing$，从而可以排除选项 A 和选项 B. 由 $P(AB)=0$，也未必有 $P(A)=0$，$P(B)=0$. 例如事件 A，B 分别表示投掷硬币出现正面、反面，则有 $P(A)=\dfrac{1}{2}$，$P(B)=\dfrac{1}{2}$，但 $P(AB)=0$，从而排除选项 D 和选项 E. 因此，应选 C.

【老师提示】事件的概率与事件性质之间的对应关系是考生应该了解并掌握的基本关系.一般地,由随机事件的性质可以确定其概率,例如,若 A 为不可能事件,则必有 $P(A)=0$,若 A 与 B 互斥,则有 $P(AB)=0$,$P(A+B)=P(A)+P(B)$. 但反之不然,由事件的概率未必能说明事件本身的性质,如 $P(A)=0$,未必能说明事件 A 是不可能事件,考生往往因忽略这一点而犯错,应给予足够的重视.

5.【参考答案】 C

【答案解析】由 $P(A)P(B)=\frac{2}{3}\times\frac{1}{2}=\frac{1}{3}$,$P(AB)=\frac{1}{3}$,得 $P(A)P(B)=P(AB)$,由事件独立性定义容易验证选项 C 的正确性,故选 C.

【老师提示】事件的概率计算能够推断事件的独立性,但不能推断事件之间的其他关系.因此,题中有 4 个涉及事件间包含关系、对立关系、互斥关系的推断,均应排除,故选 C.

6.【参考答案】 A

【答案解析】因为 $B\subset A$,等价于 $A\cup B=A$ 或 $AB=B$. 于是有 $P(A\cup B)=P(A)$ 或 $P(AB)=P(B)$. 同时由 $B\subset A$,知若 B 发生,则 A 必发生,但 A 发生,B 未必发生,即

$$P(B\mid A)=\frac{P(AB)}{P(A)}=\frac{P(B)}{P(A)}\neq P(B),$$

$$P(A\mid B)=\frac{P(AB)}{P(B)}=\frac{P(B)}{P(B)}=1\neq P(B)$$

且 $P(B-A)=P(B)-P(AB)=P(B)-P(B)=0$,故选 A.

7.【参考答案】 D

【答案解析】选项 D,事件 A 与 B 互不相容,则有 $AB=\varnothing$,$P(AB)=0$,进而有

$$P(\overline{A}\cup\overline{B})=P(\overline{AB})=1-P(AB)=1,$$

知选项 D 正确.

选项 A,$AB=\varnothing$,未必有 $A\cup B=\Omega$,故 $P(\overline{A}\,\overline{B})=P(\overline{A\cup B})=1-P(A\cup B)=0$ 未必成立.选项 A 未必成立.

选项 B,事件 A 与 B 互不相容与事件 A 与 B 相互独立没有必然联系.选项 B 未必成立.

选项 C,事件 A 与 B 互不相容是事件 A 与 B 对立的必要但非充分条件,因此,A 与 B 未必对立,选项 C 未必成立.

选项 D 正确即排除选项 E.

【老师提示】在事件的关系中,考生往往将事件不相容即互斥,与事件的独立性及事件的对立关系相混淆,应注意区分.

8.【参考答案】 E

【答案解析】若以 A_1 表示事件"甲投中",A_2 表示事件"乙未投中",则事件 $A=A_1A_2$,对立事件为 $\overline{A}=\overline{A_1A_2}=\overline{A_1}+\overline{A_2}$,其中 $\overline{A_1}$ 表示"甲未投中",$\overline{A_2}$ 表示"乙投中",因此,A 的对立事件 $\overline{A}$ 为"甲未投中或乙投中",故选 E.

【老师提示】本题主要考查事件的对立事件,考虑到事件 A 是由事件 A_1 和 A_2 复合而成,因此,应该先将事件 A 的描述更精细和符号化,再利用事件运算解答.

9.【参考答案】 D

【答案解析】推断可采用三种解法.

解法 1　直接法.

由 $P(B|A)=1$，有 $P(AB)=P(A)P(B|A)=P(A)$，从而有

$$P(A-B)=P(A)-P(AB)=P(A)-P(A)=0.$$

故选 D.

解法 2　排除法.

反例，若设事件 $A=\{$取一等品$\}$，$B=\{$取一等品或二等品，统称合格品$\}$，现任取 1 件产品，若已知为一等品，则该产品必为合格品，即有 $P(B|A)=1$，但 A 并非必然事件，A 也不包含事件 B，且 $P(B|\overline{A})\neq 0$，$P(A+B)\neq 1$，因此，应选 D.

解法 3　图解法.

如图 2-5-2 所示，A 发生，则 B 必发生. 显然，选项 A，B，C，E 不正确，故选 D.

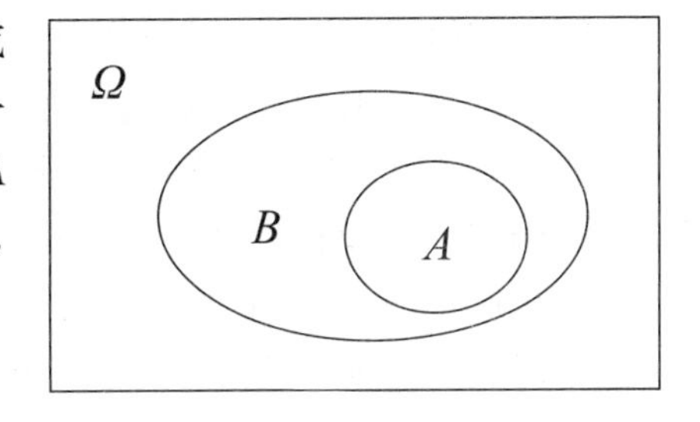

图 2-5-2

【老师提示】本题是由条件概率的计算式来推断事件的关系或与之等价的概率计算式. 再次强调，除事件的独立性，任何一个概率计算结果均不能推断事件的关系. 因此，判断时，应先排除选项 A 和 C，把重点放在选项 B，D 和 E 上.

10.【参考答案】E

【答案解析】在无条件下，有概率的加法运算式 $P(A\cup B)=P(A)+P(B)$，在 C 发生或 C 不发生的条件下，等式结构不变，因此有

$$P(A\cup B|C)=P(A|C)+P(B|C) \text{ 或 } P(A\cup B|\overline{C})=P(A|\overline{C})+P(B|\overline{C}).$$

又由概率的加法公式及 $P(A\cup B)=P(A)+P(B)$，可得 $P(AB)=0$，即有 $P(ABC)=0$，从而有 $P(AC\cup BC)=P(AC)+P(BC)-P(ABC)=P(AC)+P(BC)$，故由排除法，应选 E.

【老师提示】实际上，由事件的概率不能推断事件关系的角度，可以直接确定结论 E 不一定正确. 在概率计算时，可能会遇到由无条件下的概率运算向有条件下的概率运算的转换. 一般的结论是，无条件下的概率运算及其关系式可以推出有条件下的概率运算，而且关系式不变.

11.【参考答案】C

【答案解析】由乘法公式和加法公式，有

$$P(AB)=P(B)P(A|B)=P(B),$$
$$P(A\cup B)=P(A)+P(B)-P(AB)=P(A),$$

故选 C.

12.【参考答案】A

【答案解析】由

$$P(AB)=P(\overline{A}\,\overline{B})=P(\overline{A+B})=1-P(A+B)$$
$$=1-P(A)-P(B)+P(AB),$$

得

$$P(B)=1-P(A)=1-p.$$

故选 A.

13.【参考答案】D

【答案解析】由加法公式和事件独立性的概念，有

$$P(A\cup B)=P(A)+P(B)-P(AB)=P(A)+P(B)-P(A)P(B),$$

即 $0.4+P(B)(1-0.4)=0.7$，解得 $P(B)=0.5$. 故选 D.

【老师提示】以上 3 题主要是运用条件概率公式、加法公式、乘法公式及德摩根律等计算相关概率. 只要熟悉掌握相关公式做好事件的转换，不难求解问题.

14.【参考答案】B

【答案解析】在事件 A,B,C 相互独立的条件下，其中由事件 A 和 B 运算生成的事件 $\overline{A\cup B},\overline{A-B},\overline{AB},A\overline{B}$ 与事件 C 或其逆事件 $\overline{C}$ 仍然相互独立. 因此，选项 A,C,D,E 中随机事件组都相互独立，故由排除法，应选 B.

【老师提示】事件的独立性是事件关系中最为重要的关系，而且贯穿在概率论的所有章节中，因此要重点掌握. 本题主要考查的是事件独立性的一个重要性质，即如果有若干个事件相互独立，则由其中一部分事件运算生成的事件与由另一部分事件运算生成的事件仍然相互独立.

15.【参考答案】B

【答案解析】选项 B，事件的独立性一般由概率公式 $P(A)P(B)=P(AB)$ 判断，仅由事件的关系是不能推断事件独立性的. 因此，当 $AB\neq\varnothing$ 时，A,B 可能独立，也可能不独立，故选 B.

选项 A，反例：若 $P(A)=\frac{1}{2},P(B)=\frac{1}{2},P(A\mid B)=\frac{2}{3}$，则有 $P(AB)=\frac{1}{3}\neq 0$，显然 $AB\neq\varnothing$，但 $P(A)P(B)\neq P(AB)$，A,B 不独立，因此，选项 A 不成立.

当 $AB=\varnothing$，且 $A=\varnothing,B=\varnothing$ 至少有一个成立时，则 A,B 相互独立，否则不相互独立. 故选项 C,D 也不成立.

【老师提示】本题主要考查事件的相容性和独立性的关系. 严格地说，两个事件之间的“不相容”即“互斥”与“相互独立”之间没有任何关系，它们是不同层面上的两个概念.

16.【参考答案】E

【答案解析】由于 $P(AB)=P(A)P(B)$，知事件 A,B 相互独立，故选 E. 另外，两事件之间的互不相容、相互对立、相等和包容关系是不能由概率计算关系推出的.

17.【参考答案】C

【答案解析】事件“A,B,C 均不发生”的概率为

$$\begin{aligned}P(\overline{A}\,\overline{B}\,\overline{C})&=1-P(A\cup B\cup C)\\&=1-[P(A)+P(B)+P(C)-P(AB)-P(AC)-P(BC)+P(ABC)].\end{aligned}$$

由题意得，$P(AB)=P(AC)=P(BC)=[P(A)]^2$，$P(ABC)=0$，代入上式得 $P(\overline{A}\,\overline{B}\,\overline{C})=1-3P(A)+3[P(A)]^2$，可知当 $P(A)=P(B)=P(C)=\frac{1}{2}$ 时，$P(\overline{A}\,\overline{B}\,\overline{C})$ 取得最小值 $\frac{1}{4}$.

18.【参考答案】D

【答案解析】事实上，当 $0<P(B)<1$ 时，$P(A|B)=P(A|\overline{B})$ 是事件 A 与 B 相互独立的充分必要条件，证明如下.

充分性. 若 $P(A|B)=P(A|\overline{B})$，则

$$\frac{P(AB)}{P(B)}=\frac{P(A\overline{B})}{1-P(B)},P(AB)-P(B)P(AB)=P(B)P(A\overline{B}),$$

$$P(AB)=P(B)\cdot[P(AB)+P(A\overline{B})]=P(B)P(A),$$

由独立的定义，即得 A 与 B 相互独立.

必要性. 若 A 与 B 相互独立，直接应用乘法公式可以证明 $P(A|B)=P(A|\overline{B})$.

又 $P(A|B)=1-P(\overline{A}|\overline{B})=P(A|\overline{B})$，则事件 A 和 B 相互独立.

由于事件 B 的发生与否不影响事件 A 发生的概率，直观上可以判断 A 和 B 相互独立.

故选 D.

【老师提示】 本题由 $P(A|B)+P(\overline{A}|\overline{B})=1$ 可得 $P(A|B)=1-P(\overline{A}|\overline{B})=P(A|\overline{B})$，在 $0<P(B)<1$ 的前提下，该等式也是事件 A，B 相互独立的充要条件. 它的实际意义很好理解：事件 A 在事件 B 发生的条件下与事件 B 不发生的条件下的条件概率是相同的，也即事件 B 是否发生对事件 A 没有影响.

19. **【参考答案】** A

【答案解析】 若 A_1，A_2，A_3 相互独立，由相互独立的定义可知，

$$P(A_1A_2)=P(A_1)P(A_2),$$
$$P(A_2A_3)=P(A_2)P(A_3),$$
$$P(A_1A_3)=P(A_1)P(A_3),$$
$$P(A_1A_2A_3)=P(A_1)P(A_2)P(A_3),$$

由此可得 A_1，A_2，A_3 两两独立，故 A 正确；

对于选项 B，若 A_1，A_2，A_3 两两独立，则

$$P(A_1A_2)=P(A_1)P(A_2),$$
$$P(A_2A_3)=P(A_2)P(A_3),$$
$$P(A_1A_3)=P(A_1)P(A_3),$$

但 $P(A_1A_2A_3)=P(A_1)P(A_2)P(A_3)$ 不一定成立，即 A_1，A_2，A_3 不一定相互独立，B 不正确；

根据相互独立的定义可知，选项 C 显然不正确；

对于选项 D，令事件 $A_2=\varnothing$，则 A_1 与 A_2 独立，A_2 与 A_3 独立，但 A_1 与 A_3 不一定相互独立，故选项 D 不正确.

【老师提示】 注意三个事件相互独立和两两独立的区别.

20. **【参考答案】** A

【答案解析】 这是一个古典概型中“占坑”问题，每个客人可以从 20 间客房中任选一间入住，因此，总样本点数为 20^5，事件含样本点数为 $C_{20}^{5}5!$，则每个客人单独住一间房的概率为 $\frac{C_{20}^{5}5!}{20^5}$，故选 A.

21. **【参考答案】** E

【答案解析】 设事件 $A_i=\{$第 i 个人取到红球$\}(1\leqslant i\leqslant n)$，则 $A_k=\overline{A_1}\,\overline{A_2}\cdots\overline{A_{k-1}}A_k$，有

$$P(A_k)=P(\overline{A_1})P(\overline{A_2}|\overline{A_1})\cdots P(\overline{A_{k-1}}|\overline{A_1}\,\overline{A_2}\cdots\overline{A_{k-2}})P(A_k|\overline{A_1}\,\overline{A_2}\cdots\overline{A_{k-1}})$$
$$=\frac{n-1}{n}\frac{n-2}{n-1}\cdots\frac{n-k+1}{n-k+2}\frac{1}{n-k+1}=\frac{1}{n}.$$

故选 E.

【老师提示】 从 n 个物品中连续抽取，每次取一个，简称连续抽取问题. 抽取方式又分为有放回抽取，每次抽取结果是相互独立的；无放回抽取，前后抽取结果有相关性，属于条

件概率问题.本题在求解过程中实际上验证了一个重要原理:从 n 个物品中连续地无放回地抽取,每次取到特定物品的概率是相同的,与抽取的先后次序无关,称为抽签原理.

22.【参考答案】 C

【答案解析】 由题可知,第 5 次取球,恰好是第二次取出黑球,则第 5 次取出一个黑球,符合几何分布特点,同时意味着前 4 次取球,有一次取到黑球,符合伯努利概型的特点,则所求概率为 $P=C_4^1\frac{2}{5}\left(1-\frac{2}{5}\right)^3\times\frac{2}{5}$,故选 C.

【老师提示】 连续 n 次从袋中有放回地取球,其中取出黑球(或白球)事件发生的次数,是典型的伯努利概型.其特点为随机试验是 n 次重复进行,某事件每次出现相互独立而且出现的概率 p 是相等的,那么出现 k 次的概率为 $P\{\xi=k\}=C_n^kp^k(1-p)^{n-k}$.另外,连续从袋中有放回地取球,恰好第 n 次取出黑球(或白球)的概率问题具有典型的几何分布特点.一般地,若随机试验是 n 次重复进行,某事件每次出现相互独立而且出现的概率 p 是相等的,则恰好最后一次才出现该事件的概率为 $p(1-p)^{n-1}$.本题是两种概型复合的问题.

23.【参考答案】 D

【答案解析】 先求出独立射击 5 次所有可能的结果,因为每次射击都有两种可能:$A=\{$命中$\}$,$\overline{A}=\{$未命中$\}$.若以“1”表示 A 发生,“0”表示 $\overline{A}$ 发生,则每一结果都是由“0”“1”组成的一个序列,如“11001”,表示第一、二、五次射击命中,第三、四次未命中.把所有含有两个“1”,三个“0”组成的序列看作一个基本序列,则共有 C_5^2 个基本序列,根据乘法公式,每个序列对应的概率为

$$(0.7)^2(1-0.7)^{5-2}.$$

这样的序列共有 C_5^2 个,由加法公式可知,射击 5 次,恰好命中 2 次的概率为

$$C_5^2(0.7)^2(1-0.7)^{5-2},$$

故选 D.

【老师提示】 独立重复射击属于伯努利概型,一般地,独立重复试验 n 次,每次试验事件 A 发生的概率为 p,则 n 次试验中事件 A 发生 k 次的概率为 $C_n^kp^k(1-p)^{n-k}$,形式上与二项展开式一般项相同,故称为二项分布.

24.【参考答案】 E

【答案解析】 掷到正、反面都出现,包含两种可能,连续出现 $k-1$ 次正面后出现反面,或连续出现 $k-1$ 次反面后出现正面,若将上述事件分别记为 A,B,则 $P(A)=p^{k-1}q$,$P(B)=pq^{k-1}$,且 A,B 互斥,于是,

$$P\{\xi=k\}=P(A+B)=P(A)+P(B)=p^{k-1}q+pq^{k-1},k=2,3,\cdots,$$

故选 E.

25.【参考答案】 B

【答案解析】 设事件 $A_i(i=1,2,3)$ 为取到第 i 等产品,由题设知 $P(A_1)=\frac{3}{5}$,$P(A_3)=\frac{1}{10}$,由条件概率公式,有

$$P(A_1|\overline{A_3})=\frac{P(A_1\overline{A_3})}{P(\overline{A_3})}=\frac{P(A_1)}{1-P(A_3)}=\frac{2}{3}.$$

故选 B.

【老师提示】本题是条件概率问题，关键在于做好事件的设定和描述.

26.【参考答案】C

【答案解析】设事件 $A=\{$第一次取到正品$\}$，$B=\{$第二次取到次品$\}$，用古典概型的方法可得

$$P(A)=\frac{95}{100}\neq 0,$$

由于第一次抽取正品后不放回，因此，第二次抽取是在 99 件产品（次品仍然是 5 件）中任取一件，所以

$$P(B|A)=\frac{5}{99},$$

由乘法公式，得

$$P(AB)=P(A)P(B|A)=\frac{95}{100}\times\frac{5}{99}=\frac{19}{396}.$$

故选 C.

27.【参考答案】B

【答案解析】设事件 $A=\{$每一名乘客到站候车时间不超过 2 分钟$\}$，由于乘客可以在两辆公交车发车的时间间隔内任何一个时间点到达车站，因此，乘客到达车站的时刻 t 可以是均匀地出现在长为 5 分钟的时间内，即为区间 $(0,5]$ 的一个随机点，设 $\Omega=(0,5]$. 又设前、后两辆车出站时间分别为 T_1，T_2，则线段 T_1T_2 长度为 5（如图 2-5-3），即 $L(\Omega)=5$. T_0 是线段 T_1T_2 上的一点，且 T_0T_2 长为 2. 显然，乘客只有在 T_0 之后到达（即只有 t 落在线段 T_0T_2 上），候车时间才不会超过 2 分钟，即 $L(A)=2$，因此

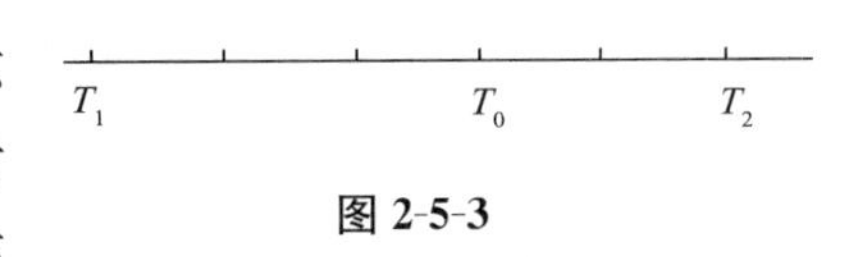

图 2-5-3

$$P(A)=\frac{L(A)}{L(\Omega)}=\frac{2}{5}.$$

故选 B.

【老师提示】本题是几何概型，几何概型的特点是，总样本和事件所含样本的点数不能如古典概型那样可以数数，而是具有几何特性，如长度、面积或体积等，解题时应将数量关系用几何图形直观表现出来，其概率通常是事件所含样本和总样本对应区域大小之比.

28.【参考答案】B

【答案解析】本题是几何概型，区间 $[-1,1]$ 上的任意一点到原点的距离不超过 $\frac{1}{5}$，即子区间长度为 $\frac{2}{5}$，总区间长度为 2，则概率为 $P=\frac{\frac{2}{5}}{2}=\frac{1}{5}$，故选 B.

29.【参考答案】C

【答案解析】这是一个几何概型，如图 2-5-4 所示，样本空间 Ω 的面积为 2，所求概率的事件对应区域 G 的面积为

$$\int_0^1(1-x^2)\mathrm{d}x=\left(x-\frac{1}{3}x^3\right)\Big|_0^1=\frac{2}{3},$$

因此，所求概率为两面积之比，即

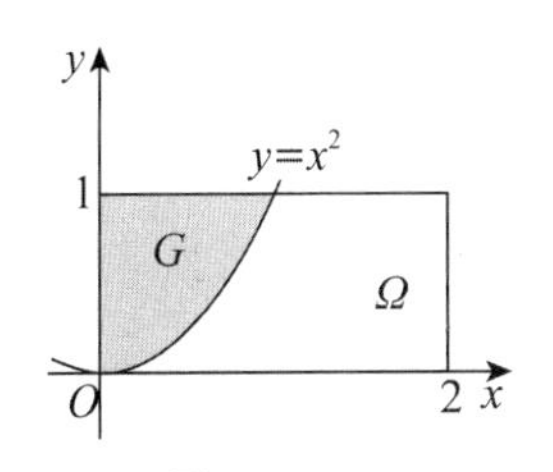

图 2-5-4

$$P=\frac{A(G)}{A(\Omega)}=\frac{1}{3},$$

故选 C.

30.【参考答案】 B

【答案解析】 设事件 $A=$ {该产品为工厂 A 的产品}，$B=$ {该产品为工厂 B 的产品}，$C=$ {抽取的产品为次品}. 则 $P(A)=0.6, P(B)=0.4, P(C \mid A)=0.01, P(C \mid B)=0.02$，由贝叶斯公式，有

$$P(A|C)=\frac{P(A)P(C|A)}{P(A)P(C|A)+P(B)P(C|B)}=\frac{0.6\times 0.01}{0.6\times 0.01+0.4\times 0.02}=\frac{3}{7},$$

故选 B.

【老师提示】 在多个工厂生产的同一产品抽取一件产品的情况下，求解该产品为某生产厂家的概率属于贝叶斯概型，这种类型的题目特点是题中均有一个完备事件组.

第六章 随机变量及其分布

1.【参考答案】B

【答案解析】$F(x)$可以作为某个随机变量的分布函数的充分必要条件：

①$F(x)$单调不减；

②$0\leqslant F(x)\leqslant 1, F(+\infty)=1, F(-\infty)=0$；

③$F(x)$右连续.

各选项逐一验证这三个条件，得B正确.

2.【参考答案】E

【答案解析】$P\{X\leqslant a\}=F(a)$；$P\{X\geqslant a\}=1-F(a-0)$；$P\{X<a\}=F(a-0)$；$P\{X>a\}=1-F(a)$.

【老师提示】分布函数的应用：

①$P\{X=x\}=F(x)-F(x-0)$；

②$P\{X<x\}=F(x-0)$.

3.【参考答案】D

【答案解析】选项D，由$\lim\limits_{x\to-\infty}F_1(x^2)=1$，知$F_1(x^2)$不能作为某个随机变量的分布函数.

选项A，由函数$F_1(2x)$单调不减，$0\leqslant F_1(2x)\leqslant 1$，及$\lim\limits_{x\to-\infty}F_1(2x)=0$，$\lim\limits_{x\to+\infty}F_1(2x)=1$，知$F_1(2x)$为某个随机变量的分布函数.

选项B，由函数$F_1(x)$，$F_2(x)$单调不减，$0\leqslant F_1(x)\leqslant 1$，$0\leqslant F_2(x)\leqslant 1$，知$F_1(x)\cdot F_2(x)$单调不减，且$0\leqslant F_1(x)\cdot F_2(x)\leqslant 1$. 又由

$$\lim_{x\to-\infty}F_1(x)=0,\ \lim_{x\to+\infty}F_1(x)=1,\ \lim_{x\to-\infty}F_2(x)=0,\ \lim_{x\to+\infty}F_2(x)=1,$$

知

$$\lim_{x\to-\infty}F_1(x)\cdot F_2(x)=0,\ \lim_{x\to+\infty}F_1(x)\cdot F_2(x)=1,$$

故$F_1(x)\cdot F_2(x)$为某个随机变量的分布函数.

选项C，由函数$aF_1(x)$，$bF_2(x)$单调不减，知$aF_1(x)+bF_2(x)$单调不减，又由$0\leqslant F_1(x)\leqslant 1$，$0\leqslant F_2(x)\leqslant 1$，知

$$0\leqslant aF_1(x)+bF_2(x)\leqslant a+b=1,$$

且$\lim\limits_{x\to-\infty}[aF_1(x)+bF_2(x)]=0$，$\lim\limits_{x\to+\infty}[aF_1(x)+bF_2(x)]=a+b=1$. 故当$a,b>0$，$a+b=1$时，$aF_1(x)+bF_2(x)$为某个随机变量的分布函数.

选项E，函数$F_1(x+2)$单调不减，$0\leqslant F_1(x+2)\leqslant 1$，且$\lim\limits_{x\to-\infty}F_1(x+2)=0$，$\lim\limits_{x\to+\infty}F_1(x+2)=1$，则$F_1(x+2)$为某个随机变量的分布函数.

故选D.

【老师提示】判断$F(x)$能否作为某个随机变量的分布函数，要从其函数特征和概率特征两个方面进行判断. 重点：$F(x)$是否单调不减，值域是否为$[0,1]$，其极限是否满足$\lim\limits_{x\to-\infty}F(x)=0$，$\lim\limits_{x\to+\infty}F(x)=1$.

4.【参考答案】C

【答案解析】因为

$$P\{X=1\}=F(1)-F(1-0)=1-\mathrm{e}^{-1}-\lim_{x\to1^-}F(x)=\frac{1}{2}-\mathrm{e}^{-1}.$$

故选 C.

【老师提示】 由分布函数可知，由于 $F(x)$ 有两个间断点，且在区间 $(1,+\infty)$ 上取概率 $P\{1<X\leqslant x\}=\mathrm{e}^{-1}-\mathrm{e}^{-x}$，从而可以确定对应的随机变量既非连续型也非离散型的. 实际上，在 $X=1$ 处由分布函数计算概率，不必考虑随机变量的类型，因为以定义处理的概率计算公式

$$P\{X=x_0\}=F(x_0)-F(x_0-0)$$

适用于所有类型.

5.【参考答案】 E

【答案解析】 设 $X,|X|$ 的分布函数分别为 $F(x),F_1(x)$，则

当 $x\leqslant0$ 时，$F_1(x)=P\{|X|\leqslant x\}=0$；

当 $x>0$ 时，$F_1(x)=P\{|X|\leqslant x\}=P\{-x\leqslant X\leqslant x\}=\int_{-x}^{x}f(t)\mathrm{d}t=F(x)-F(-x)$.

故

$$f_1(x)=\begin{cases}f(x)+f(-x), & x>0,\\0, & x\leqslant0.\end{cases}$$

6.【参考答案】 B

【答案解析】 构成连续型随机变量 X 的密度函数 $f(x)$，只需满足两个条件：①非负性，即 $f(x)\geqslant0$；②$\int_{-\infty}^{+\infty}f(x)\mathrm{d}x=1$. 在这两个条件下，对 $f(x)$ 的函数类型没有特别限定.

选项 A,B,依题设，$f(x)$ 是连续型随机变量 X 的密度函数，则在 $(-\infty,+\infty)$ 上总有 $f(x)\geqslant0$. 若是奇函数，则有 $f(-x)=-f(x)\leqslant0$，与它的非负性矛盾. 若是偶函数，则 $f(-x)=f(x)\geqslant0$，满足非负性，成立. A 不正确，B 正确.

选项 C，连续型随机变量 X 的密度函数未必连续，但一般只允许有若干间断点，如当 X 服从区间 $[a,b]$ 上的均匀分布，其密度函数即为分段函数，有两个间断点.

选项 D，若 $f(x)$ 是单调增加函数，又 $f(x)\geqslant0$，则至少有一个点 x_0，使得 $f(x_0)>0$，于是，当 $x>x_0$ 时，总有 $f(x)>f(x_0)>0$，因此有

$$\int_{-\infty}^{+\infty}f(x)\mathrm{d}x=\int_{-\infty}^{x_0}f(x)\mathrm{d}x+\int_{x_0}^{+\infty}f(x)\mathrm{d}x,$$

因为 $\int_{x_0}^{+\infty}f(x_0)\mathrm{d}x$ 发散，所以 $\int_{x_0}^{+\infty}f(x)\mathrm{d}x$ 发散，知 $\int_{-\infty}^{+\infty}f(x)\mathrm{d}x$ 发散. 显然，选项 D 不正确. 应选 B.

【老师提示】 对连续型随机变量 X 的密度函数的判定，是常见题型，判断的依据：①非负性，即 $f(x)\geqslant0$；②$\int_{-\infty}^{+\infty}f(x)\mathrm{d}x=1$. 二者缺一不可，务必牢记.

7.【参考答案】 E

【答案解析】 如图 2-6-1 所示，由对称性，有

$$F(-\alpha)=\int_{-\infty}^{-\alpha}f(x)\mathrm{d}x=\int_{\alpha}^{+\infty}f(x)\mathrm{d}x,$$

从而有

$$\int_{0}^{+\infty}f(x)\mathrm{d}x=\int_{0}^{\alpha}f(x)\mathrm{d}x+\int_{\alpha}^{+\infty}f(x)\mathrm{d}x$$

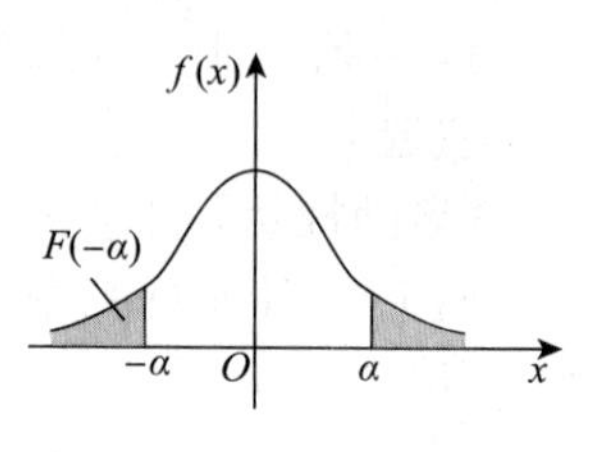

图 2-6-1

$$=\int_0^{\alpha} f(x)\mathrm{d}x+F(-\alpha)=\frac{1}{2},$$

因此有 $F(-\alpha)=\frac{1}{2}-\int_0^{\alpha} f(x)\mathrm{d}x$.

易知，同样有结论：$F(-\alpha)+F(\alpha)=1$. 显然，选项 A,B,C,D 均不正确，故选 E.

【老师提示】连续型随机变量 X 对应事件 $\{X\leqslant x\}$ 的概率直观表示为被积函数 $f(x)$ 与 x 轴介于区间 $(-\infty,x]$ 上围成的曲边梯形的面积. 因此在与连续型随机变量 X 的概率及其分布的相关讨论中，借助几何直观是非常重要的手段，尤其当 $f(x)$ 为偶函数时，借助几何直观可以了解到其概率分布的许多特殊性质.

8.【参考答案】C

【答案解析】选项 C，由题设，X 与 $-X$ 有相同的分布函数，即

$$P\{X\leqslant x\}=P\{-X\leqslant x\}=P\{X\geqslant -x\}=1-P\{X<-x\},$$

从而有 $F(x)=1-F(-x)$，因此两边求导，有

$$f(x)=F'(x)=[1-F(-x)]'=-f(-x)(-x)'=f(-x).$$

故选 C.

【老师提示】在讨论连续型随机变量 X 的分布函数性质时，不要忘记分布函数最原始的定义，即 $F(x)=P\{X\leqslant x\}$. 实际上所进行的讨论都是与概率计算相关的问题，更容易处理. 本题推导过程中运用了连续型随机变量 X 分布函数的性质，即 $P\{X\leqslant x\}=P\{X<x\}$，$F'(x)=f(x)$.

9.【参考答案】E

【答案解析】随机变量 X 和 $-X$ 具有相同的概率密度 $f(x)$，因而也具有相同的分布函数 $F(x)$，即 $P\{X\leqslant x\}=P\{-X\leqslant x\}$. 则有

$$F(x)=P\{X\leqslant x\}=P\{-X\leqslant x\}=P\{X\geqslant -x\}=1-P\{X<-x\}=1-F(-x),$$

两边求导得 $f(x)-f(-x)=0$.

10.【参考答案】A

【答案解析】连续型随机变量的分布函数应该为单调不减且右连续函数，且 $\lim\limits_{x\to-\infty}F(x)=0$，$\lim\limits_{x\to+\infty}F(x)=1$. 由题设知，选项 A，函数在 $(-\infty,+\infty)$ 上连续单调不减，且 $\lim\limits_{x\to-\infty}F(x)=0$，$\lim\limits_{x\to+\infty}F(x)=1$，满足连续型随机变量分布函数的条件，故选 A.

11.【参考答案】E

【答案解析】

$$\begin{aligned}P\{x_1<X\leqslant x_2\}&=P\{X\leqslant x_2\}-P\{X\leqslant x_1\}\\&=1-\beta-(1-\alpha)+P\{X=x_2\},\end{aligned}$$

由于，当 X 为连续型随机变量时，恒有 $P\{X=x_2\}=0$，则 $P\{x_1<X\leqslant x_2\}=\alpha-\beta$；

当 X 为离散型随机变量时，$P\{X=x_2\}$ 未必为 0，则

$$P\{x_1<X\leqslant x_2\}=\alpha-\beta+P\{X=x_2\}.$$

因此，在未确定 X 的分布类型的情况下，该概率不能确定，故选 E.

12.【参考答案】C

【答案解析】依题设，Y 与 X 相互独立且同分布，事件 $\{X=Y=k\}(k=-1,1,2)$ 互斥，于是，

$$P\{X=Y\}=\sum_{k=-1,1,2}P\{X=k,Y=k\}=\sum_{k=-1,1,2}P\{X=k\}P\{Y=k\}$$

$$=\left(\frac{1}{3}\right)^2+\left(\frac{1}{2}\right)^2+\left(\frac{1}{6}\right)^2=\frac{7}{18},$$

故选 C.

13.【参考答案】 C

【答案解析】 根据分布函数的性质，知 $F(x)$ 单调不减，且 $F(x)\leqslant 1$，因此，

$$F(0)=1-a\geqslant\frac{1}{2},1-ae^{-x}\leqslant 1,$$

解得 $0\leqslant a\leqslant\frac{1}{2}$，故选 C.

另外，由 $P\{X=-1\}=F(-1)-F(-1-0)=\frac{1}{2}\neq 0$，知 X 不是连续型随机变量，显然，当$x>0$时，X 也不是离散型随机变量.

14.【参考答案】 C

【答案解析】 $F(x)$在 $x=\frac{\pi}{6}$ 处连续，连续函数在任何一个点上的概率为 0，因此$P\left\{X=\frac{\pi}{6}\right\}=0$. 所以

$$P\left\{|X|<\frac{\pi}{6}\right\}=P\left\{-\frac{\pi}{6}<X\leqslant\frac{\pi}{6}\right\}=F\left(\frac{\pi}{6}\right)-F\left(-\frac{\pi}{6}\right)=\sin\frac{\pi}{6}=\frac{1}{2}.$$

15.【参考答案】 B

【答案解析】 依题设，$P\{3\leqslant X\leqslant 6\}=\frac{2}{3}$，因此，$k$ 向前移动范围内不能再增加概率值，因此，k 的取值范围应该是$[1,3]$，故选 B.

16.【参考答案】 C

【答案解析】 不难验证$|f(-x)|$满足概率密度的充要条件：

① $|f(-x)|\geqslant 0$；

② $\int_{-\infty}^{+\infty}|f(-x)|\,dx=\int_{+\infty}^{-\infty}f(t)d(-t)=\int_{-\infty}^{+\infty}f(t)dt=1$.

故选 C.

17.【参考答案】 B

【答案解析】 选项 B，当 $-1\leqslant x<0$ 时，$f(x)<0$，因此，该函数不能作为连续型随机变量的密度函数.

选项 A，显然，$f(x)\geqslant 0$，且 $\int_{-\infty}^{+\infty}f(x)dx=\int_0^1 2xdx=x^2\Big|_0^1=1$，知该函数能作为连续型随机变量的密度函数.

选项 C，显然，$f(x)\geqslant 0$，且 $\int_{-\infty}^{+\infty}f(x)dx=\int_{-\frac{\pi}{2}}^{0}\cos xdx=\sin x\Big|_{-\frac{\pi}{2}}^{0}=1$，知该函数能作为连续型随机变量的密度函数.

选项 D，显然，$f(x)\geqslant 0$，且 $\int_{-\infty}^{+\infty}f(x)dx=\int_0^{\frac{\pi}{2}}\cos xdx=\sin x\Big|_0^{\frac{\pi}{2}}=1$，知该函数能作为连续型随机变量的密度函数.

选项 E，显然，$f(x)\geqslant 0$，且 $\int_{-\infty}^{+\infty}f(x)dx=\int_0^{\frac{\pi}{2}}\sin xdx=-\cos x\Big|_0^{\frac{\pi}{2}}=1$，知该函数能作为连续型随机变量的密度函数.

故选 B.

18.【参考答案】 E

【答案解析】 概率密度的充要条件：①$f(x)\geqslant 0$；②$\int_{-\infty}^{+\infty}f(x)\mathrm{d}x=1$.

不难验证 A,B,C,D 都满足充要条件. 而选项 E,由于 a 是常数,则

当 $a<0$ 时,$af(ax)$不满足条件①;

当 $a=0$ 时,$\int_{-\infty}^{+\infty}af(ax)\mathrm{d}x=0$,不满足条件②.

19.【参考答案】 E

【答案解析】 依题设,

$$f_1(x)=\begin{cases}\dfrac{1}{3}, & -1\leqslant x\leqslant 2,\\ 0, & \text{其他},\end{cases}\quad f_2(x)=\begin{cases}\dfrac{1}{2}, & 2\leqslant x\leqslant 4,\\ 0, & \text{其他},\end{cases}$$

又 $f(x)$ 为概率密度,则应同时满足 $f(x)\geqslant 0$ 和 $\int_{-\infty}^{+\infty}f(x)\mathrm{d}x=1$, 于是有

$$\begin{aligned}\int_{-\infty}^{+\infty}f(x)\mathrm{d}x&=\int_{-\infty}^{0}af_1(x)\mathrm{d}x+\int_{0}^{+\infty}bf_2(x)\mathrm{d}x\\&=a\int_{-1}^{0}\frac{1}{3}\mathrm{d}x+b\int_{2}^{4}\frac{1}{2}\mathrm{d}x=\frac{a}{3}+b=1,\end{aligned}$$

即 $a+3b=3$, 故选 E.

【老师提示】 本题求解的重点仍然是积分 $\int_{-\infty}^{+\infty}f(x)\mathrm{d}x$ 的计算,一般地,若 X 服从区间 $[a,b]$ 上的均匀分布,则其概率密度为

$$f(x)=\begin{cases}\dfrac{1}{b-a}, & a\leqslant x\leqslant b,\\ 0, & \text{其他}.\end{cases}$$

20.【参考答案】 B

【答案解析】 由 $\int_{-\infty}^{+\infty}f(x)\mathrm{d}x=1$, 有

$$\int_{0}^{+\infty}k\mathrm{e}^{-\frac{x}{2}}\mathrm{d}x=-2k\mathrm{e}^{-\frac{x}{2}}\Big|_{0}^{+\infty}=2k=1,$$

解得 $k=\dfrac{1}{2}$. 故选 B.

21.【参考答案】 C

【答案解析】 由$\int_{-\infty}^{+\infty}f(x)\mathrm{d}x=1$,有

$$\begin{aligned}\int_{-\infty}^{+\infty}a\mathrm{e}^{-\frac{1}{2}x^2+x}\mathrm{d}x&=a\int_{-\infty}^{+\infty}\mathrm{e}^{-\frac{1}{2}(x-1)^2+\frac{1}{2}}\mathrm{d}x\\&\xlongequal{t=x-1}a\sqrt{2\pi}\mathrm{e}^{\frac{1}{2}}\int_{-\infty}^{+\infty}\frac{1}{\sqrt{2\pi}}\mathrm{e}^{-\frac{t^2}{2}}\mathrm{d}t=a\sqrt{2\pi}\mathrm{e}^{\frac{1}{2}}=1,\end{aligned}$$

解得 $a=\dfrac{1}{\sqrt{2\pi}}\mathrm{e}^{-\frac{1}{2}}$,故选 C.

【老师提示】 形如 e^{-ax^2+bx+c} 的密度函数与正态分布的密度函数结构类似,因此利用密度函

数性质定常数时，用通常的积分法一般是无效的，正确的做法是化为正态分布密度函数基本结构定值，即

$$\int_{-\infty}^{+\infty}\frac{1}{\sqrt{2\pi}\sigma}e^{-\frac{t^2}{2\sigma^2}}dt=1.$$

22.【参考答案】 A

【答案解析】 一般地，若随机变量的取值点（即正概率点）为 $x_i(i=1,2,\cdots)$，则

$$P\{X=x_i\}=p_i(i=1,2,\cdots)$$

为 X 的分布律的充分必要条件是

$$p_i>0(i=1,2,\cdots)\text{且}\sum_{i=1}^{\infty}p_i=1.$$

因此有

$$\sum_{k=0}^{\infty}P\{X=k\}=\sum_{k=0}^{\infty}\frac{1}{3}p^k=\frac{1}{3}\cdot\frac{1}{1-p}=1,$$

解得 $p=\frac{2}{3}$，故选 A.

【老师提示】 离散型随机变量 X 的分布律是描述离散型随机变量概率分布的最基本的概念，判定分布律的依据：① $p_i>0$，② $\sum\limits_{i=1}^{\infty}p_i=1$. 二者缺一不可，务必牢记.

23.【参考答案】 E

【答案解析】 正态分布的概率密度为 $f(x)=\frac{1}{\sqrt{2\pi}\sigma}e^{-\frac{(x-\mu)^2}{2\sigma^2}}$，其驻点在 $x=\mu$ 处，且 $f(\mu)=\frac{1}{\sqrt{2\pi}\sigma}$，故 $\mu=1,\sigma^2=\frac{1}{2\pi}$，选 E.

【老师提示】 正态分布概率密度的驻点在其对称轴 $x=\mu$ 处.

24.【参考答案】 D

【答案解析】 由离散型随机变量 X 的分布列的性质，a 应满足的条件是

$$\frac{2}{9a}+\frac{1}{3a}+\frac{4}{27a}+\frac{1}{27a}=\frac{20}{27a}=1,$$

得 $a=\frac{20}{27}$. 于是

$$\begin{aligned}P\left\{|X|\geqslant\frac{1}{2}\right\}&=P\left\{X=\frac{1}{2}\right\}+P\{X=1\}\\&=\frac{4}{27a}+\frac{1}{27a}=\frac{5}{27}\times\frac{27}{20}=\frac{1}{4}.\end{aligned}$$

故选 D.

25.【参考答案】 A

【答案解析】 $F(x)$ 的分段点即随机变量 X 的正概率点为 $-2,0,4$，且

$$P\{X=-2\}=F(-2)-F(-2-0)=0.3-0=0.3,$$
$$P\{X=0\}=F(0)-F(0-0)=0.7-0.3=0.4,$$
$$P\{X=4\}=F(4)-F(4-0)=1-0.7=0.3,$$

因此

$$X\sim\begin{pmatrix}-2&0&4\\0.3&0.4&0.3\end{pmatrix},$$

故选 A.

【老师提示】由离散型随机变量 X 的分布函数 $F(x)$ 求分布阵，首先，需确定正概率点即 $F(x)$ 的分段点；然后，确定每个取值点对应的概率，即该点处两侧分布函数 $F(x)$ 的函数值之差，又称为跃度；最后，排列生成分布阵.

26.【参考答案】B

【答案解析】解法 1　按计算离散型随机变量 X 概率分布的一般步骤.

随机变量 X 的正概率点为 $-1,0,1$，则随机变量 $Y=X^2-1$ 的正概率点为 $-1,0$，且

$$P\{Y=-1\}=P\{X=0\}=\frac{1}{3},$$

$$P\{Y=0\}=P\{X=-1\text{ 或 }X=1\}=P\{X=-1\}+P\{X=1\}=\frac{2}{3},$$

因此
$$Y\sim\begin{pmatrix}-1 & 0\\ \frac{1}{3} & \frac{2}{3}\end{pmatrix},$$

故选 B.

解法 2　利用离散型随机变量 X 和随机变量函数 $Y=f(X)$ 概率分布对照表解题.

离散型随机变量 X 和随机变量函数 $Y=f(X)$ 概率分布对照表如下：

X	-1	0	1
$Y=X^2-1$	0	-1	0
P	$\frac{1}{2}$	$\frac{1}{3}$	$\frac{1}{6}$

因此
$$Y\sim\begin{pmatrix}-1 & 0\\ \frac{1}{3} & \frac{2}{3}\end{pmatrix}.$$

【老师提示】计算离散型随机变量 X 概率分布的一般步骤：首先，要确定 X 的正概率点 $x_i(i=1,2,\cdots,n)$；然后，对应每个正概率点 x_i 计算概率 $P\{X=x_i\}(i=1,2,\cdots,n)$；最后，汇总给出 X 概率分布(通常离散型随机变量的概率分布称为分布律，有时用表格表示的分布律称为分布列，用矩阵形式表示的分布律称为分布阵).

27.【参考答案】D

【答案解析】选项 D，随机变量 X 在区间 $[1,3)$ 内含正概率点为 1，于是

$$P\{1\leqslant X<3\}=P\{X=1\}=F(1)-F(1-0)=0.8-0.4=0.4.$$

选项 A，$P\{X=1.5\}=P\{X\leqslant 1.5\}-P\{X<1.5\}=0.8-0.8=0.$

选项 B，随机变量 X 在区间 $[0,1)$ 内不含正概率点，于是 $P\{0\leqslant X<1\}=0.$

选项 C，随机变量 X 在区间 $(-\infty,3)$ 内含正概率点为 $-1,1$，于是

$$P\{X<3\}=F(3-0)=0.8.$$

选项 E，随机变量 X 在区间 $[1,3]$ 内含正概率点为 1，3，于是

$$\begin{aligned}P\{1\leqslant X\leqslant 3\}&=P\{X\leqslant 3\}-P\{X<1\}\\&=F(3)-F(1-0)\\&=1-0.4=0.6.\end{aligned}$$

故选 D.

【老师提示】已知离散型随机变量 X 的分布函数求事件的概率，关键是在事件所在区间内找出 $F(x)$ 的所有分段点，所有分段点处的概率之和即为所求事件的概率. 本题也可以由分布函数转换为分布列，再计算事件的概率.

28.【参考答案】B

【答案解析】由于 X 服从参数为 λ 的泊松分布，则有

$$P\{X=k\}=\frac{\lambda^k}{k!}e^{-\lambda}(\lambda>0;k=0,1,2,\cdots),$$

于是由题设，$P\{X=1\}=P\{X=2\}$，得

$$\frac{\lambda}{1!}e^{-\lambda}=\frac{\lambda^2}{2!}e^{-\lambda},$$

从而有 $\lambda^2-2\lambda=0$，解得 $\lambda=2$（$\lambda=0$ 舍去），所以 $\lambda=2$. 故选 B.

【老师提示】泊松分布是离散型随机变量分布的一个重要类型，应注意掌握.

29.【参考答案】B

【答案解析】泊松分布 $P\{X=k\}=\frac{\lambda^k}{k!}e^{-\lambda}(\lambda>0;k=0,1,2,\cdots)$，如果把 $a(1+e^{-1})$ 看成一个常数 C，对比 $P\{X=k\}=\frac{C}{k!}(k=0,1,2,\cdots)$，可以看出 $X\sim P(1)$，且 $C=e^{-1}$，即 $a(1+e^{-1})=e^{-1}$，故 $a=\frac{1}{e+1}$，选 B.

30.【参考答案】D

【答案解析】$P\{X\leqslant 2\}=P\{X=1\}+P\{X=2\}$

$$=\theta(1-\theta)^{1-1}+\theta(1-\theta)^{2-1}=\theta+\theta(1-\theta)=2\theta-\theta^2=\frac{5}{9},$$

得 $\theta=\frac{1}{3}$，$\theta=\frac{5}{3}$（舍去）.

故

$$P\{X=3\}=\theta(1-\theta)^2=\frac{1}{3}\left(1-\frac{1}{3}\right)^2=\frac{4}{27}.$$

31.【参考答案】E

【答案解析】依题设，$p=P\left\{X\leqslant\frac{1}{2}\right\}=\int_0^{\frac{1}{2}}2x\,dx=x^2\Big|_0^{\frac{1}{2}}=\frac{1}{4}$. 于是，$Y\sim B\left(4,\frac{1}{4}\right)$，

因此

$$P\{Y=2\}=C_4^2p^2(1-p)^2=\frac{27}{128}.$$

故选 E.

32.【参考答案】E

【答案解析】在相互独立的前提下，服从同一分布类型的随机变量的分布具有可加性，但常见的只限于二项分布、泊松分布和正态分布三个类型，因此，X_1+X_2 未必服从指数分布. 故选 E.

33.【参考答案】D

【答案解析】依题设，每个元件正常工作的时间 T 的密度函数为

$$f(t)=\begin{cases}\lambda e^{-\lambda t}, & t>0,\\ 0, & \text{其他}.\end{cases}$$

于是，每个元件在 $(0,1]$ 的时间区间内正常工作的概率为

$$p=\int_0^1 \lambda e^{-\lambda t}dt=-e^{-\lambda t}\Big|_0^1=1-e^{-\lambda}.$$

又由于三个同种电气元件在 $(0,1]$ 时间区间内正常工作的个数 $X\sim B(3,p)$，所以由

$$P\{X\geqslant 1\}=1-P\{X=0\}=1-(1-p)^3=1-e^{-3\lambda}=0.9,$$

解得 $\lambda=\frac{1}{3}\ln 10$，故选 D.

【老师提示】本题是与二项分布相关联的复合题型. 首先，事件 A 是连续型随机事件，对 A 做 n 次独立重复观察，又属于伯努利试验，在计算概率 $P(A)$ 的基础上，n 次观察中事件 A 发生的次数最终服从二项分布，只要分清层次，不难计算.

34.【参考答案】E

【答案解析】由题设，$P\{X\geqslant 1\}=1-P\{X=0\}=1-C_2^0p^0(1-p)^2=\frac{5}{9}$.

由上式可得 $(1-p)^2=\frac{4}{9}$，解得 $p=\frac{1}{3}$，从而有

$$P\{Y\geqslant 1\}=1-P\{Y=0\}=1-C_4^0p^0(1-p)^4=1-\left(\frac{2}{3}\right)^4=\frac{65}{81}.$$

故选 E.

【老师提示】要计算 $P\{Y\geqslant 1\}$，首先要求出分布 $Y\sim B(4,p)$ 中的参数 p，而 p 可从另一个二项分布中解得.

35.【参考答案】B

【答案解析】由

$$f(x)=\frac{1}{\sqrt{4\pi}}e^{-\frac{x^2-6x+9}{4}}=\frac{1}{\sqrt{2\pi}\cdot\sqrt{2}}e^{-\frac{(x-3)^2}{2(\sqrt{2})^2}},$$

可知 $\mu=3,\sigma^2=2$，故选 B.

【老师提示】正态分布是随机变量分布中最重要也是最常见的分布，要熟悉其密度函数的结构特征，尤其是要能由正态分布的密度函数的标准形态确定正态分布的两个重要参数 μ,σ^2，从某种程度上来说，抓住了 μ,σ^2，也就把握住了正态分布的基本特征.

36.【参考答案】E

【答案解析】正态分布的标准化，有两种解法.

解法 1　利用正态分布标准化公式，即由 $X\sim N(2,2^2)$，有

$$\frac{X-2}{2}\sim N(0,1)\text{，得 } a=\frac{1}{2},b=-1.$$

同时有 $-\frac{X-2}{2}\sim N(0,1)$，得 $a=-\frac{1}{2},b=1$. 故选 E.

解法 2　利用正态分布参数与其数字特征关系，有

$$E(aX+b)=aEX+b=2a+b=0,$$
$$D(aX+b)=a^2DX=4a^2=1,$$

解得 $a=\frac{1}{2},b=-1$ 或 $a=-\frac{1}{2},b=1$.

故选 E.

【老师提示】 正态分布的标准化，即通过变量替换 $\frac{X-\mu}{\sigma}$，将一般形态的正态分布 $N(\mu,\sigma^2)$ 转换为标准正态分布 $N(0,1)$，正态分布的标准化是正态分布大小比较或数值计算的基础，务必掌握. 对于正态分布，若 $X\sim N(0,1)$，则也必有 $-X\sim N(0,1)$，因此，本题若仅根据 $X\sim N(0,1)$，利用正态分布标准化公式求解，可能丢掉另一个根据 $-X\sim N(0,1)$ 求得的解. 若用正态分布参数与其数字特征关系求解，就容易得出两个解，此种做法更为保险.

37.【参考答案】 A

【答案解析】 比较概率大小，先标准化再讨论. 由

$$p_1=P\{X\leqslant\mu-4\}=P\left\{\frac{X-\mu}{4}\leqslant-1\right\}=\Phi(-1)=1-\Phi(1),$$

$$p_2=P\{Y\geqslant\mu+5\}=P\left\{\frac{Y-\mu}{5}\geqslant1\right\}=1-P\left\{\frac{Y-\mu}{5}<1\right\}=1-\Phi(1),$$

所以对于任何实数 μ，都有 $p_1=p_2$，故选 A.

38.【参考答案】 C

【答案解析】 利用标准正态分布密度函数图像的对称性，对任何 $x>0$，有

$$P\{X>x\}=P\{X<-x\}=\frac{1}{2}P\{|X|>x\}.$$

或直接利用图像求解.

解法 1 由标准正态分布密度函数的对称性知，$P\{X<-u_\alpha\}=\alpha$，于是

$$1-\alpha=1-P\{|X|<x\}=P\{|X|\geqslant x\}=P\{X\geqslant x\}+P\{X\leqslant -x\}=2P\{X\geqslant x\},$$

即有 $P\{X\geqslant x\}=\frac{1-\alpha}{2}$，可见根据分位点的定义有 $x=u_{\frac{1-\alpha}{2}}$，故应选 C.

解法 2 如图 2-6-2 所示题设条件，图 2-6-3 显示中间阴影部分面积 α，两端各余面积 $\frac{1-\alpha}{2}$，所以 $P\{X>u_{\frac{1-\alpha}{2}}\}=\frac{1-\alpha}{2}$，故应选 C.

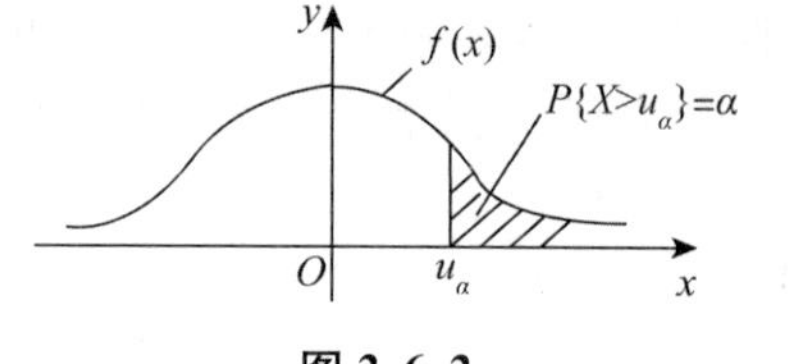

图 2-6-2

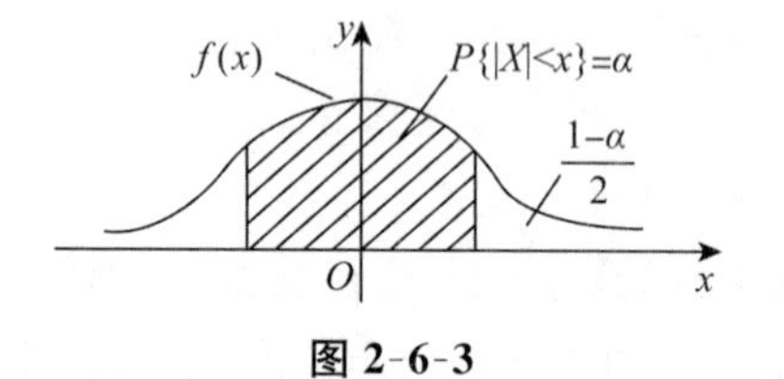

图 2-6-3

39.【参考答案】 B

【答案解析】 一元二次方程 $y^2+4y+2X=0$ 无实根的事件为 $\{16-8X<0\}$，即 $\{X>2\}$，于是依题设，有

$$P\{X>2\}=1-P\{X\leqslant2\}=\frac{1}{2},$$

即 $P\{X\leqslant2\}=\frac{1}{2}$，也即 $\Phi\left(\frac{2-\mu}{\sigma}\right)=\frac{1}{2}$，从而得 $2-\mu=0,\mu=2$. 故选 B.

【老师提示】 本题涉及正态分布的密度函数图像关于直线 $x=\mu$ 的对称性，尤其对标准正态分布 $N(0,1)$，其密度函数图像关于 y 轴对称，因此本题可在标准化的基础上充分利用对称性进行求解.

40.【参考答案】 E

【答案解析】 由 $X \sim N(2,\sigma^2)$，则

$$P\{2 < X < 4\} = P\{X < 4\} - P\{X \leqslant 2\}$$
$$= \Phi\left(\frac{4-2}{\sigma}\right) - \Phi\left(\frac{2-2}{\sigma}\right) = \Phi\left(\frac{2}{\sigma}\right) - 0.5 = 0.3,$$

得 $\Phi\left(\frac{2}{\sigma}\right) = 0.8$，所以

$$P\{X < 0\} = \Phi\left(\frac{0-2}{\sigma}\right) = 1 - \Phi\left(\frac{2}{\sigma}\right) = 1 - 0.8 = 0.2.$$

故选 E.

【老师提示】 符号 $\Phi(x)$ 表示在标准正态分布 $N(0,1)$ 下的分布函数，由对称性，$\Phi(0) = 0.5$，且 $\Phi(-x) = 1 - \Phi(x)$，所有运算都在标准化条件下进行. 计算 $P\{X < 0\}$ 需要通过 $\Phi\left(\frac{2}{\sigma}\right)$ 从 $P\{2 < X < 4\} = 0.3$ 过渡得到.

41.【参考答案】 D

【答案解析】 由联合分布、边缘分布及条件分布的性质，有

$$P\{X=0\} = p_{11} + p_{12} = 0.4 + a,$$
$$P\{X+Y=1\} = p_{12} + p_{21} = a + b,$$
$$p_{11} + p_{12} + p_{21} + p_{22} = a + b + 0.5 = 1 \Rightarrow a + b = 0.5,$$
$$P\{X=0, X+Y=1\} = P\{X=0\}P\{Y=1 \mid X=0\} = (0.4+a)\frac{a}{0.4+a} = a.$$

又 $\{X=0\}$ 与 $\{X+Y=1\}$ 相互独立，有

$$P\{X=0, X+Y=1\} = P\{X=0\} \cdot P\{X+Y=1\}$$
$$= (0.4+a)(a+b) = 0.5(0.4+a).$$

因此 $0.5(0.4+a) = a$，解得 $a = 0.4$，$b = 0.5 - 0.4 = 0.1$，故选 D.

42.【参考答案】 D

【答案解析】 利用分布函数法，有

$$F(z) = P\{Z \leqslant z\} = P\{\max\{X,Y\} \leqslant z\}$$
$$= P\{X \leqslant z, Y \leqslant z\} = P\{X \leqslant z\}P\{Y \leqslant z\}$$
$$= F_X(z) \cdot F_Y(z),$$

故选 D.

【老师提示】 本题是形如 $\max\{X,Y\}$ 的随机变量函数的分布问题，利用分布函数法，即从计算概率 $P\{\max\{X,Y\} \leqslant z\}$ 入手，利用事件 $\{\max\{X,Y\} \leqslant z\}$ 与事件 $\{X \leqslant z, Y \leqslant z\}$ 的等价关系，并在独立条件下转换为两个概率的乘积，即两个分布函数的乘积. 由于本题中未明确 X,Y 的类型，因此推导过程均不涉及密度函数或分布列具有特定分布特征的工具.

第七章　数字特征

1.【参考答案】A

【答案解析】求离散型随机变量 X 的期望必须先给出 X 的分布阵. 由题设

$$X \sim \begin{pmatrix} -1 & 2 & 5 \\ 0.2 & 0.3 & 0.5 \end{pmatrix},$$

于是

$$EX = -1\times 0.2 + 2\times 0.3 + 5\times 0.5 = 2.9,$$

故选 A.

【老师提示】计算离散型随机变量的数学期望，前提是先求出该随机变量的分布阵，由分布函数是不能直接计算出数学期望的.

2.【参考答案】B

【答案解析】由题设，X 服从参数为 p 的 0—1 分布，即

$$X \sim \begin{pmatrix} 0 & 1 \\ 1-p & p \end{pmatrix},$$

因此
$$EX = 0\cdot(1-p) + 1\cdot p = p,$$

故选 B.

【老师提示】计算随机变量 X 的期望，首先要确定其分布类型及概率分布. 本题考查的是参数为 p 的 0—1 分布，也是离散型随机变量中较为常见的重要分布，其期望和方差都很有特点，$EX = p, E(X^2) = p, DX = (1-p)p$，考生应熟记.

3.【参考答案】D

【答案解析】由离散型随机变量 X 的期望的计算公式，有

$$EX = \sum_{k=1}^{\infty} x_k p_k = 2\sum_{k=1}^{\infty}\left(\frac{2}{3}\right)^k = \frac{4}{3}\times\frac{1}{1-\frac{2}{3}} = 4,$$

故选 D.

【老师提示】当离散型随机变量 X 的正概率点为无限可列时，其期望是一个无穷级数之和，因此，期望是否存在取决于该无穷级数的收敛性. 本题中的无穷级数是公比为 $q = \frac{2}{3}$ 的无穷递减等比数列之和，因为 $|q| < 1$，所以是收敛的，故期望存在.

4.【参考答案】A

【答案解析】解法 1　利用二项分布的数字特征与参数的关系，列方程.

由题设，有 $np = 2.4, np(1-p) = 1.44$，解得 $1-p = 0.6, p = 0.4, n = 6$.

故选 A.

解法 2　对各选项分别计算验证.

选项 A，$EX = 6\times 0.4 = 2.4, DX = 6\times 0.4\times(1-0.4) = 1.44$，故 A 正确.

选项 B，$EX = 4\times 0.6 = 2.4, DX = 4\times 0.6\times(1-0.6) = 0.96$，故 B 不正确.

选项 C，$EX = 8\times 0.3 = 2.4, DX = 8\times 0.3\times(1-0.3) = 1.68$，故 C 不正确.

选项 D，$EX=24\times0.1=2.4$，$DX=24\times0.1\times(1-0.1)=2.16$，故 D 不正确.

选项 E，$EX=10\times0.24=2.4$，$DX=10\times0.24\times(1-0.24)=1.824$，故 E 不正确.

所以选 A.

5.【参考答案】 C

【答案解析】 依题设，X 的密度函数为

$$f(x)=\begin{cases}\frac{1}{3}, & -1\leqslant x\leqslant 2,\\ 0, & \text{其他},\end{cases}$$

则
$$p=P\{X\geqslant1\}=\int_1^2 f(x)\mathrm{d}x=\frac{1}{3},$$

故 Y 服从参数为 $n=10$，$p=\frac{1}{3}$ 的二项分布，从而有 $EY=10\times\frac{1}{3}=\frac{10}{3}$，故选 C.

6.【参考答案】 B

【答案解析】 设 X 为独立重复试验成功的次数，由题意知，$X\sim B(100,p)$，则

$$EX=100p,DX=100p(1-p),$$

从而有

$$\sqrt{DX}=\sqrt{100p(1-p)}=\sqrt{100\left[\frac{1}{4}-\left(p-\frac{1}{2}\right)^2\right]},$$

因此，当 $p=\frac{1}{2}$ 时，成功次数的标准差最大. 故选 B.

7.【参考答案】 E

【答案解析】 依题设可知，X 服从参数为 p 的几何分布，概率分布为

$$P\{X=k\}=(1-p)^{k-1}p,k=1,2,\cdots,$$

因此
$$EX=\sum_{k=1}^{\infty}k(1-p)^{k-1}p=-p\left[\sum_{k=1}^{\infty}(1-p)^k\right]'$$
$$=-p\left[\frac{1-p}{1-(1-p)}\right]'=-p\left(\frac{1}{p}-1\right)'=\frac{1}{p},$$

故选 E.

【老师提示】 注意二项分布与几何分布的区别，本题计算涉及无穷级数求和，利用根式判别法容易验证级数 $\sum\limits_{k=1}^{\infty}k(1-p)^{k-1}$ 收敛，在此前提下，可利用逐项求导法求和函数.

8.【参考答案】 A

【答案解析】 因为 $P\{X\leqslant1\}=P\{X=0\}+P\{X=1\}=\mathrm{e}^{-\lambda}+\lambda\mathrm{e}^{-\lambda}$，$P\{X=2\}=\frac{\lambda^2}{2}\mathrm{e}^{-\lambda}$.

又由 $P\{X\leqslant1\}=4P\{X=2\}$，知 $\mathrm{e}^{-\lambda}+\lambda\mathrm{e}^{-\lambda}=2\lambda^2\mathrm{e}^{-\lambda}$，即 $2\lambda^2-\lambda-1=0$，解得 $\lambda=1$，故

$$P\{X=3\}=\frac{1}{6}\mathrm{e}^{-1}=\frac{1}{6\mathrm{e}}.$$

9.【参考答案】 A

【答案解析】 注意到 X 的概率分布为 $P\{X=k\}=\frac{C}{k!}$，$k=0,1,2,\cdots$，与服从参数 $\lambda=1$ 的泊松分布的概率分布 $P\{X=k\}=\frac{1^k}{k!}\mathrm{e}^{-1}$，$k=0,1,2,\cdots$ 结构完全一致，故可以推出

$C=\mathrm{e}^{-1}$. 于是知 $EX=DX=1$,则 $E(X^2)=DX+(EX)^2=\lambda+\lambda^2=1+1=2$. 故选 A.

【老师提示】本题表明,熟悉如二项分布、泊松分布、均匀分布、正态分布、指数分布等这些重要分布的概率分布的标准结构形式十分重要,从这些标准结构形式中可以找到隐含其中的分布参数, 从而进一步与它们的期望和方差联系起来.

10.【参考答案】C

【答案解析】由题设, $EX=DX=\lambda$. 从而有

$$E[(X-1)(X-2)]=E(X^2-3X+2)=E(X^2)-3EX+2$$
$$=DX+(EX)^2-3EX+2=\lambda^2-2\lambda+2=2,$$

求解方程 $\lambda^2-2\lambda=0$,解得 $\lambda=2$ ($\lambda=0$ 不符合题意,舍去), 故选 C.

【老师提示】本题主要是利用泊松分布的参数与其数学期望和方差的关系计算泊松分布的参数 λ, 关键是将各种运算关系转换为参数 λ 的运算代入等式,在此基础上求解关于参数 λ 的方程,解出 λ . 另外,求解时应注意 λ 的取值范围.

11.【参考答案】A

【答案解析】根据泊松分布的参数与其数字特征的关系,随机变量 X,Y 分别服从参数为 2 和 3 的泊松分布,又根据泊松分布的性质,在相互独立的条件下,同服从泊松分布的随机变量 X,Y 之和也服从泊松分布,其分布参数为两随机变量分布参数之和,即 $X+Y$ 服从参数为 5 的泊松分布,故选 A.

【老师提示】在相互独立的条件下,与泊松分布类似性质的重要分布还有正态分布, 即在相互独立的条件下, 同服从正态分布的随机变量之和也服从正态分布,其分布参数为各随机变量分布参数之和.

12.【参考答案】C

【答案解析】圆面积 $Y=\frac{1}{4}\pi X^2$,因为 X 服从区间$[2,3]$上的均匀分布,因此

$$EX=\frac{1}{2}(2+3)=\frac{5}{2},DX=\frac{1}{12}(3-2)^2=\frac{1}{12},$$

从而得

$$EY=\frac{1}{4}\pi E(X^2)=\frac{1}{4}\pi[DX+(EX)^2]=\frac{1}{4}\pi\left(\frac{1}{12}+\frac{25}{4}\right)=\frac{19}{12}\pi.$$

故选 C.

13.【参考答案】B

【答案解析】依题设, $EX=DX=1$, 因此,有 $E(X^2)=DX+(EX)^2=2$,于是

$$P\{X=E(X^2)\}=P\{X=2\}=\frac{1^2}{2!}\mathrm{e}^{-1}=\frac{1}{2\mathrm{e}},$$

故选 B.

14.【参考答案】D

【答案解析】因为 X 服从参数为(n,p)的二项分布,则

$$EX=np,DX=np(1-p).$$

由期望和方差的性质,可得

$$E(2X-1)=2EX-1=2np-1,$$
$$E(2X+1)=2EX+1=2np+1,$$

$$D(2X-1)=4DX=4np(1-p),$$
$$D(2X+1)=4DX=4np(1-p).$$

故选 D.

15.【参考答案】 E

【答案解析】 依题设，$EY=E(\max\{X,1\})=\int_{-\infty}^{+\infty}\max\{x,1\}f(x)\mathrm{d}x$，其中，

$$f(x)=\begin{cases}\mathrm{e}^{-x}, & x>0,\\ 0, & x\leqslant 0.\end{cases}$$

故 $EY=\int_{0}^{+\infty}\max\{x,1\}\mathrm{e}^{-x}\mathrm{d}x=\int_{0}^{1}\mathrm{e}^{-x}\mathrm{d}x+\int_{1}^{+\infty}x\mathrm{e}^{-x}\mathrm{d}x=1+\mathrm{e}^{-1}$.

16.【参考答案】 A

【答案解析】 依题设，$F\left(\frac{1}{2}\right)=a=\frac{1}{2}$，于是，

$$F(x)=\begin{cases}0, & x<-1,\\ \frac{1}{3}, & -1\leqslant x<0,\\ \frac{1}{2}, & 0\leqslant x<1,\\ \frac{2}{3}, & 1\leqslant x<2,\\ 1, & x\geqslant 2,\end{cases}$$

得
$$P\{X=-1\}=F(-1)-F(-1-0)=\frac{1}{3},$$
$$P\{X=0\}=F(0)-F(0-0)=\frac{1}{2}-\frac{1}{3}=\frac{1}{6},$$
$$P\{X=1\}=F(1)-F(1-0)=\frac{2}{3}-\frac{1}{2}=\frac{1}{6},$$
$$P\{X=2\}=F(2)-F(2-0)=1-\frac{2}{3}=\frac{1}{3},$$

因此，$EX=-1\times\frac{1}{3}+0\times\frac{1}{6}+1\times\frac{1}{6}+2\times\frac{1}{3}=\frac{1}{2}$. 故选 A.

17.【参考答案】 C

【答案解析】 由题设 $P\{X=k\}=\frac{\lambda^k}{k!}\mathrm{e}^{-\lambda}(k=0,1,2,\cdots)$，于是

$$P\{X\geqslant 1\}=1-P\{X=0\}=1-\frac{\lambda^0}{0!}\mathrm{e}^{-\lambda}=1-\mathrm{e}^{-2},$$

得 $\lambda=2$ 且 $DX=\lambda=2$，因此，$P\{X=DX\}=P\{X=2\}=\frac{2^2}{2!}\mathrm{e}^{-2}=2\mathrm{e}^{-2}$，故选 C.

18.【参考答案】 E

【答案解析】 相互独立的正态随机变量的非零线性组合仍然服从正态分布，其分布参数为非零线性组合变量的期望与方差. 由

$$EZ=2EX-EY+3=0,DZ=4DX+DY=7,$$

知 $Z\sim N(0,7)$，故选 E.

19.【参考答案】C

【答案解析】因为 X,Y 独立,则

$$D(XY)=E[(XY)^2]-[E(XY)]^2=E(X^2)E(Y^2)-(EXEY)^2$$
$$=[DX+(EX)^2][DY+(EY)^2]-(EXEY)^2=14.$$

20.【参考答案】B

【答案解析】依题设,$y^2+8y+4X=0$ 无实根,从而有 $64-16X<0$,即 $X>4$. 因此,有

$$P\{X>4\}=1-\Phi\left(\frac{4-\mu}{\sigma}\right)=\frac{1}{2},\text{即 }\Phi\left(\frac{4-\mu}{\sigma}\right)=\frac{1}{2},\frac{4-\mu}{\sigma}=0,$$

得 $\mu=4$,故选 B.

21.【参考答案】B

【答案解析】由期望和方差的性质,有

$$EY=E\left(\frac{X-EX}{\sqrt{DX}}\right)=\frac{1}{\sqrt{DX}}[EX-E(EX)]=0,$$

$$DY=D\left(\frac{X-EX}{\sqrt{DX}}\right)=\frac{1}{(\sqrt{DX})^2}D(X-EX)=\frac{DX}{DX}=1,$$

故选 B.

【老师提示】本题考查随机变量的期望与方差的性质,及随机变量标准化的概念. 应注意在以上计算过程中,期望和方差均为定常数,另外,通常称 $Y=\dfrac{X-EX}{\sqrt{DX}}$ 为标准化的随机变量,显然,$EY=0,DY=1$ 正是标准化的目的. 正态分布中的标准化过程就是它的一个应用实例.

22.【参考答案】A

【答案解析】求随机变量 X 的期望必须先给出 X 的密度函数. 由题设,可得

$$f(x)=F'(x)=\begin{cases}x, & 0\leqslant x<1,\\ 2-x, & 1\leqslant x\leqslant 2,\\ 0, & \text{其他}.\end{cases}$$

于是

$$EX=\int_{-\infty}^{+\infty}xf(x)\mathrm{d}x=\int_0^1 x^2\mathrm{d}x+\int_1^2 x(2-x)\mathrm{d}x$$
$$=\frac{1}{3}+\left(x^2-\frac{1}{3}x^3\right)\Big|_1^2=1.$$

故选 A.

【老师提示】计算连续型随机变量的数学期望,前提是先计算出该连续型随机变量的密度函数. 直接由其分布函数是不能计算相关的数字特征的.

23.【参考答案】E

【答案解析】由题设,知

$$\int_{-\infty}^{+\infty}f(x)\mathrm{d}x=\int_0^1(ax+b)\mathrm{d}x=\frac{1}{2}a+b=1,$$

$$EX=\int_{-\infty}^{+\infty}xf(x)\mathrm{d}x=\int_0^1(ax^2+bx)\mathrm{d}x=\frac{1}{3}a+\frac{1}{2}b=1,$$

以上两式联立,整理得方程组 $\begin{cases}a+2b=2,\\ 2a+3b=6,\end{cases}$ 解得 $\begin{cases}a=6,\\ b=-2.\end{cases}$ 故选 E.

【老师提示】本题从另一个角度说明,连续型随机变量的数学期望的计算及相关问题都在一元函数积分学的范围内,这也是必须掌握的知识点.

24.【参考答案】B

【答案解析】由 $\int_{-\infty}^{+\infty} f(x)\mathrm{d}x = \int_0^1 kx^{\alpha}\mathrm{d}x = \frac{k}{\alpha+1}x^{\alpha+1}\Big|_0^1 = \frac{k}{\alpha+1} = 1$,即 $k-\alpha=1$.

又 $EX = \int_{-\infty}^{+\infty} xf(x)\mathrm{d}x = \int_0^1 kx^{\alpha+1}\mathrm{d}x = \frac{k}{\alpha+2}x^{\alpha+2}\Big|_0^1 = \frac{k}{\alpha+2} = \frac{3}{4}$,即 $4k-3\alpha=6$.

联立两式,解得 $k=3,\alpha=2$. 故选 B.

【老师提示】本题是已知密度函数定参数,由于函数含两个未知参数,因此需要从两个角度建立两个方程. 通常选取的角度是由密度函数的性质和数学期望的计算,这也是本题考查的重点.

25.【参考答案】B

【答案解析】由于 X 与 Y 同分布且期望存在,因此 $EX=EY$,于是

$$\begin{aligned} E[a(X+2Y)] &= a(EX+2EY) \\ &= 3aEX = 3a\int_{-\infty}^{+\infty} xf(x)\mathrm{d}x = 3a\int_0^{\frac{1}{\theta}} 2x^2\theta^2\mathrm{d}x \\ &= 3a\cdot\frac{2}{3}x^3\theta^2\Big|_0^{\frac{1}{\theta}} = \frac{2a}{\theta} = \frac{1}{\theta}, \end{aligned}$$

解得 $a=\frac{1}{2}$,故选 B.

【老师提示】本题与上题类似,由已知连续型随机变量函数的数学期望定参数,题中虽有两个不同的随机变量,但由于它们同分布,因此有相同的数学期望.

26.【参考答案】A

【答案解析】由题设,因为是独立重复试验,所以 X 服从 $n=10,p=0.4$ 的二项分布.

由二项分布的数学期望和方差计算公式,有

$$EX=np=4, DX=np(1-p)=2.4.$$

根据方差性质有 $E(X^2)=DX+(EX)^2=18.4$.

27.【参考答案】D

【答案解析】选项 D,因为 EY 是常数,所以由期望性质有 $E(X\cdot EY)=EX\cdot EY$,故选 D.

选项 A,结论当且仅当在期望 EX 存在的条件下成立. 如随机变量 X 的密度函数为

$$f(x)=\frac{1}{\pi(1+x^2)}, x\in(-\infty,+\infty),$$

尽管密度函数关于 y 轴对称,但由于 $EX=\int_{-\infty}^{+\infty} xf(x)\mathrm{d}x$ 发散,则 $EX\neq 0$.

选项 B,在 X,Y 相互独立的条件下,有 $D(X\pm Y)=DX+DY$.

选项 C,一般情况下,$E(XY)\neq EX\cdot EY$.

选项 E,当 $EY\neq 0$ 时,$E(X+EY)=EX+EY\neq EX$.

【老师提示】注意,涉及两个及两个以上随机变量的期望与方差的运算,除类似性质 $E(X\pm Y)=EX\pm EY$ 无条件限制外,其他运算,类似如 $E(XY)=EX\cdot EY$,$D(X\pm Y)=DX+DY$,均要在 X,Y 相互独立的条件下成立.

28.【参考答案】C

【答案解析】由

$$\int_{-\infty}^{+\infty}|x|f(x)\mathrm{d}x=\frac{1}{2}\int_{-\infty}^{+\infty}|x|\mathrm{e}^{-|x|}\mathrm{d}x=\frac{1}{2}\left[\int_{-\infty}^{0}(-x\mathrm{e}^{x})\mathrm{d}x+\int_{0}^{+\infty}x\mathrm{e}^{-x}\mathrm{d}x\right]=1<+\infty,$$

可知 $E|X|$ 存在，又由于 $f(x)=\frac{1}{2}\mathrm{e}^{-|x|}$ 关于 y 轴对称，所以 $EX=0$，则

$$\begin{aligned}DX&=E(X^2)-(EX)^2=\int_{-\infty}^{+\infty}x^2f(x)\mathrm{d}x=\frac{1}{2}\int_{-\infty}^{+\infty}x^2\mathrm{e}^{-|x|}\mathrm{d}x=\int_{0}^{+\infty}x^2\mathrm{e}^{-x}\mathrm{d}x\\&=-x^2\mathrm{e}^{-x}\Big|_{0}^{+\infty}+2\int_{0}^{+\infty}x\mathrm{e}^{-x}\mathrm{d}x=2,\end{aligned}$$

故选 C.

29.【参考答案】E

【答案解析】注意到 X 的密度函数的非零区域关于 y 轴对称，因此 $EX=0$，故

$$\begin{aligned}DX&=E(X^2)-(EX)^2=\int_{-\infty}^{+\infty}x^2f(x)\mathrm{d}x\\&=\int_{-1}^{0}x^2(1+x)\mathrm{d}x+\int_{0}^{1}x^2(1-x)\mathrm{d}x=\frac{1}{6},\end{aligned}$$

故选 E.

【老师提示】一般来说，连续型随机变量的方差若由定义 $\int_{-\infty}^{+\infty}(x-EX)^2f(x)\mathrm{d}x$ 计算较为烦琐，改用公式 $DX=E(X^2)-(EX)^2$ 计算更为简便.

30.【参考答案】A

【答案解析】本题首先是求线性随机变量函数的分布问题. 相关的结论是，一般地，线性随机变量函数与随机变量服从同一分布类型，因此，$Y=2X+1$ 仍服从正态分布 $N(\mu,\sigma^2)$，又根据正态分布的参数与其数字特征的关系，即有 $EX=0,DX=1$，从而有

$$\mu=EY=2EX+1=1,\sigma^2=DY=4DX=4,$$

所以 $Y=2X+1\sim N(1,4)$，故选 A.

【老师提示】本题主要考查正态分布的参数与其数字特征的关系，线性随机变量函数的分布性质，及数字特征的性质. 一般情况下，随机变量 X 与其线性函数 $Y=aX+b$ 有相同的分布类型.

31.【参考答案】B

【答案解析】根据线性随机变量函数的性质，$Y=2X+3$ 仍服从正态分布 $N(\mu,\sigma^2)$，又根据正态分布的参数与其数字特征的关系，即有 $\mu=EY=2EX+3=1,\sigma^2=DY=2^2DX=8$，从而有

$$Y=2X+3\sim N(1,8),$$

所以

$$P\{Y\geqslant 1\}=1-\Phi\left(\frac{1-1}{\sqrt{8}}\right)=\frac{1}{2}.$$

故选 B.

【老师提示】要计算正态分布下的概率，需具体确定 $Y=2X+3$ 的分布参数，其数字特征正好是确定分布参数的最佳途径. 由分布参数 $\mu=1$ 知，其密度函数关于直线 $x=1$ 对称，易得 $P\{Y\geqslant 1\}=\frac{1}{2}$.

32.【参考答案】A

【答案解析】将其化为正态分布的密度函数的标准形式,即

$$f(x)=\frac{1}{\sqrt{2\pi}\frac{1}{\sqrt{2}}}e^{-\frac{(x-1)^2}{2\left(\frac{1}{\sqrt{2}}\right)^2}}(-\infty<x<+\infty),$$

由正态分布的密度函数一般形式中参数与其数字特征的关系,可得

$$EX=\mu=1,DX=\sigma^2=\frac{1}{2}.$$

故选A.

【老师提示】一般地,在已知密度函数的情况下计算随机变量的数学期望与方差有两种途径,一种是由数学期望与方差的公式计算,即

$$EX=\int_{-\infty}^{+\infty}xf(x)\mathrm{d}x,DX=\int_{-\infty}^{+\infty}x^2f(x)\mathrm{d}x-(EX)^2.$$

另一种是根据密度函数的类型和结构特点,确定该随机变量的分布类型及特定位置的参数值,并由参数与分布的数学期望和方差的关系,直接给出其数学期望与方差.就本题而言,由于密度函数 $f(x)$ 最主要的特征为形如 e^{-ax^2+bx+c} 的指数型复合函数,应该是正态分布密度函数的典型模式,显然,采用后一种方法更为简便.

33.【参考答案】E

【答案解析】由题设,得

$$E(aX-b)=aEX-b=5a-b=0,D(aX-b)=a^2DX=4a^2=1,$$

解得 $a=\pm\frac{1}{2},b=5a$,所以 $a=\frac{1}{2},b=\frac{5}{2}$ 或 $a=-\frac{1}{2},b=-\frac{5}{2}$.故选E.

【老师提示】本题如果按照正态分布标准化公式,由 $X\sim N(\mu,\sigma^2)$,$\frac{X-\mu}{\sigma}\sim N(0,1)$ 推导,有 $\frac{X-\mu}{\sigma}=\frac{X-5}{2}\sim N(0,1)$,可得 $a=\frac{1}{2},b=\frac{5}{2}$,容易丢掉另一组解 $a=-\frac{1}{2}$,$b=-\frac{5}{2}$,利用数字特征定参数是一种保险的做法.

34.【参考答案】B

【答案解析】若随机变量 X 服从正态分布 $N(1,4)$,则 X 的线性函数 $Y=1-2X$ 仍服从正态分布,且

$$EY=1-2EX=-1,DY=D(1-2X)=4DX=16,$$

从而有 $Y\sim N(-1,4^2)$,因此 Y 的密度函数为

$$f_Y(y)=\frac{1}{4\sqrt{2\pi}}e^{-\frac{(y+1)^2}{32}},$$

故选B.

【老师提示】在实际问题中,随机变量的重要分布参数与其对应的密度函数的结构形式密不可分,往往可以双向命题,如本题就是从重要分布参数入手反回来构造对应的密度函数.因此,大家不可忽略该知识点.

35.【参考答案】B

【答案解析】在 X,Y 相互独立的条件下,同属于正态分布的随机变量之和 $Z=X+Y$ 仍

然服从正态分布，且

$$EZ=E(X+Y)=EX+EY=0,DZ=D(X+Y)=DX+DY=5,$$

从而有 $Z=X+Y\sim N(0,5)$，故选 B.

【老师提示】本题与第 11 题类似，除此以外，在随机变量 X,Y 相互独立的条件下，同服从二项分布的随机变量之和仍然服从二项分布.

36.【参考答案】E

【答案解析】依题设，X 的密度函数为

$$f(x)=F'(x)=0.3\varphi(x)+0.35\varphi\left(\frac{x-1}{2}\right),\text{其中 }\varphi(x)=\Phi'(x),$$

于是由连续型随机变量的数学期望的计算公式，有

$$EX=\int_{-\infty}^{+\infty}xf(x)\mathrm{d}x=0.3\int_{-\infty}^{+\infty}x\varphi(x)\mathrm{d}x+0.35\int_{-\infty}^{+\infty}x\varphi\left(\frac{x-1}{2}\right)\mathrm{d}x$$

$$=0.7\int_{-\infty}^{+\infty}x\varphi\left(\frac{x-1}{2}\right)\mathrm{d}\left(\frac{x-1}{2}\right)\xlongequal{u=\frac{x-1}{2}}0.7\int_{-\infty}^{+\infty}(2u+1)\varphi(u)\mathrm{d}u$$

$$=0.7\int_{-\infty}^{+\infty}\varphi(u)\mathrm{d}u=0.7,$$

其中 $\int_{-\infty}^{+\infty}u\varphi(u)\mathrm{d}u=\int_{-\infty}^{+\infty}x\varphi(x)\mathrm{d}x=0$，$\int_{-\infty}^{+\infty}\varphi(u)\mathrm{d}u=1$. 故选 E.

【老师提示】求连续型随机变量的数学期望，必须先求出密度函数. 计算 EX 时，要注意充分利用标准正态分布的密度函数的性质及换元积分法，简化运算过程.

37.【参考答案】C

【答案解析】常见重要分布的随机变量的数字特征往往是其重要分布参数，如本题中，设参数为 λ，随机变量 X 的平均值即为期望 EX，而产品的平均寿命为 1 000 小时知，$EX=1\,000$，即有 $\frac{1}{\lambda}=1\,000$，$\lambda=\frac{1}{1\,000}$. 因此，$DX=\frac{1}{\lambda^2}=1\,000^2$，$\sqrt{DX}=1\,000$. 故选 C.

38.【参考答案】B

【答案解析】由题设，X 服从参数为 λ 的指数分布，可知 $DX=\frac{1}{\lambda^2}$，于是

$$P\{X>\sqrt{DX}\}=P\left\{X>\frac{1}{\lambda}\right\}=\int_{\frac{1}{\lambda}}^{+\infty}\lambda\mathrm{e}^{-\lambda x}\mathrm{d}x$$

$$=-\mathrm{e}^{-\lambda x}\Big|_{\frac{1}{\lambda}}^{+\infty}=\frac{1}{\mathrm{e}}.$$

39.【参考答案】C

【答案解析】若 X 服从参数为 λ 的指数分布，则 $DX=\frac{1}{\lambda^2}$，于是，由 X_1,X_2 相互独立，有

$D(X_1+X_2)=DX_1+DX_2=\frac{1}{\lambda_1^2}+\frac{1}{\lambda_2^2}$，故 B，D 错误，C 正确，应选 C.

选项 A，若 X 服从参数为 λ 的指数分布，则 $EX=\frac{1}{\lambda}$，因此，$E(X_1+X_2)=\frac{1}{\lambda_1}+\frac{1}{\lambda_2}$.

选项 E，指数分布不具备如泊松分布及正态分布类似的性质，即在相互独立的条件下，两个同服从于指数分布的随机变量之和不一定也服从于指数分布.

【老师提示】指数分布和泊松分布参数符号相似，但是这是完全不同的分布类型，其期望

和方差计算有明显差异,切记不要混淆.

40.【参考答案】B

【答案解析】由 X 服从区间 $[a,b]$ 上的均匀分布知,$EX=\frac{a+b}{2}$,$DX=\frac{(b-a)^2}{12}$.

解法 1　由题设,直接计算 $EX=\frac{1}{2}(a+b)=0$,$DX=\frac{1}{12}(b-a)^2=1$. 联立得方程组,解得 $a=-\sqrt{3}$,$b=\sqrt{3}$,故选 B.

解法 2　对各选项一一验证.

选项 A,由 $EX=\frac{1}{2}(-1+1)=0$,$DX=\frac{1}{12}[1-(-1)]^2=\frac{1}{3}$,知 A 不正确.

选项 B,由 $EX=\frac{1}{2}(-\sqrt{3}+\sqrt{3})=0$,$DX=\frac{1}{12}[\sqrt{3}-(-\sqrt{3})]^2=1$,知 B 正确.

选项 C,由 $EX=\frac{1}{2}[1-\sqrt{3}+(1+\sqrt{3})]=1$,$DX=\frac{1}{12}[1+\sqrt{3}-(1-\sqrt{3})]^2=1$,知 C 不正确.

选项 D,由 $EX=\frac{1}{2}(-3+3)=0$,$DX=\frac{1}{12}(3+3)^2=3$,知 D 不正确.

选项 E,由 $EX=\frac{1}{2}[2-\sqrt{3}+(2+\sqrt{3})]=2$,$DX=\frac{1}{12}[2+\sqrt{3}-(2-\sqrt{3})]^2=1$,知 E 不正确.

故选 B.

41.【参考答案】D

【答案解析】由性质,知 $E(\xi^2)=D\xi+(E\xi)^2$,则

当 $\xi=X-C$ 时,$E[(X-C)^2]=D(X-C)+[E(X-C)]^2=\sigma^2+(\mu-C)^2$;

当 $\xi=X-\mu$ 时,$E[(X-\mu)^2]=D(X-\mu)+[E(X-\mu)]^2=\sigma^2$.

从而有 $E[(X-C)^2]\geqslant E[(X-\mu)^2]$,故选 D.

【老师提示】计算随机变量的数字特征除了套用定义式,还可利用其性质. 其中经常用到的恒等式之一就是 $E(\xi^2)=D\xi+(E\xi)^2$. 本题就是利用该公式来比较 $E[(X-C)^2]$,$E[(X-\mu)^2]$ 的大小. 一个重要结论是,随机变量的数学期望与该随机变量的差的平方的均值最小.

42.【参考答案】E

【答案解析】由关系式 $E(X^2)=DX+(EX)^2$,可得

$$\begin{aligned}E[3(X^2-2)]&=3E(X^2)-6\\&=3[DX+(EX)^2]-6\\&=3\times4-6=6.\end{aligned}$$

故选 E.

43.【参考答案】A

【答案解析】依题设,$X_{ij}\ (i,j=1,2)$ 独立同分布,故有

$$\begin{aligned}EY&=E(X_{11}X_{22}-X_{12}X_{21})=E(X_{11}X_{22})-E(X_{12}X_{21})\\&=EX_{11}\cdot EX_{22}-EX_{12}\cdot EX_{21}=0,\end{aligned}$$

故选 A.

【老师提示】在相互独立的条件下,若干随机变量乘积的期望等于各自期望的乘积.

44.【参考答案】A

【答案解析】依题设,由方差的性质,得

$$\begin{aligned} DY &= DX_1 + (-2)^2 DX_2 + 3^2 DX_3 \\ &= \frac{1}{12}(6-0)^2 + 4\times 2^2 + 9\times 3 = 46, \end{aligned}$$

故选 A.

【老师提示】注意,本题是在 X_1,X_2,X_3 相互独立的条件下运算成立,与各随机变量的分布类型无关.

第八章　行列式与矩阵

1. **【参考答案】** A

【答案解析】 本题所给每个行列式仅含有 4 个不同行不同列的非零元素，行列式即为由这 4 个元素乘积构成的特定项. 在乘积大小同为 4!的情况下，关键是确定项前符号. 在行标按自然顺序排列的前提下：

①中非零项列标排列的逆序数为 $\tau(4321)=6$，为偶数，故其值为 4!；

②中非零项列标排列的逆序数为 $\tau(3421)=5$，为奇数，故其值为 $-4!$；

③中非零项列标排列的逆序数为 $\tau(4123)=3$，为奇数，故其值为 $-4!$；

④中非零项列标排列的逆序数为 $\tau(4231)=5$，为奇数，故其值为 $-4!$.

故选 A.

【老师提示】 如果按照对角线法则，行列式 $\begin{vmatrix} 0 & 0 & 0 & 1 \\ 0 & 0 & 2 & 0 \\ 0 & 3 & 0 & 0 \\ 4 & 0 & 0 & 0 \end{vmatrix}$ 展开后，其副对角线乘积 4!的项前应取负号，这与按行列式的定义计算的结果不相符. 因此，对角线法则只适用于 2 阶、3 阶行列式，对于 4 阶及 4 阶以上的行列式应该按照行列式的定义确定项前符号并定值.

2. **【参考答案】** B

【答案解析】 求 x 的最高次幂即根据行列式的定义找含 x 的最高次幂项，注意到，题中含 x 的元素有 3 个，其中仅有主对角线上的元素 a_{11}, a_{33} 处在不同行不同列的位置上，从而构成唯一的 x^2 项. 因此，多项式 $f(x)$ 中 x 的最高次幂为 2. 故选 B.

【老师提示】 本题是按照行列式的定义考查并选取行列式展开式中满足特定条件的项. 主要依据两个规则：一是各项由取自不同行不同列的元素的乘积组成；二是在元素行标按自然顺序排列的前提下，各项的项前符号取决于乘积元素列标排列的逆序数的奇偶性.

3. **【参考答案】** E

【答案解析】 根据行列式的各项由不同行不同列的元素组成的规则及行列式中含有变量 x 的各元素的位置，可知该行列式为四次多项式，因此，求解的关键是找出含 x^4 的项，显然，该项在行列式副对角线的元素乘积中产生，即为 $3x^4$，从而得到 $f^{(4)}(x)=72$，故选 E.

【老师提示】 求解本题应注意 4 阶行列式副对角线元素的乘积构成的项在确定项前符号时，应遵循行列式的定义，而对角线法则只适用于 2 阶、3 阶行列式.

4. **【参考答案】** B

【答案解析】 多项式 $f(x)$ 的常数项，即 $f(0)$，实际需要计算的是将 0 置换行列式中的 x 后的值. 在行列式中零元素较多的情况下，应采用降阶法，即

$$f(0)=\begin{vmatrix} 0 & 0 & 0 & 1 \\ 2 & 1 & 0 & 0 \\ 1 & 0 & -1 & 0 \\ -2 & 0 & 0 & 2 \end{vmatrix}=(-1)^{2+2}\begin{vmatrix} 0 & 0 & 1 \\ 1 & -1 & 0 \\ -2 & 0 & 2 \end{vmatrix}=(-1)^{1+3}\begin{vmatrix} 1 & -1 \\ -2 & 0 \end{vmatrix}=-2.$$

故选 B.

【老师提示】以行列式形式表示的多项式 $f(x)$ 是一种特殊结构的函数形式，正如以上 2～4 题所示. 围绕 $f(x)$ 展开的问题有多种题型，涉及行列式特定项的选取及行列式性质的应用.

5. 【参考答案】A

【答案解析】通过两列之间对换，将选项中行列式各列排列的顺序恢复到原行列式的结构形式. 选项 A，$|\boldsymbol{\alpha}_4,\boldsymbol{\alpha}_3,\boldsymbol{\alpha}_2,\boldsymbol{\alpha}_1|$ 需要对换的次数等于其列标排列的逆序数，即 $\tau(4321)=6$（次），因此，由行列式对换列（行）位置，行列式变号的性质，有

$$|\boldsymbol{\alpha}_4,\boldsymbol{\alpha}_3,\boldsymbol{\alpha}_2,\boldsymbol{\alpha}_1|=(-1)^{\tau(4321)}|\boldsymbol{A}|=|\boldsymbol{A}|,$$

类似地，

$$|\boldsymbol{\alpha}_3,\boldsymbol{\alpha}_4,\boldsymbol{\alpha}_1,\boldsymbol{\alpha}_2|=(-1)^{\tau(3412)}|\boldsymbol{A}|=|\boldsymbol{A}|,\ |\boldsymbol{\alpha}_4,\boldsymbol{\alpha}_3,\boldsymbol{\alpha}_2,\boldsymbol{\alpha}_1|+|\boldsymbol{\alpha}_3,\boldsymbol{\alpha}_4,\boldsymbol{\alpha}_1,\boldsymbol{\alpha}_2|=2|\boldsymbol{A}|,$$

故选 A.

选项 B，式中有两列相同，故 $|2\boldsymbol{\alpha}_1,\boldsymbol{\alpha}_2,\boldsymbol{\alpha}_3,\boldsymbol{\alpha}_3|=0$.

选项 C，$|\boldsymbol{\alpha}_1,\boldsymbol{\alpha}_2,\boldsymbol{\alpha}_3,\boldsymbol{\alpha}_4|+|\boldsymbol{\alpha}_1,\boldsymbol{\alpha}_4,\boldsymbol{\alpha}_3,\boldsymbol{\alpha}_2|=|\boldsymbol{\alpha}_1,\boldsymbol{\alpha}_2,\boldsymbol{\alpha}_3,\boldsymbol{\alpha}_4|+(-1)^{\tau(1432)}|\boldsymbol{\alpha}_1,\boldsymbol{\alpha}_2,\boldsymbol{\alpha}_3,\boldsymbol{\alpha}_4|=|\boldsymbol{A}|-|\boldsymbol{A}|=0$.

选项 D，$|\boldsymbol{\alpha}_1,\boldsymbol{\alpha}_2,\boldsymbol{\alpha}_3+\boldsymbol{\alpha}_1,\boldsymbol{\alpha}_4|=|\boldsymbol{\alpha}_1,\boldsymbol{\alpha}_2,\boldsymbol{\alpha}_3,\boldsymbol{\alpha}_4|+|\boldsymbol{\alpha}_1,\boldsymbol{\alpha}_2,\boldsymbol{\alpha}_1,\boldsymbol{\alpha}_4|=|\boldsymbol{\alpha}_1,\boldsymbol{\alpha}_2,\boldsymbol{\alpha}_3,\boldsymbol{\alpha}_4|=|\boldsymbol{A}|$.

选项 E，$|2\boldsymbol{\alpha}_1,2\boldsymbol{\alpha}_2,2\boldsymbol{\alpha}_3,2\boldsymbol{\alpha}_4|=|2\boldsymbol{A}|=2^4|\boldsymbol{A}|$.

【老师提示】在原行列式的基础上，将其各列（行）的位置重新排列后可以得到一个新的行列式，在对新的行列式定值时通常采用还原为原行列式的方法进行，这时，还原过程中两列（行）所需对换的次数等于原列（行）标在新行列式中排列的逆序数.

6. 【参考答案】E

【答案解析】$|\boldsymbol{\alpha}_3,\boldsymbol{\alpha}_2,\boldsymbol{\alpha}_1,\boldsymbol{\beta}_1+\boldsymbol{\beta}_2|=|\boldsymbol{\alpha}_3,\boldsymbol{\alpha}_2,\boldsymbol{\alpha}_1,\boldsymbol{\beta}_1|+|\boldsymbol{\alpha}_3,\boldsymbol{\alpha}_2,\boldsymbol{\alpha}_1,\boldsymbol{\beta}_2|$，而

$$|\boldsymbol{\alpha}_3,\boldsymbol{\alpha}_2,\boldsymbol{\alpha}_1,\boldsymbol{\beta}_1|\xlongequal{c_1\leftrightarrow c_3}-|\boldsymbol{\alpha}_1,\boldsymbol{\alpha}_2,\boldsymbol{\alpha}_3,\boldsymbol{\beta}_1|=-|\boldsymbol{A}|=-m,$$

$$|\boldsymbol{\alpha}_3,\boldsymbol{\alpha}_2,\boldsymbol{\alpha}_1,\boldsymbol{\beta}_2|\xlongequal{c_1\leftrightarrow c_3}-|\boldsymbol{\alpha}_1,\boldsymbol{\alpha}_2,\boldsymbol{\alpha}_3,\boldsymbol{\beta}_2|\xlongequal{c_3\leftrightarrow c_4}|\boldsymbol{\alpha}_1,\boldsymbol{\alpha}_2,\boldsymbol{\beta}_2,\boldsymbol{\alpha}_3|=|\boldsymbol{B}|=n,$$

故 $|\boldsymbol{\alpha}_3,\boldsymbol{\alpha}_2,\boldsymbol{\alpha}_1,\boldsymbol{\beta}_1+\boldsymbol{\beta}_2|=-|\boldsymbol{A}|+|\boldsymbol{B}|=-m+n$.

【老师提示】注意行列式的加法公式中，相加的只是某一行（列），其余行（列）是不变的.

7. 【参考答案】E

【答案解析】根据行列式的性质，有

$$\begin{aligned}|\boldsymbol{B}|&=|\boldsymbol{\alpha}_2,2\boldsymbol{\alpha}_1+\boldsymbol{\alpha}_2,\boldsymbol{\alpha}_3|=|\boldsymbol{\alpha}_2,2\boldsymbol{\alpha}_1,\boldsymbol{\alpha}_3|+|\boldsymbol{\alpha}_2,\boldsymbol{\alpha}_2,\boldsymbol{\alpha}_3|\\&=-|2\boldsymbol{\alpha}_1,\boldsymbol{\alpha}_2,\boldsymbol{\alpha}_3|+0=-2|\boldsymbol{\alpha}_1,\boldsymbol{\alpha}_2,\boldsymbol{\alpha}_3|=-2|\boldsymbol{A}|=-6.\end{aligned}$$

故选 E.

8. 【参考答案】C

【答案解析】利用行列式的性质.

$$\begin{aligned}|\boldsymbol{B}|&=|\boldsymbol{\alpha}_1-3\boldsymbol{\alpha}_2+2\boldsymbol{\alpha}_3,\boldsymbol{\alpha}_2-2\boldsymbol{\alpha}_3,5\boldsymbol{\alpha}_3|\\&=5|\boldsymbol{\alpha}_1-3\boldsymbol{\alpha}_2+2\boldsymbol{\alpha}_3,\boldsymbol{\alpha}_2-2\boldsymbol{\alpha}_3,\boldsymbol{\alpha}_3|\\&=5|\boldsymbol{\alpha}_1-3\boldsymbol{\alpha}_2,\boldsymbol{\alpha}_2,\boldsymbol{\alpha}_3|\\&=5|\boldsymbol{\alpha}_1,\boldsymbol{\alpha}_2,\boldsymbol{\alpha}_3|\\&=20.\end{aligned}$$

9.【参考答案】A

【答案解析】本题行列式的行列之间的比例关系并不十分清晰，应利用行列式性质化简后计算出方程的根，即

$$f(x)=\begin{vmatrix}2-x & 2 & -2\\ 2 & 5-x & -4\\ -2 & -4 & 5-x\end{vmatrix}\xlongequal{r_3+r_2}\begin{vmatrix}2-x & 2 & -2\\ 2 & 5-x & -4\\ 0 & 1-x & 1-x\end{vmatrix}$$

$$=(1-x)\begin{vmatrix}2-x & 2 & -2\\ 2 & 5-x & -4\\ 0 & 1 & 1\end{vmatrix}\xlongequal{c_2-c_3}(1-x)\begin{vmatrix}2-x & 4 & -2\\ 2 & 9-x & -4\\ 0 & 0 & 1\end{vmatrix}$$

$$=(1-x)\begin{vmatrix}2-x & 4\\ 2 & 9-x\end{vmatrix}$$

$$=(1-x)^2(10-x),$$

所以方程的根为 $x=1$（二重），10，故选 A.

10.【参考答案】B

【答案解析】方程 $f(x)=0$ 的根的个数取决于多项式的最高次幂，仅从所给的行列式直接观察，结论并不十分清晰，需要利用行列式性质先化简，即

$$f(x)=\begin{vmatrix}x-2 & x-1 & x-2 & x-3\\ 2x-2 & 2x-1 & 2x-2 & 2x-3\\ 3x-3 & 3x-2 & 4x-5 & 3x-5\\ 4x & 4x-3 & 5x-7 & 4x-3\end{vmatrix}$$

$$\xlongequal{r_2-2r_1}\begin{vmatrix}x-2 & x-1 & x-2 & x-3\\ 2 & 1 & 2 & 3\\ 3x-3 & 3x-2 & 4x-5 & 3x-5\\ 4x & 4x-3 & 5x-7 & 4x-3\end{vmatrix}$$

$$\xlongequal{r_1+r_2}x\begin{vmatrix}1 & 1 & 1 & 1\\ 2 & 1 & 2 & 3\\ 3x-3 & 3x-2 & 4x-5 & 3x-5\\ 4x & 4x-3 & 5x-7 & 4x-3\end{vmatrix}$$

$$\xlongequal[r_4-4xr_1]{\substack{r_2-2r_1\\ r_3-(3x-3)r_1}}x\begin{vmatrix}1 & 1 & 1 & 1\\ 0 & -1 & 0 & 1\\ 0 & 1 & x-2 & -2\\ 0 & -3 & x-7 & -3\end{vmatrix}$$

$$=5x(x-1),$$

所以方程 $f(x)=0$ 有 2 个实根，故选 B.

【老师提示】在讨论以行列式定义的多项式及其对应方程的根时，在不能直接由行列式的特殊结构形式进行推断时，应该利用行列式性质先将其简化，直至能解决问题为止.

11.【参考答案】B

【答案解析】根据行列式的一般项由不同行不同列元素组成的规则，函数 $f(x)$ 为二次多项式，存在唯一驻点. 又 $f(x)$ 在闭区间[0,1]上连续，在开区间(0,1)内可导，且

$$f(0)=\begin{vmatrix}0&1&2\\2&2&4\\3&2&4\end{vmatrix}=0,$$

$$f(1)=\begin{vmatrix}1&1&3\\2&2&4\\3&3&3\end{vmatrix}=0.$$

由罗尔定理可知，存在一点 $\xi\in(0,1)$，使得 $f'(\xi)=0$，即方程 $f'(x)=0$ 有小于1的正根. 故选 B.

【老师提示】一般讨论 $f'(x)$ 的零点所在区间，应考虑应用罗尔定理，形式上这是涉及微分和线性代数的跨界的题型，但实际上并不需要求导，关键是找出函数 $f(x)$ 的两个关键的零点 $x=0,1$，并计算验证.

12.【参考答案】D

【答案解析】选项 D，根据行列式按行(列)展开法则的推论：由某行(列)元素与其他行(列)元素对应的代数余子式乘积之和必为零. 容易看到，选项 D 中和式

$$a_{11}A_{12}+a_{21}A_{22}+\cdots+a_{n1}A_{n2}$$

是由第一列元素与第二列元素对应的代数余子式乘积的和，其值必为零，故选 D.

选项 A，$a_{11}M_{11}+a_{12}M_{12}+\cdots+a_{1n}M_{1n}$ 是由第一行元素与第一行元素对应的余子式乘积的和，其值与原行列式无关，无法判断是否为零.

选项 B，$a_{11}A_{11}+a_{12}A_{12}+\cdots+a_{1n}A_{1n}$ 是由第一行元素与第一行元素对应的代数余子式乘积的和，其值等于原行列式，但无法判断是否为零.

选项 C，$a_{11}M_{12}+a_{21}M_{22}+\cdots+a_{n1}M_{n2}$ 是由第一列元素与第二列元素对应的余子式乘积的和，其值与原行列式无关，无法判断是否为零.

【老师提示】行列式按某行(列)展开是大家所熟悉并常用于行列式计算的一种有效方法，但与之相关的另一个性质不应该被忽视，即某行(列)元素与其他行(列)元素对应的代数余子式乘积之和必为零. 在一些题型中往往会出现它的应用.

13.【参考答案】E

【答案解析】选项 E，本题计算的是行列式中第三列代数余子式的代数和，其值等于将组合系数 1,2,3 分别置换行列式中的第三列元素 a_{13},a_{23},a_{33} 得到的行列式，即

$$A_{13}+2A_{23}+3A_{33}=\begin{vmatrix}a_{11}&a_{12}&1\\a_{21}&a_{22}&2\\a_{31}&a_{32}&3\end{vmatrix},$$

故选 E.

类似地，选项 A，$\begin{vmatrix}a_{11}&a_{12}&a_{13}\\a_{21}&a_{22}&a_{23}\\1&2&3\end{vmatrix}=A_{31}+2A_{32}+3A_{33}.$

选项 B，$\begin{vmatrix}a_{11}&a_{12}&a_{13}\\a_{21}&a_{22}&a_{23}\\1&-2&3\end{vmatrix}=A_{31}-2A_{32}+3A_{33}.$

选项 C，$\begin{vmatrix} a_{11} & a_{12} & 1 \\ a_{21} & a_{22} & -2 \\ a_{31} & a_{32} & 3 \end{vmatrix} = A_{13} - 2A_{23} + 3A_{33}$.

选项 D，$\begin{vmatrix} a_{11} & a_{12} & -1 \\ a_{21} & a_{22} & 2 \\ a_{31} & a_{32} & 3 \end{vmatrix} = -A_{13} + 2A_{23} + 3A_{33}$.

【老师提示】求行列式某行(列)的代数余子式的代数和的定值问题是常见题型.一般地，一个 n 阶行列式的第 k 行(列)的代数余子式的代数和 $a_1A_{k1} + a_2A_{k2} + \cdots + a_nA_{kn}$ ($b_1A_{1k} + b_2A_{2k} + \cdots + b_nA_{nk}$) 等于将线性组合系数 $a_1, a_2, \cdots, a_n$ ($b_1, b_2, \cdots, b_n$) 置换第 k 行(列)对应位置上的元素后得到的行列式.

14.【参考答案】A

【答案解析】$M_{41}+M_{42}+M_{43}+M_{44} = -A_{41}+A_{42}-A_{43}+A_{44} = \begin{vmatrix} 3 & 0 & 4 & 0 \\ 2 & 2 & 2 & 2 \\ 0 & -7 & 0 & 0 \\ -1 & 1 & -1 & 1 \end{vmatrix} = -28$.

【老师提示】本题的思想方法很重要，要计算的都是第四行元素的余子式，它们在计算时都需要划掉第四行元素.进一步还可以得到，第 i 行元素的余子式与第 i 行元素本身是没有关系的，改变第 i 行元素并不改变它们的取值.这样，在计算这类题目时，就可以按照本题的方法：反向运用展开定理，将第 i 行元素改为对应的系数，从而将余子式线性和"升阶"成为一个 n 阶行列式再进行计算.

15.【参考答案】D

【答案解析】按第一行展开，得

$$D_4 = a_1\begin{vmatrix} a_2 & b_2 & 0 \\ b_3 & a_3 & 0 \\ 0 & 0 & a_4 \end{vmatrix} - b_1\begin{vmatrix} 0 & a_2 & b_2 \\ 0 & b_3 & a_3 \\ b_4 & 0 & 0 \end{vmatrix} \xlongequal{\text{按第三行展开}} a_1a_4\begin{vmatrix} a_2 & b_2 \\ b_3 & a_3 \end{vmatrix} - b_1b_4\begin{vmatrix} a_2 & b_2 \\ b_3 & a_3 \end{vmatrix}$$

$$= (a_2a_3 - b_2b_3)(a_1a_4 - b_1b_4).$$

16.【参考答案】B

【答案解析】解法 1　利用行列式的性质与公式计算行列式：

$$\begin{vmatrix} 0 & a & b & 0 \\ a & 0 & 0 & b \\ 0 & c & d & 0 \\ c & 0 & 0 & d \end{vmatrix} \xlongequal{r_1 \leftrightarrow r_4} -\begin{vmatrix} c & 0 & 0 & d \\ a & 0 & 0 & b \\ 0 & c & d & 0 \\ 0 & a & b & 0 \end{vmatrix} \xlongequal{c_2 \leftrightarrow c_4} \begin{vmatrix} c & d & 0 & 0 \\ a & b & 0 & 0 \\ 0 & 0 & d & c \\ 0 & 0 & b & a \end{vmatrix}$$

$$= (bc - ad)(ad - bc) = -(ad - bc)^2.$$

解法 2　利用行列式按某一列(行)展开定理计算行列式：

$$\begin{vmatrix} 0 & a & b & 0 \\ a & 0 & 0 & b \\ 0 & c & d & 0 \\ c & 0 & 0 & d \end{vmatrix} = a(-1)^{2+1}\begin{vmatrix} a & b & 0 \\ c & d & 0 \\ 0 & 0 & d \end{vmatrix} + c(-1)^{4+1}\begin{vmatrix} a & b & 0 \\ 0 & 0 & b \\ c & d & 0 \end{vmatrix}$$

$$=-ad\begin{vmatrix} a & b \\ c & d \end{vmatrix}+bc\begin{vmatrix} a & b \\ c & d \end{vmatrix}$$

$$=-(ad-bc)\begin{vmatrix} a & b \\ c & d \end{vmatrix}$$

$$=-(ad-bc)^2.$$

17.【参考答案】C

【答案解析】将第二、三列加至第一列，得

$$\begin{vmatrix} y & x & x+y \\ x & x+y & y \\ x+y & y & x \end{vmatrix}=2(x+y)\begin{vmatrix} 1 & x & x+y \\ 1 & x+y & y \\ 1 & y & x \end{vmatrix}$$

$$\xlongequal[r_3-r_1]{r_2-r_1}2(x+y)\begin{vmatrix} 1 & x & x+y \\ 0 & y & -x \\ 0 & y-x & -y \end{vmatrix}$$

$$=-2(x+y)(x^2-xy+y^2)$$

$$=-2(x^3+y^3).$$

故选 C.

【老师提示】计算阶数较低的含有字母的行列式，一般根据行列式结构的特点，利用行列式性质先化简，再降阶至 2 阶行列式进行计算.

18.【参考答案】E

【答案解析】因为 x_1,x_2,x_3,x_4 是方程 $x^4+px^2+qx+r=0$ 的四个根，所以有

$$x^4+px^2+qx+r=(x-x_1)(x-x_2)(x-x_3)(x-x_4)$$

$$=x^4-\sum_{i=1}^{4}x_ix^3+\cdots+x_1x_2x_3x_4,$$

比较同次幂系数，知 $x_1+x_2+x_3+x_4=0$，于是，

$$\begin{vmatrix} x_1 & x_3 & x_4 & x_2 \\ x_4 & x_2 & x_1 & x_3 \\ x_3 & x_1 & x_2 & x_4 \\ x_2 & x_4 & x_3 & x_1 \end{vmatrix}=\begin{vmatrix} \sum\limits_{i=1}^{4}x_i & \sum\limits_{i=1}^{4}x_i & \sum\limits_{i=1}^{4}x_i & \sum\limits_{i=1}^{4}x_i \\ x_4 & x_2 & x_1 & x_3 \\ x_3 & x_1 & x_2 & x_4 \\ x_2 & x_4 & x_3 & x_1 \end{vmatrix}$$

$$=\begin{vmatrix} 0 & 0 & 0 & 0 \\ x_4 & x_2 & x_1 & x_3 \\ x_3 & x_1 & x_2 & x_4 \\ x_2 & x_4 & x_3 & x_1 \end{vmatrix}=0,$$

故选 E.

19.【参考答案】D

【答案解析】由 $\boldsymbol{AB}+\boldsymbol{B}+\boldsymbol{A}+2\boldsymbol{E}=\boldsymbol{O}$，可知 $\boldsymbol{A}(\boldsymbol{B}+\boldsymbol{E})+\boldsymbol{B}+\boldsymbol{E}=-\boldsymbol{E}$，也即

$$(\boldsymbol{A}+\boldsymbol{E})(\boldsymbol{B}+\boldsymbol{E})=-\boldsymbol{E}.$$

取行列式可得 $|\boldsymbol{A}+\boldsymbol{E}|\,|\boldsymbol{B}+\boldsymbol{E}|=|-\boldsymbol{E}|=1$，由于

$$|A+E|=\begin{vmatrix}2&0&2&0\\0&-1&0&0\\-1&0&2&0\\0&0&0&2\end{vmatrix}=-12,$$

故 $|B+E|=-\frac{1}{12}$.

20.【参考答案】 B

【答案解析】 选项 B,由矩阵和行列式的关系,

$$|A^{-1}BA|=|A^{-1}||B||A|=|B|,$$

其中 $|A^{-1}||A|=1$, 故选 B.

选项 A, 由 $|A|=|2B|=2^n|B|$,知 $|A|\neq 2|B|$.

选项 C, 由 $|A-B|=|-(B-A)|=(-1)^n|B-A|$,知 $|A-B|$ 不一定等于 $|B-A|$.

选项 D,由 $|AB|=|A||B|=|B||A|=|BA|$,知 $|AB|$ 不一定等于 $-|BA|$.

选项 E,矩阵和的行列式,不一定等于矩阵行列式的和.

【老师提示】 行列式的运算与矩阵的运算有很大的不同,如矩阵乘法无交换律,但行列式乘法为数的运算,有交换律,应注意二者的区别.

21.【参考答案】 A

【答案解析】 由 $|A|=\frac{1}{2}$ 知 A 可逆,且

$$|A^{-1}|=2,A^*=|A|A^{-1}=\frac{1}{2}A^{-1},$$

从而有

$$\begin{aligned}|A^{-1}+2A^*|&=\left|A^{-1}+2\times\frac{1}{2}A^{-1}\right|\\&=|2A^{-1}|=2^3\times 2=16.\end{aligned}$$

22.【参考答案】 C

【答案解析】 由 $|A|=-2$ 知 A 可逆,且 $A^*=|A|A^{-1}=-2A^{-1}$, 从而有

$$(A^*)^{-1}=(-2A^{-1})^{-1}=-\frac{1}{2}A,$$

$$(A^*)^*=|A^*|(A^*)^{-1}=|A|^{3-1}\left(-\frac{1}{2}A\right)=-2A,$$

因此得

$$\left|2\times\left(-\frac{1}{2}A\right)+(-2A)\right|=|-3A|=(-3)^3\times(-2)=54,$$

故选 C.

【老师提示】 计算两个不同矩阵的和的行列式是常见题型,主要方法是通过矩阵转换化为同一矩阵的和,再合并处理. 经常用到的是矩阵与其伴随矩阵之间的转换公式,即若 A 可逆,则有转换公式

$$A^*=|A|A^{-1},$$
$$(A^*)^{-1}=|A|^{-1}A,$$
$$(A^*)^*=|A|^{n-2}A.$$

应熟记以上公式.

23.【参考答案】 E

【答案解析】 由矩阵与行列式的关系,有

$$|\boldsymbol{A}^{-1}-\boldsymbol{B}|=|\boldsymbol{A}^{-1}(\boldsymbol{E}-\boldsymbol{AB})|=|\boldsymbol{A}^{-1}||\boldsymbol{E}-\boldsymbol{AB}|=2,$$
$$|\boldsymbol{E}-\boldsymbol{AB}|=2|\boldsymbol{A}|=6,$$

从而有

$$|\boldsymbol{A}-\boldsymbol{B}^{-1}|=|\boldsymbol{AB}-\boldsymbol{E}||\boldsymbol{B}^{-1}|=(-1)^3|\boldsymbol{E}-\boldsymbol{AB}||\boldsymbol{B}^{-1}|=-6\times\frac{1}{2}=-3.$$

故选 E.

【老师提示】 本题求解的关键是找到行列式$|\boldsymbol{A}-\boldsymbol{B}^{-1}|$,$|\boldsymbol{A}^{-1}-\boldsymbol{B}|$之间的过渡行列式,通过矩阵运算,不难找到满足要求的过渡行列式 $|\boldsymbol{E}-\boldsymbol{AB}|$.

24.【参考答案】 B

【答案解析】 由于$\boldsymbol{AB}$是m 阶方阵,$r(\boldsymbol{AB})\leqslant\min\{r(\boldsymbol{A}),r(\boldsymbol{B})\}\leqslant\min\{m,n\}$. 可以判断,当$m>n$时,$r(\boldsymbol{AB})<m$,必有行列式$|\boldsymbol{AB}|=0$,故选 B. 选项 A,E 错误.

当 $m<n$ 时,$r(\boldsymbol{AB})\leqslant\min\{r(\boldsymbol{A}),r(\boldsymbol{B})\}\leqslant\min\{m,n\}=m$,不能确定$\boldsymbol{AB}$的秩是等于$m$还是小于$m$,因此,无法确定$|\boldsymbol{AB}|$是否等于 0. 选项 C,D 错误.

【老师提示】 本题设定的$\boldsymbol{A}$,$\boldsymbol{B}$是抽象矩阵,不能通过数值计算判断 $|\boldsymbol{AB}|$ 是否为零,唯一可选择的角度是考查秩,可见,矩阵及其运算为矩阵行列式的定值提供了多个角度和渠道.

25.【参考答案】 E

【答案解析】 由$\boldsymbol{AB}=\boldsymbol{O}$,用行列式乘法公式,有$|\boldsymbol{A}||\boldsymbol{B}|=|\boldsymbol{AB}|=0$,所以,$|\boldsymbol{A}|$与$|\boldsymbol{B}|$这两个数中至少有一个为 0,故应选 E.

注意,若$\boldsymbol{A}=\begin{pmatrix}1&1\\1&1\end{pmatrix}$,$\boldsymbol{B}=\begin{pmatrix}1&1\\-1&-1\end{pmatrix}$,有$\boldsymbol{AB}=\boldsymbol{O}$,显然$\boldsymbol{A}\neq\boldsymbol{O}$,$\boldsymbol{B}\neq\boldsymbol{O}$,且$\boldsymbol{A}+\boldsymbol{B}\neq\boldsymbol{O}$,$\boldsymbol{A}-\boldsymbol{B}\neq\boldsymbol{O}$. 选项 A,B,C 错误.

若$\boldsymbol{A}=\begin{pmatrix}1&0\\0&1\end{pmatrix}$,$\boldsymbol{B}=\begin{pmatrix}0&0\\0&0\end{pmatrix}$,有$\boldsymbol{AB}=\boldsymbol{O}$,显然$|\boldsymbol{A}|+|\boldsymbol{B}|\neq0$,选项 D 错误.

这里一个常见的错误是“若$\boldsymbol{AB}=\boldsymbol{O}$,$\boldsymbol{B}\neq\boldsymbol{O}$,则$\boldsymbol{A}=\boldsymbol{O}$”. 要引起注意.

【老师提示】 注意矩阵乘法是不满足消去律的,也即由$\boldsymbol{AB}=\boldsymbol{O}$得不到$\boldsymbol{A}=\boldsymbol{O}$或$\boldsymbol{B}=\boldsymbol{O}$.

26.【参考答案】 D

【答案解析】 两矩阵乘积为零矩阵,两矩阵中未必有零矩阵,这是矩阵乘法不同于数的乘法的特点之一. 如$\boldsymbol{A}=\begin{pmatrix}2&4\\-3&-6\end{pmatrix}$,$\boldsymbol{B}=\begin{pmatrix}-2&4\\1&-2\end{pmatrix}$均为非零矩阵,$\boldsymbol{A}+\boldsymbol{B}\neq\boldsymbol{O}$但有$\boldsymbol{AB}=\boldsymbol{O}$. 故 C,E 不正确,选 D.

选项 A,$\boldsymbol{AB}=\boldsymbol{O}$与$\boldsymbol{B}^2\boldsymbol{A}^2=\boldsymbol{O}$不存在因果关系,如上例中

$$\boldsymbol{A}^2=\begin{pmatrix}-8&-16\\12&24\end{pmatrix},\boldsymbol{B}^2=\begin{pmatrix}8&-16\\-4&8\end{pmatrix},$$

有

$$\boldsymbol{B}^2\boldsymbol{A}^2=\begin{pmatrix}8&-16\\-4&8\end{pmatrix}\begin{pmatrix}-8&-16\\12&24\end{pmatrix}$$

$$=\begin{pmatrix}-256 & -512\\128 & 256\end{pmatrix}\neq \boldsymbol{O}.$$

选项 B,由于矩阵乘法无交换律,由 $\boldsymbol{AB}=\boldsymbol{O}$ 未必有 $\boldsymbol{BA}=\boldsymbol{O}$, 因此,

$$(\boldsymbol{A}+\boldsymbol{B})^2=\boldsymbol{A}^2+\boldsymbol{AB}+\boldsymbol{BA}+\boldsymbol{B}^2=\boldsymbol{A}^2+\boldsymbol{BA}+\boldsymbol{B}^2\neq \boldsymbol{A}^2+\boldsymbol{B}^2.$$

【老师提示】本题涉及矩阵乘法运算的两个重要特点:一是无交换律;二是两个非零矩阵相乘可能得到零矩阵. 这往往成为重要考点,应注意掌握.

27.【参考答案】A

【答案解析】选项 A,由 $\boldsymbol{AB}=\boldsymbol{E}$, 知 $\boldsymbol{A},\boldsymbol{B}$ 为可逆矩阵,但两个可逆矩阵之和未必可逆,如 $\boldsymbol{A},\boldsymbol{B}$ 分别为可逆矩阵 $\begin{pmatrix}0 & -1\\1 & 0\end{pmatrix}$,$\begin{pmatrix}0 & 1\\-1 & 0\end{pmatrix}$, 满足条件 $\boldsymbol{AB}=\boldsymbol{E}$, 但 $\boldsymbol{A}+\boldsymbol{B}=\boldsymbol{O}$, 并不可逆,故选 A.

选项 B,由 $\boldsymbol{A}^2\boldsymbol{B}^2=\boldsymbol{A}(\boldsymbol{AB})\boldsymbol{B}=\boldsymbol{AB}=\boldsymbol{E}=\boldsymbol{E}^2=(\boldsymbol{AB})^2$,正确.

选项 C,由 $\boldsymbol{AB}=\boldsymbol{E}$,知 $\boldsymbol{A},\boldsymbol{B}$ 互逆,有 $(\boldsymbol{AB})^{-1}=\boldsymbol{E}$,也有 $\boldsymbol{BA}=\boldsymbol{E}$,从而有 $\boldsymbol{A}^{-1}\boldsymbol{B}^{-1}=(\boldsymbol{BA})^{-1}=\boldsymbol{E}$,正确.

选项 D,由 $(\boldsymbol{AB})^{\mathrm{T}}=\boldsymbol{E}^{\mathrm{T}}=\boldsymbol{E}$,$\boldsymbol{A}^{\mathrm{T}}\boldsymbol{B}^{\mathrm{T}}=(\boldsymbol{BA})^{\mathrm{T}}=\boldsymbol{E}^{\mathrm{T}}=\boldsymbol{E}$,正确.

选项 E,$\boldsymbol{A}^*\boldsymbol{B}^*=|\boldsymbol{A}|\boldsymbol{A}^{-1}(|\boldsymbol{B}|\boldsymbol{B}^{-1})=|\boldsymbol{A}||\boldsymbol{B}|\boldsymbol{A}^{-1}\boldsymbol{B}^{-1}=|\boldsymbol{A}||\boldsymbol{B}|(\boldsymbol{BA})^{-1}$

$$=|\boldsymbol{A}||\boldsymbol{B}|(\boldsymbol{AB})^{-1}=|\boldsymbol{A}||\boldsymbol{B}|\boldsymbol{B}^{-1}\boldsymbol{A}^{-1}=|\boldsymbol{B}|\boldsymbol{B}^{-1}(|\boldsymbol{A}|\boldsymbol{A}^{-1})=\boldsymbol{B}^*\boldsymbol{A}^*$$,正确.

【老师提示】由 $\boldsymbol{AB}=\boldsymbol{E}$, 不仅可以确定 $\boldsymbol{A},\boldsymbol{B}$ 可逆且互逆,还可以推出矩阵 $\boldsymbol{A}$ 与 $\boldsymbol{B}$, $\boldsymbol{A}^{-1}$ 与 $\boldsymbol{B}^{-1}$, $\boldsymbol{A}^{\mathrm{T}}$ 与 $\boldsymbol{B}^{\mathrm{T}}$, $\boldsymbol{A}^*$ 与 $\boldsymbol{B}^*$ 可交换.

28.【参考答案】C

【答案解析】选项 C,由题设, $\boldsymbol{A}^{\mathrm{T}}\boldsymbol{A}$ 是 n 阶方阵, $\boldsymbol{AA}^{\mathrm{T}}$ 是 m 阶方阵,当 $m\neq n$ 时,两者加法运算不成立,故选 C.

选项 A,由 $(\boldsymbol{A}^{\mathrm{T}}\boldsymbol{A})^{\mathrm{T}}=\boldsymbol{A}^{\mathrm{T}}(\boldsymbol{A}^{\mathrm{T}})^{\mathrm{T}}=\boldsymbol{A}^{\mathrm{T}}\boldsymbol{A}$, 知 $\boldsymbol{A}^{\mathrm{T}}\boldsymbol{A}$ 是对称矩阵.

选项 B,由 $(\boldsymbol{AA}^{\mathrm{T}})^{\mathrm{T}}=(\boldsymbol{A}^{\mathrm{T}})^{\mathrm{T}}\boldsymbol{A}^{\mathrm{T}}=\boldsymbol{AA}^{\mathrm{T}}$, 知 $\boldsymbol{AA}^{\mathrm{T}}$ 是对称矩阵.

选项 D,两个 m 阶对称矩阵 $\boldsymbol{AA}^{\mathrm{T}}$ 和 $\boldsymbol{E}$ 相加得到的矩阵仍是对称矩阵.

选项 E,当 $m=n$ 时,与选项 D 同理,故 $\boldsymbol{E}+\boldsymbol{A}^{\mathrm{T}}\boldsymbol{A}$ 是对称矩阵.

【老师提示】考虑任何一个选项时,运算能否成立是首先要观察的重点.

29.【参考答案】B

【答案解析】选项 B,由 $k\boldsymbol{A}=(ka_{ij})$,$(k\boldsymbol{A})^{\mathrm{T}}=(ka_{ij})^{\mathrm{T}}=(ka_{ji})=k(a_{ji})=k\boldsymbol{A}^{\mathrm{T}}$, 正确,故选 B.

选项 A,由 $k\boldsymbol{A}^{-1}k\boldsymbol{A}=k^2\boldsymbol{A}^{-1}\boldsymbol{A}=k^2\boldsymbol{E}$, 知$(k\boldsymbol{A})^{-1}\neq k\boldsymbol{A}^{-1}$. 正确的结论是$(k\boldsymbol{A})^{-1}=k^{-1}\boldsymbol{A}^{-1}$.

选项 C,由 $|k\boldsymbol{A}|=|(ka_{ij})|=k^n|\boldsymbol{A}|$,知 $|k\boldsymbol{A}|\neq k|\boldsymbol{A}|$.

选项 D,由伴随矩阵的性质,应有 $k\boldsymbol{A}(k\boldsymbol{A})^*=|k\boldsymbol{A}|\boldsymbol{E}=k^n|\boldsymbol{A}|\boldsymbol{E}$, 但若 $(k\boldsymbol{A})^*=k\boldsymbol{A}^*$成立,则有 $k\boldsymbol{A}(k\boldsymbol{A})^*=k\boldsymbol{A}k\boldsymbol{A}^*=k^2\boldsymbol{AA}^*=k^2|\boldsymbol{A}|\boldsymbol{E}$, 显然不等于 $k^n|\boldsymbol{A}|\boldsymbol{E}$, 正确的结论是 $(k\boldsymbol{A})^*=k^{n-1}\boldsymbol{A}^*$.

选项 E,由$(k\boldsymbol{A})^{\mathrm{T}}=k\boldsymbol{A}^{\mathrm{T}}$,知$((k\boldsymbol{A}^{\mathrm{T}}))^{\mathrm{T}}=k\boldsymbol{A}$,错误.

30.【参考答案】C

【答案解析】选项 C,依题设,

$$\boldsymbol{A}=\begin{pmatrix}\boldsymbol{\alpha}_1\\ \boldsymbol{\alpha}_2\\ \vdots\\ \boldsymbol{\alpha}_n\end{pmatrix}=(\boldsymbol{\beta}_1,\boldsymbol{\beta}_2,\cdots,\boldsymbol{\beta}_n),\boldsymbol{E}=(\boldsymbol{e}_1,\boldsymbol{e}_2,\cdots,\boldsymbol{e}_n),$$

于是有

$$\boldsymbol{A}=\boldsymbol{AE}=\boldsymbol{A}(\boldsymbol{e}_1,\boldsymbol{e}_2,\cdots,\boldsymbol{e}_n)=(\boldsymbol{Ae}_1,\boldsymbol{Ae}_2,\cdots,\boldsymbol{Ae}_n),$$

即有 $\boldsymbol{Ae}_j=\boldsymbol{\beta}_j(j=1,2,\cdots,n)$，故选 C.

选项 A，$\boldsymbol{A}_{n\times n}(\boldsymbol{e}_j)_{n\times 1}$ 是 $n\times 1$ 的矩阵，而 $\boldsymbol{\alpha}_j$ 是 $1\times n$ 的矩阵，显然二者不相等.

选项 B,D，$\boldsymbol{e}_j$ 是 $n\times 1$ 的矩阵，$\boldsymbol{A}$ 是 $n\times n$ 的矩阵，$\boldsymbol{e}_j$ 不能右乘 $\boldsymbol{A}$.

选项 E，$\boldsymbol{\alpha}_j\boldsymbol{e}_j$ 是行向量乘以列向量得到的是一个数，故 $\boldsymbol{\alpha}_j\boldsymbol{e}_j=\boldsymbol{\beta}_j$ 不成立.

【老师提示】本题说明了以下重要结论：将单位矩阵的某列左乘矩阵相当于提取该矩阵的对应列. 类似地，将单位矩阵的某行右乘矩阵相当于提取该矩阵的对应行.

31.【参考答案】D

【答案解析】因为 $|\boldsymbol{A}|=3$，知矩阵 $\boldsymbol{A}$ 可逆，又 $\boldsymbol{A}^*\boldsymbol{A}=|\boldsymbol{A}|\boldsymbol{E}$，所以 $(\boldsymbol{A}^*)^{-1}=\frac{1}{|\boldsymbol{A}|}\boldsymbol{A}$，从而有

$$|(\boldsymbol{A}^*)^{-1}+\boldsymbol{A}|=\left|\frac{1}{|\boldsymbol{A}|}\boldsymbol{A}+\boldsymbol{A}\right|=\left|\frac{4}{3}\boldsymbol{A}\right|=\frac{64}{9},$$

故选 D.

32.【参考答案】C

【答案解析】由题设，$\boldsymbol{B},\boldsymbol{C}$ 同为 $\boldsymbol{A}$ 的逆矩阵，由其唯一性，得 $\boldsymbol{B}=\boldsymbol{C}$，同理，$\boldsymbol{A},\boldsymbol{B}$ 同为 $\boldsymbol{C}$ 的逆矩阵，得 $\boldsymbol{A}=\boldsymbol{B}$，从而知 $\boldsymbol{A}=\boldsymbol{B}=\boldsymbol{C}$，且 $\boldsymbol{A}^2=\boldsymbol{B}^2=\boldsymbol{C}^2=\boldsymbol{E}$，因此，$\boldsymbol{A}^2+\boldsymbol{B}^2+\boldsymbol{C}^2=3\boldsymbol{E}$. 故选 C.

33.【参考答案】A

【答案解析】由于 $\boldsymbol{A}^2-9\boldsymbol{E}=(\boldsymbol{A}+3\boldsymbol{E})(\boldsymbol{A}-3\boldsymbol{E})$，所以，有

$$\begin{aligned}(\boldsymbol{A}+3\boldsymbol{E})^{-1}(\boldsymbol{A}^2-9\boldsymbol{E})&=(\boldsymbol{A}+3\boldsymbol{E})^{-1}(\boldsymbol{A}+3\boldsymbol{E})(\boldsymbol{A}-3\boldsymbol{E})\\&=\boldsymbol{A}-3\boldsymbol{E}=\begin{pmatrix}0&1\\1&0\end{pmatrix},\end{aligned}$$

故选 A.

34.【参考答案】E

【答案解析】因为 $\boldsymbol{A}^*\boldsymbol{A}^2=(\boldsymbol{A}^*\boldsymbol{A})\boldsymbol{A}=|\boldsymbol{A}|\boldsymbol{A}$，其中

$$|\boldsymbol{A}|=\begin{vmatrix}3&1&0\\-1&0&1\\0&-1&3\end{vmatrix}=6,$$

则 $\boldsymbol{A}^*\boldsymbol{A}^2=6\boldsymbol{A}$，故选 E.

35.【参考答案】A

【答案解析】将 $\boldsymbol{A}^2+\boldsymbol{A}-3\boldsymbol{E}=\boldsymbol{O}$ 整理为

$$(\boldsymbol{A}+2\boldsymbol{E})(\boldsymbol{A}-\boldsymbol{E})=\boldsymbol{E},$$

从而知矩阵 $\boldsymbol{A}+2\boldsymbol{E}$ 与 $\boldsymbol{A}-\boldsymbol{E}$ 互逆，即 $(\boldsymbol{A}+2\boldsymbol{E})^{-1}=\boldsymbol{A}-\boldsymbol{E}$，故选 A.

36.【参考答案】 B

【答案解析】 $A^* = |A|A^{-1} \Rightarrow (A^*)^{-1} = \dfrac{A}{|A|} = \begin{pmatrix} \frac{1}{10} & 0 & 0 \\ \frac{1}{5} & \frac{1}{5} & 0 \\ \frac{3}{10} & \frac{2}{5} & \frac{1}{2} \end{pmatrix}$.

【老师提示】 当矩阵 A 可逆时，$A^* = |A|A^{-1}$，这是处理与伴随矩阵相关试题的基本思路.

37.【参考答案】 D

【答案解析】解法 1　观察得 A 的三个行向量成比例，故

$$A = \alpha\alpha^{T} = \begin{pmatrix} 1 & -1 & 1 \\ -1 & 1 & -1 \\ 1 & -1 & 1 \end{pmatrix} = \begin{pmatrix} 1 \\ -1 \\ 1 \end{pmatrix}(1,-1,1),$$

知 $\alpha = \begin{pmatrix} 1 \\ -1 \\ 1 \end{pmatrix}$，于是 $\alpha^{T}\alpha = (1,-1,1)\begin{pmatrix} 1 \\ -1 \\ 1 \end{pmatrix} = 3$.

解法 2

$$A = \alpha\alpha^{T},$$

$$A^2 = \alpha\alpha^{T}\alpha\alpha^{T} = (\alpha^{T}\alpha)(\alpha\alpha^{T}) = \alpha^{T}\alpha A, \tag{①}$$

而

$$A^2 = \begin{pmatrix} 1 & -1 & 1 \\ -1 & 1 & -1 \\ 1 & -1 & 1 \end{pmatrix}\begin{pmatrix} 1 & -1 & 1 \\ -1 & 1 & -1 \\ 1 & -1 & 1 \end{pmatrix}$$

$$= \begin{pmatrix} 3 & -3 & 3 \\ -3 & 3 & -3 \\ 3 & -3 & 3 \end{pmatrix} = 3A. \tag{②}$$

比较①，②式，得 $\alpha^{T}\alpha = 3$.

解法 3　设 $\alpha = (x_1, x_2, x_3)^{T}$，则

$$A = \alpha\alpha^{T} = \begin{pmatrix} x_1^2 & x_1x_2 & x_1x_3 \\ x_2x_1 & x_2^2 & x_2x_3 \\ x_3x_1 & x_3x_2 & x_3^2 \end{pmatrix}$$

$$= \begin{pmatrix} 1 & -1 & 1 \\ -1 & 1 & -1 \\ 1 & -1 & 1 \end{pmatrix},$$

故 $\alpha^{T}\alpha = (x_1, x_2, x_3)\begin{pmatrix} x_1 \\ x_2 \\ x_3 \end{pmatrix} = x_1^2 + x_2^2 + x_3^2 = 3$（$A$ 的主对角线元素之和）.

38.【参考答案】 B

【答案解析】 将 $A^2 = (E - \alpha\beta^{T})^2 = E - 2\alpha\beta^{T} + (\beta^{T}\alpha)\alpha\beta^{T}$ 代入方程，得

$$E - 2\alpha\beta^{T} + (\beta^{T}\alpha)\alpha\beta^{T} = 3E - 3\alpha\beta^{T} - 2E,$$

整理得

$$(1 + \beta^{T}\alpha)\alpha\beta^{T} = O.$$

因为 $\boldsymbol{\alpha},\boldsymbol{\beta}$ 为 n 维非零列向量，所以 $\boldsymbol{\alpha}\boldsymbol{\beta}^{\mathrm{T}}\neq\boldsymbol{O}$，从而得 $1+\boldsymbol{\beta}^{\mathrm{T}}\boldsymbol{\alpha}=0$，又 $\boldsymbol{\alpha}^{\mathrm{T}}\boldsymbol{\beta}=\boldsymbol{\beta}^{\mathrm{T}}\boldsymbol{\alpha}$，则 $\boldsymbol{\alpha}^{\mathrm{T}}\boldsymbol{\beta}=-1$，故选 B.

39.【参考答案】 C

【答案解析】 由题设，$\boldsymbol{\alpha}^{\mathrm{T}}\boldsymbol{\alpha}=6a^2$，且

$$\begin{aligned}\boldsymbol{AB}&=(\boldsymbol{E}-\boldsymbol{\alpha}\boldsymbol{\alpha}^{\mathrm{T}})\left(\boldsymbol{E}-\frac{1}{a}\boldsymbol{\alpha}\boldsymbol{\alpha}^{\mathrm{T}}\right)\\&=\boldsymbol{E}-\left(1+\frac{1}{a}\right)\boldsymbol{\alpha}\boldsymbol{\alpha}^{\mathrm{T}}+\frac{1}{a}(\boldsymbol{\alpha}\boldsymbol{\alpha}^{\mathrm{T}})^2=\boldsymbol{E},\end{aligned}$$

其中 $(\boldsymbol{\alpha}\boldsymbol{\alpha}^{\mathrm{T}})\boldsymbol{\alpha}\boldsymbol{\alpha}^{\mathrm{T}}=\boldsymbol{\alpha}(\boldsymbol{\alpha}^{\mathrm{T}}\boldsymbol{\alpha})\boldsymbol{\alpha}^{\mathrm{T}}=6a^2\boldsymbol{\alpha}\boldsymbol{\alpha}^{\mathrm{T}}$，于是，等式可整理为 $\left(6a-1-\frac{1}{a}\right)\boldsymbol{\alpha}\boldsymbol{\alpha}^{\mathrm{T}}=\boldsymbol{O}$，由 $\boldsymbol{\alpha}$ 为非零列向量，知 $\boldsymbol{\alpha}\boldsymbol{\alpha}^{\mathrm{T}}\neq\boldsymbol{O}$，从而得 $6a-1-\frac{1}{a}=0$，即

$$6a^2-a-1=(3a+1)(2a-1)=0,$$

解得 $a=\frac{1}{2}$（$a=-\frac{1}{3}$ 舍去），故选 C.

40.【参考答案】 E

【答案解析】 由 $\boldsymbol{A}=\begin{pmatrix}1&2&-1\\-2&-4&2\\3&6&-3\end{pmatrix}=\begin{pmatrix}1\\-2\\3\end{pmatrix}(1,2,-1)$，及 $(1,2,-1)\begin{pmatrix}1\\-2\\3\end{pmatrix}=-6$，结合矩阵乘法的结合律，有

$$\begin{aligned}\boldsymbol{A}^{20}&=\begin{pmatrix}1\\-2\\3\end{pmatrix}\left[(1,2,-1)\begin{pmatrix}1\\-2\\3\end{pmatrix}\right]\left[(1,2,-1)\begin{pmatrix}1\\-2\\3\end{pmatrix}\right]\cdots\left[(1,2,-1)\begin{pmatrix}1\\-2\\3\end{pmatrix}\right](1,2,-1)\\&=\begin{pmatrix}1\\-2\\3\end{pmatrix}\underbrace{(-6)(-6)\cdots(-6)}_{19个}(1,2,-1)\\&=(-6)^{19}\begin{pmatrix}1\\-2\\3\end{pmatrix}(1,2,-1)=-6^{19}\boldsymbol{A}.\end{aligned}$$

故选 E.

【老师提示】 方阵高次幂的计算，应注重方阵的结构特征，除较为简单的对角矩阵外，常见的一种类型就如本题的形式，此类矩阵的特点是秩为 1，从而可化为两向量的乘积形式，再利用矩阵乘法的结合律简化计算.

41.【参考答案】 A

【答案解析】 选项 A，设 $\boldsymbol{A}=\begin{pmatrix}a_1&&&\\&a_2&&\\&&\ddots&\\&&&a_n\end{pmatrix}$，则 $\boldsymbol{A}^m=\begin{pmatrix}a_1^m&&&\\&a_2^m&&\\&&\ddots&\\&&&a_n^m\end{pmatrix}$，由于 $\boldsymbol{A}\neq\boldsymbol{O}$，不妨令 $a_1\neq0$，从而有 $a_1^m\neq0$，所以 $\boldsymbol{A}^m\neq\boldsymbol{O}$. 故选 A.

选项 B，见反例，设 $\boldsymbol{B}=\begin{pmatrix}0&1\\0&0\end{pmatrix}$，但有 $\boldsymbol{B}^2=\begin{pmatrix}0&0\\0&0\end{pmatrix}$，知该结论不正确.

选项 C,两同阶对角矩阵对乘法有交换律,但对角矩阵与一般矩阵之间对乘法无交换律,故结论不正确.

选项 D,若 $\boldsymbol{A}=\boldsymbol{P}^{-1}\boldsymbol{B}\boldsymbol{P}$,则 $|\boldsymbol{A}|=|\boldsymbol{P}^{-1}\boldsymbol{B}\boldsymbol{P}|=|\boldsymbol{P}^{-1}||\boldsymbol{B}||\boldsymbol{P}|=|\boldsymbol{B}|$,故结论不正确.

选项 E,若 $\boldsymbol{A}=\boldsymbol{P}^{\mathrm{T}}\boldsymbol{B}\boldsymbol{P}$,则 $|\boldsymbol{A}|=|\boldsymbol{P}^{\mathrm{T}}\boldsymbol{B}\boldsymbol{P}|=|\boldsymbol{P}^{\mathrm{T}}||\boldsymbol{B}||\boldsymbol{P}|=|\boldsymbol{P}|^2|\boldsymbol{B}|$,故结论不正确.

42.【参考答案】 A

【答案解析】 由

$$\boldsymbol{A}^2=\begin{pmatrix}0&-1&0\\1&0&0\\0&0&-1\end{pmatrix}\begin{pmatrix}0&-1&0\\1&0&0\\0&0&-1\end{pmatrix}=\begin{pmatrix}-1&0&0\\0&-1&0\\0&0&1\end{pmatrix},$$

$$\boldsymbol{A}^4=\boldsymbol{E},$$

得

$$\boldsymbol{B}^{2\,004}-2\boldsymbol{A}^2=\boldsymbol{P}^{-1}(\boldsymbol{A}^4)^{501}\boldsymbol{P}-2\boldsymbol{A}^2=\boldsymbol{P}^{-1}\boldsymbol{P}-2\boldsymbol{A}^2=\begin{pmatrix}1&0&0\\0&1&0\\0&0&1\end{pmatrix}-\begin{pmatrix}-2&0&0\\0&-2&0\\0&0&2\end{pmatrix}=\begin{pmatrix}3&0&0\\0&3&0\\0&0&-1\end{pmatrix}.$$

故选 A.

【老师提示】 本题是方阵幂的运算,其运算的关键是从 $\boldsymbol{A}^2$ 及 $\boldsymbol{A}^4$ 运算结果中找出规律. 另外题中出现 $\boldsymbol{B}=\boldsymbol{P}^{-1}\boldsymbol{A}\boldsymbol{P}$, 暗示通过公式 $\boldsymbol{B}^n=\boldsymbol{P}^{-1}\boldsymbol{A}^n\boldsymbol{P}$ 可将 $\boldsymbol{B}^n$ 的运算转化为 $\boldsymbol{A}^n$ 的运算.

43.【参考答案】 B

【答案解析】

$$\boldsymbol{A}^2=\begin{pmatrix}0&1&0&0\\0&0&1&0\\0&0&0&1\\0&0&0&0\end{pmatrix}\begin{pmatrix}0&1&0&0\\0&0&1&0\\0&0&0&1\\0&0&0&0\end{pmatrix}=\begin{pmatrix}0&0&1&0\\0&0&0&1\\0&0&0&0\\0&0&0&0\end{pmatrix},$$

$$\boldsymbol{A}^3=\boldsymbol{A}^2\boldsymbol{A}=\begin{pmatrix}0&0&1&0\\0&0&0&1\\0&0&0&0\\0&0&0&0\end{pmatrix}\begin{pmatrix}0&1&0&0\\0&0&1&0\\0&0&0&1\\0&0&0&0\end{pmatrix}=\begin{pmatrix}0&0&0&1\\0&0&0&0\\0&0&0&0\\0&0&0&0\end{pmatrix},$$

易知 $r(\boldsymbol{A}^3)=1$.

44.【参考答案】 B

【答案解析】 $\boldsymbol{A}=\begin{pmatrix}1\\0\\-1\\2\end{pmatrix}(0,1,0,2)=\begin{pmatrix}0&1&0&2\\0&0&0&0\\0&-1&0&-2\\0&2&0&4\end{pmatrix}\to\begin{pmatrix}0&1&0&2\\0&0&0&0\\0&0&0&0\\0&0&0&0\end{pmatrix}$,易知 $r(\boldsymbol{A})=1$.

【老师提示】 假设 $\boldsymbol{\alpha},\boldsymbol{\beta}$ 均为 n 维非零列向量,则 $\boldsymbol{\beta}\boldsymbol{\alpha}^{\mathrm{T}}$ 的秩为 1;反之,假设矩阵 $\boldsymbol{A}$ 的秩为 1,也必然存在 n 维非零列向量 $\boldsymbol{\alpha},\boldsymbol{\beta}$,使得 $\boldsymbol{A}=\boldsymbol{\beta}\boldsymbol{\alpha}^{\mathrm{T}}$.

45.【参考答案】 C

【答案解析】 对矩阵 $\boldsymbol{A}$ 进行初等行变换,

$$\boldsymbol{A}=\begin{pmatrix}1&2&1\\2&ab+4&2\\2&4&a+2\end{pmatrix}\to\begin{pmatrix}1&2&1\\0&ab&0\\0&0&a\end{pmatrix},$$

因为 $a=0$ 时,$r(\boldsymbol{A})=1$,所以 $a\neq0$,$\boldsymbol{A}\to\begin{pmatrix}1&2&0\\0&ab&0\\0&0&a\end{pmatrix}$.

因为 $r(\boldsymbol{A})=2$,所以 $b=0$. 综上,$a\neq0,b=0$.

46.【参考答案】 D

【答案解析】 将矩阵方程整理为 $\boldsymbol{A}(2\boldsymbol{E}-\boldsymbol{A})=\boldsymbol{E}$,两边取行列式

$$|\boldsymbol{A}|\,|2\boldsymbol{E}-\boldsymbol{A}|=|\boldsymbol{E}|=1\neq0,$$

从而有 $|\boldsymbol{A}|\neq0$, $|2\boldsymbol{E}-\boldsymbol{A}|\neq0$,知 $\boldsymbol{A}$, $\boldsymbol{A}-2\boldsymbol{E}$ 可逆. 类似地,将矩阵方程整理为

$$(\boldsymbol{A}+\boldsymbol{E})(\boldsymbol{A}-3\boldsymbol{E})=-4\boldsymbol{E},$$

两边取行列式

$$|\boldsymbol{A}+\boldsymbol{E}|\,|\boldsymbol{A}-3\boldsymbol{E}|=|-4\boldsymbol{E}|=(-4)^n\neq0,$$

从而有 $|\boldsymbol{A}+\boldsymbol{E}|\neq0$, $|\boldsymbol{A}-3\boldsymbol{E}|\neq0$, 知 $\boldsymbol{A}+\boldsymbol{E}$,$\boldsymbol{A}-3\boldsymbol{E}$ 可逆.

综上,知选项 A,B,C,E 均正确. 由排除法,故选 D.

【老师提示】 讨论由矩阵方程确定矩阵的可逆性,经常采用的方法是通过配置整理,在方程的一侧将讨论的对象整理成矩阵乘积的形式,另一侧为一个可逆矩阵,两边取行列式,进而判断其可逆性.

另外,本题也可将方程整理为 $(\boldsymbol{A}-\boldsymbol{E})^2=\boldsymbol{O}$ 形式,若推得 $\boldsymbol{A}-\boldsymbol{E}=\boldsymbol{O}$, 即选项 D 的结论,显然是错误的,因为由 $\boldsymbol{A}^2=\boldsymbol{O}$, 未必有 $\boldsymbol{A}=\boldsymbol{O}$. 大家应注意避免此类错误.

47.【参考答案】 B

【答案解析】 将方程展开并整理为 $\boldsymbol{A}^2-4\boldsymbol{A}=\boldsymbol{O}$, 从而有 $\boldsymbol{A}(\boldsymbol{A}-4\boldsymbol{E})=\boldsymbol{O}$,推得

$$|\boldsymbol{A}|\,|\boldsymbol{A}-4\boldsymbol{E}|=0.$$

同理,有 $(\boldsymbol{A}-\boldsymbol{E})(\boldsymbol{A}-3\boldsymbol{E})=3\boldsymbol{E}$,推得 $|\boldsymbol{A}-\boldsymbol{E}|\,|\boldsymbol{A}-3\boldsymbol{E}|\neq0$;

$(\boldsymbol{A}-2\boldsymbol{E})^2=4\boldsymbol{E}$,推得 $|\boldsymbol{A}-2\boldsymbol{E}|\neq0$.

可以确定 $|\boldsymbol{A}-\boldsymbol{E}|\neq0$, $|\boldsymbol{A}-2\boldsymbol{E}|\neq0$, $|\boldsymbol{A}-3\boldsymbol{E}|\neq0$,即矩阵 $\boldsymbol{A}-\boldsymbol{E}$,$\boldsymbol{A}-2\boldsymbol{E}$,$\boldsymbol{A}-3\boldsymbol{E}$ 必定可逆,但无法判断矩阵 $\boldsymbol{A}$ 是否可逆,故选 B.

【老师提示】 一般地,若将方程整理为 $\boldsymbol{A}_1\boldsymbol{A}_2\cdots\boldsymbol{A}_n=\boldsymbol{O}$ 形式,只能推断出矩阵 $\boldsymbol{A}_1,\boldsymbol{A}_2,\cdots,\boldsymbol{A}_n$

中至少有一个不可逆,但无法确定其中任何一个矩阵的可逆性. 因此,对求解问题实际意义不大.

48.【参考答案】C

【答案解析】由

$$(\boldsymbol{E}-\boldsymbol{A})(\boldsymbol{E}+\boldsymbol{A}+\boldsymbol{A}^2)=\boldsymbol{E}-\boldsymbol{A}^3=\boldsymbol{E},$$

知 $\boldsymbol{E}-\boldsymbol{A},\boldsymbol{E}+\boldsymbol{A}+\boldsymbol{A}^2$ 互逆,即 $\boldsymbol{E}-\boldsymbol{A}$ 可逆.

又由

$$(\boldsymbol{E}+\boldsymbol{A})(\boldsymbol{E}-\boldsymbol{A}+\boldsymbol{A}^2)=\boldsymbol{E}+\boldsymbol{A}^3=\boldsymbol{E},$$

知 $\boldsymbol{E}+\boldsymbol{A},\boldsymbol{E}-\boldsymbol{A}+\boldsymbol{A}^2$ 互逆,即 $\boldsymbol{E}+\boldsymbol{A}$ 可逆.

因此,$\boldsymbol{E}-\boldsymbol{A}$, $\boldsymbol{E}+\boldsymbol{A}$ 均可逆,故选 C.

49.【参考答案】E

【答案解析】由 $|\boldsymbol{A}|=1$,知 $\boldsymbol{A}$ 可逆,则 $\boldsymbol{A}^*=|\boldsymbol{A}|\boldsymbol{A}^{-1}=\boldsymbol{A}^{-1}$,从而得

$$(\boldsymbol{A}^*)^*=(\boldsymbol{A}^{-1})^*=|\boldsymbol{A}^{-1}|(\boldsymbol{A}^{-1})^{-1}=\boldsymbol{A}.$$

故选 E.

50.【参考答案】D

【答案解析】一般地,若矩阵 $\boldsymbol{A}^*$是 $\boldsymbol{A}$ 的伴随矩阵,则必有结论 $\boldsymbol{A}\boldsymbol{A}^*=|\boldsymbol{A}|\boldsymbol{E}$,下面对五个选项分别验证:

选项 A,

$$\begin{pmatrix}\boldsymbol{O}&\boldsymbol{A}\\\boldsymbol{B}&\boldsymbol{O}\end{pmatrix}\begin{bmatrix}\boldsymbol{O}&3\boldsymbol{A}^*\\2\boldsymbol{B}^*&\boldsymbol{O}\end{bmatrix}=\begin{bmatrix}2\boldsymbol{A}\boldsymbol{B}^*&\boldsymbol{O}\\\boldsymbol{O}&3\boldsymbol{B}\boldsymbol{A}^*\end{bmatrix}\neq\begin{vmatrix}\boldsymbol{O}&\boldsymbol{A}\\\boldsymbol{B}&\boldsymbol{O}\end{vmatrix}\boldsymbol{E}=6\boldsymbol{E};$$

选项 B,

$$\begin{pmatrix}\boldsymbol{O}&\boldsymbol{A}\\\boldsymbol{B}&\boldsymbol{O}\end{pmatrix}\begin{bmatrix}\boldsymbol{O}&2\boldsymbol{A}^*\\3\boldsymbol{B}^*&\boldsymbol{O}\end{bmatrix}=\begin{bmatrix}3\boldsymbol{A}\boldsymbol{B}^*&\boldsymbol{O}\\\boldsymbol{O}&2\boldsymbol{B}\boldsymbol{A}^*\end{bmatrix}\neq6\boldsymbol{E};$$

选项 C,

$$\begin{pmatrix}\boldsymbol{O}&\boldsymbol{A}\\\boldsymbol{B}&\boldsymbol{O}\end{pmatrix}\begin{bmatrix}\boldsymbol{O}&3\boldsymbol{B}^*\\2\boldsymbol{A}^*&\boldsymbol{O}\end{bmatrix}=\begin{bmatrix}2\boldsymbol{A}\boldsymbol{A}^*&\boldsymbol{O}\\\boldsymbol{O}&3\boldsymbol{B}\boldsymbol{B}^*\end{bmatrix}=\begin{pmatrix}2|\boldsymbol{A}|\boldsymbol{E}&\boldsymbol{O}\\\boldsymbol{O}&3|\boldsymbol{B}|\boldsymbol{E}\end{pmatrix}=\begin{pmatrix}4\boldsymbol{E}&\boldsymbol{O}\\\boldsymbol{O}&9\boldsymbol{E}\end{pmatrix}\neq6\boldsymbol{E};$$

选项 D,

$$\begin{pmatrix}\boldsymbol{O}&\boldsymbol{A}\\\boldsymbol{B}&\boldsymbol{O}\end{pmatrix}\begin{bmatrix}\boldsymbol{O}&2\boldsymbol{B}^*\\3\boldsymbol{A}^*&\boldsymbol{O}\end{bmatrix}=\begin{bmatrix}3\boldsymbol{A}\boldsymbol{A}^*&\boldsymbol{O}\\\boldsymbol{O}&2\boldsymbol{B}\boldsymbol{B}^*\end{bmatrix}=\begin{pmatrix}3|\boldsymbol{A}|\boldsymbol{E}&\boldsymbol{O}\\\boldsymbol{O}&2|\boldsymbol{B}|\boldsymbol{E}\end{pmatrix}=\begin{pmatrix}6\boldsymbol{E}&\boldsymbol{O}\\\boldsymbol{O}&6\boldsymbol{E}\end{pmatrix}=6\boldsymbol{E};$$

选项 E,

$$\begin{pmatrix}\boldsymbol{O}&\boldsymbol{A}\\\boldsymbol{B}&\boldsymbol{O}\end{pmatrix}\begin{bmatrix}\boldsymbol{O}&-2\boldsymbol{B}^*\\-3\boldsymbol{A}^*&\boldsymbol{O}\end{bmatrix}=-6\boldsymbol{E}\neq6\boldsymbol{E}.$$

容易看到,选项 A,B,C,E 不满足为 $\begin{pmatrix}\boldsymbol{O}&\boldsymbol{A}\\\boldsymbol{B}&\boldsymbol{O}\end{pmatrix}$ 的伴随矩阵的必要条件. 因此,由排除法确定 $\begin{bmatrix}\boldsymbol{O}&2\boldsymbol{B}^*\\3\boldsymbol{A}^*&\boldsymbol{O}\end{bmatrix}$ 为 $\begin{pmatrix}\boldsymbol{O}&\boldsymbol{A}\\\boldsymbol{B}&\boldsymbol{O}\end{pmatrix}$ 的伴随矩阵. 故选 D.

【老师提示】要确定一个矩阵 $\boldsymbol{C}$ 是否是矩阵 $\boldsymbol{A}$ 的伴随矩阵,除由直接计算出结果外,还可以选择的判别依据是验证等式 $\boldsymbol{A}\boldsymbol{C}=|\boldsymbol{A}|\boldsymbol{E}$ 是否成立. 虽然不能保证满足该等式的矩阵 $\boldsymbol{C}$ 一定是 $\boldsymbol{A}$ 的伴随矩阵,但可以确定不满足该等式的一定不是 $\boldsymbol{A}$ 的伴随矩阵. 因此,该方法

仍作为验证是否为伴随矩阵的一个有效工具.

51.【参考答案】 B

【答案解析】 由 $\boldsymbol{\alpha}^{\mathrm{T}}\boldsymbol{\beta}=0$,知

$$\boldsymbol{C}^2=(\boldsymbol{\beta}\boldsymbol{\alpha}^{\mathrm{T}})^2=\boldsymbol{\beta}\boldsymbol{\alpha}^{\mathrm{T}}\boldsymbol{\beta}\boldsymbol{\alpha}^{\mathrm{T}}=(\boldsymbol{\alpha}^{\mathrm{T}}\boldsymbol{\beta})\boldsymbol{C}=\boldsymbol{O},$$

故选 B.

设 $\boldsymbol{\alpha}=(a_1,a_2,\cdots,a_n)^{\mathrm{T}}$,$\boldsymbol{\beta}=(b_1,b_2,\cdots,b_n)^{\mathrm{T}}$,因为 $\boldsymbol{\alpha},\boldsymbol{\beta}$ 为非零列向量,不妨设 $a_1\neq 0$,$b_1\neq 0$,因此,$\boldsymbol{C}=\boldsymbol{\beta}\boldsymbol{\alpha}^{\mathrm{T}}$ 中至少有一个元素 $c_{11}=a_1b_1\neq 0$,故 $\boldsymbol{C}\neq\boldsymbol{O}$. 因此有 $\boldsymbol{C}^2\neq\boldsymbol{C}$.

52.【参考答案】 E

【答案解析】 选项 E,由 $\boldsymbol{A}\neq\boldsymbol{O}$,知至少有一个非零元素,不妨设 $a_{11}\neq 0$,于是有

$$|\boldsymbol{A}|=a_{11}A_{11}+a_{12}A_{12}+a_{13}A_{13}=a_{11}^2+a_{12}^2+a_{13}^2>0,$$

又由

$$\boldsymbol{A}=(a_{ij})=(A_{ij})=(\boldsymbol{A}^*)^{\mathrm{T}},\boldsymbol{A}^{\mathrm{T}}=\boldsymbol{A}^*,$$

即有

$$|\boldsymbol{A}|=|\boldsymbol{A}^*|=|\boldsymbol{A}|^2,$$

从而得 $|\boldsymbol{A}|=1$. 因此,选项 A,B,C 均不正确,故选 E.

选项 D,见反例:取 $\boldsymbol{A}=\begin{pmatrix}0&0&1\\0&1&0\\-1&0&0\end{pmatrix}$,同样满足条件 $a_{ij}=A_{ij}(i,j=1,2,3)$,但 $\boldsymbol{A}\neq\boldsymbol{E}$.

【老师提示】 由条件 $a_{ij}=A_{ij}(i,j=1,2,3)$,还可以推出 $\boldsymbol{A}^{\mathrm{T}}\boldsymbol{A}=\boldsymbol{A}^*\boldsymbol{A}=|\boldsymbol{A}|\boldsymbol{E}=\boldsymbol{E}$,即满足条件的矩阵一定是正交矩阵.

53.【参考答案】 C

【答案解析】 初等矩阵是由单位矩阵作一次初等变换后得到的矩阵. 容易看到,选项 C 中矩阵是在单位矩阵的基础上经过两次初等变换得到的矩阵,不是初等矩阵,故选 C.

选项 A 中矩阵是在单位矩阵的基础上交换第二、三行(列)得到的矩阵,为初等矩阵.

选项 B 中矩阵是在单位矩阵的基础上将第二行(列)乘以 -3 得到的矩阵,为初等矩阵.

选项 D 中矩阵是在单位矩阵的基础上将第三行(一列)的 3 倍加至第一行(三列)得到的矩阵,为初等矩阵.

选项 E 中矩阵是在单位矩阵的基础上交换第一、三行(列)得到的矩阵,为初等矩阵.

54.【参考答案】 B

【答案解析】 由已知,得 $\boldsymbol{X}(\boldsymbol{A}-2\boldsymbol{E})=-2\boldsymbol{B}$.

由于 $|\boldsymbol{A}-2\boldsymbol{E}|=\begin{vmatrix}1&0&0\\2&-1&0\\-3&4&4\end{vmatrix}=-4\neq 0$,即 $\boldsymbol{A}-2\boldsymbol{E}$ 可逆.

$$\boldsymbol{X}=-2\boldsymbol{B}(\boldsymbol{A}-2\boldsymbol{E})^{-1}=-2\begin{pmatrix}2&-1&1\\1&-2&0\end{pmatrix}\begin{pmatrix}1&0&0\\2&-1&0\\-\frac{5}{4}&1&\frac{1}{4}\end{pmatrix}$$

$$=\begin{pmatrix}\frac{5}{2}&-4&-\frac{1}{2}\\6&-4&0\end{pmatrix}.$$

故选 B.

55.【参考答案】 B

【答案解析】 由于 $\boldsymbol{E}^m(i,j)=\begin{cases}\boldsymbol{E}(i,j), & m\text{ 为奇数},\\ \boldsymbol{E}, & m\text{ 为偶数},\end{cases}$ 因此有

$$\boldsymbol{E}^{2\,017}(1,2)\begin{pmatrix}1&2&3\\4&5&6\\7&8&9\end{pmatrix}\boldsymbol{E}^{2\,018}(2,3)=\boldsymbol{E}(1,2)\begin{pmatrix}1&2&3\\4&5&6\\7&8&9\end{pmatrix}\boldsymbol{E}$$

$$=\begin{pmatrix}4&5&6\\1&2&3\\7&8&9\end{pmatrix}.$$

故选 B.

56.【参考答案】 D

【答案解析】 由于 $\boldsymbol{A}$ 的第二列加到第一列得矩阵 $\boldsymbol{B}$，所以 $\boldsymbol{A}\begin{pmatrix}1&0\\1&1\end{pmatrix}=\boldsymbol{B}$，即

$$\boldsymbol{A}=\boldsymbol{B}\begin{pmatrix}1&0\\1&1\end{pmatrix}^{-1}=\boldsymbol{B}\begin{pmatrix}1&0\\-1&1\end{pmatrix}.$$

又由于交换 $\boldsymbol{B}$ 的第一行与第二行得单位矩阵，所以 $\begin{pmatrix}0&1\\1&0\end{pmatrix}\boldsymbol{B}=\boldsymbol{E}$，即

$$\boldsymbol{B}=\begin{pmatrix}0&1\\1&0\end{pmatrix}^{-1}=\begin{pmatrix}0&1\\1&0\end{pmatrix}.$$

所以

$$\boldsymbol{A}=\boldsymbol{B}\begin{pmatrix}1&0\\-1&1\end{pmatrix}=\begin{pmatrix}0&1\\1&0\end{pmatrix}\begin{pmatrix}1&0\\-1&1\end{pmatrix}=\begin{pmatrix}-1&1\\1&0\end{pmatrix}.$$

故应选 D.

【老师提示】 初等矩阵相关的命题一般来说需要考生具备如下两方面的能力：熟练运用"左行右列"的法则将矩阵的初等变换与矩阵乘法相互"翻译"的能力；结合矩阵和逆矩阵的相关运算法则及公式进行运算的能力.

57.【参考答案】 E

【答案解析】 依题设，$\boldsymbol{B}$ 是将 $\boldsymbol{A}$ 的第一列和第四列交换，第二列和第三列交换后得到的矩阵，$\boldsymbol{P}_1,\boldsymbol{P}_2$ 分别是初等矩阵 $\boldsymbol{E}(1,4),\boldsymbol{E}(2,3)$，即有 $\boldsymbol{B}=\boldsymbol{A}\boldsymbol{P}_1\boldsymbol{P}_2$ 或 $\boldsymbol{B}=\boldsymbol{A}\boldsymbol{P}_2\boldsymbol{P}_1$，从而有 $\boldsymbol{B}^{-1}=\boldsymbol{P}_2^{-1}\boldsymbol{P}_1^{-1}\boldsymbol{A}^{-1}$ 或 $\boldsymbol{B}^{-1}=\boldsymbol{P}_1^{-1}\boldsymbol{P}_2^{-1}\boldsymbol{A}^{-1}$，又 $\boldsymbol{P}_1^{-1}=\boldsymbol{P}_1,\boldsymbol{P}_2^{-1}=\boldsymbol{P}_2$，因此，$\boldsymbol{B}^{-1}=\boldsymbol{P}_2\boldsymbol{P}_1\boldsymbol{A}^{-1}$ 或 $\boldsymbol{B}^{-1}=\boldsymbol{P}_1\boldsymbol{P}_2\boldsymbol{A}^{-1}$，故选 E.

【老师提示】 将由矩阵初等变换连接的两矩阵之间的关系用初等矩阵的运算表达出来，是常见的重要题型. 关键是要把握初等变换与乘以同种变换对应的初等矩阵的关系，同时也要掌握初等矩阵本身的运算性质，如初等矩阵的行列式、初等矩阵的幂运算和逆运算.

58.【参考答案】 B

【答案解析】 依题设，$\boldsymbol{B}=\boldsymbol{E}(1,2)\boldsymbol{A}$，从而有

$$\boldsymbol{B}^{-1}=\boldsymbol{A}^{-1}\boldsymbol{E}^{-1}(1,2)=\boldsymbol{A}^{-1}\boldsymbol{E}(1,2),$$

且 $|\boldsymbol{A}|=-|\boldsymbol{B}|$. 又

$$A^* = |A|A^{-1},$$
$$B^* = |B|B^{-1},$$

于是有

$$B^* = |B|B^{-1} = |B|A^{-1}E(1,2) = -|A|A^{-1}E(1,2) = -A^*E(1,2),$$

即交换 A^* 的第一列与第二列得到 $-B^*$，故选 B.

【老师提示】从本题解题过程可以看出，只要按照题设找到矩阵 A 与 B 的关系，并用具体运算式表示，就可以在此基础上延伸处理相关问题，如进一步通过公式 $|A| = -|B|$，及 $A^* = |A|A^{-1}, B^* = |B|B^{-1}$，找到 B^* 与 A^* 之间的变换关系.

第九章　向量组与线性方程组

1.【参考答案】C

【答案解析】选项C，$|\boldsymbol{A}|=0$，表示其行(列)向量组线性相关，其充分必要条件是必有一行(列)向量可以表示为其余行(列)向量的线性组合，故选C.

选项A和D，4阶方阵中所有行(列)向量两两线性无关，但整个行(列)向量组仍然可能线性相关，如取列向量组

$$\boldsymbol{\alpha}_1=(-1,0,0,1)^{\mathrm{T}},$$
$$\boldsymbol{\alpha}_2=(1,-1,0,0)^{\mathrm{T}},$$
$$\boldsymbol{\alpha}_3=(0,1,-1,0)^{\mathrm{T}},$$
$$\boldsymbol{\alpha}_4=(0,0,1,-1)^{\mathrm{T}},$$

它们两两线性无关，但 $\boldsymbol{\alpha}_1,\boldsymbol{\alpha}_2,\boldsymbol{\alpha}_3,\boldsymbol{\alpha}_4$ 线性相关，且

$$|\boldsymbol{\alpha}_1,\boldsymbol{\alpha}_2,\boldsymbol{\alpha}_3,\boldsymbol{\alpha}_4|=0.$$

选项B，$\boldsymbol{A}$ 中任意一行(列)向量都可以表示为其余行(列)向量的线性组合是其行(列)向量组线性相关的充分而非必要条件.

选项E，$\boldsymbol{A}$ 中至少有一行(列)全为零可以得到 $|\boldsymbol{A}|=0$，但反之不成立，故E不正确.

2.【参考答案】B

【答案解析】选项B，根据向量组线性相关的概念，只有在 k_1,k_2,k_3 不全为零的情况下，满足 $k_1\boldsymbol{\alpha}_1+k_2\boldsymbol{\alpha}_2+k_3\boldsymbol{\alpha}_3=\boldsymbol{0}$，才能确定 $\boldsymbol{\alpha}_1,\boldsymbol{\alpha}_2,\boldsymbol{\alpha}_3$ 线性相关，所以该选项不正确，故应选B.

选项A，向量组中任意一个向量均可由自身向量组线性表示，即对于任意一个向量 $\boldsymbol{\alpha}_i$ $(i=1,2,3)$，不妨取 $\boldsymbol{\alpha}_1$，则存在一组不全为零的数1，0，0，使得 $\boldsymbol{\alpha}_1=1\cdot\boldsymbol{\alpha}_1+0\cdot\boldsymbol{\alpha}_2+0\cdot\boldsymbol{\alpha}_3$.

选项C，由条件可知，存在一组不全为零的数1，-2，0，使得 $\boldsymbol{\alpha}_1-2\boldsymbol{\alpha}_2+0\cdot\boldsymbol{\alpha}_3=\boldsymbol{0}$，因此 $\boldsymbol{\alpha}_1$，$\boldsymbol{\alpha}_2,\boldsymbol{\alpha}_3$ 线性相关.

选项D，不妨取 $\boldsymbol{\alpha}_1=\boldsymbol{0}$，于是存在一组不全为零的数1，0，0，使得 $1\cdot\boldsymbol{\alpha}_1+0\cdot\boldsymbol{\alpha}_2+0\cdot\boldsymbol{\alpha}_3=\boldsymbol{0}$. 因此 $\boldsymbol{\alpha}_1,\boldsymbol{\alpha}_2,\boldsymbol{\alpha}_3$ 线性相关.

选项E，由 $|\boldsymbol{\alpha}_1,\boldsymbol{\alpha}_2,\boldsymbol{\alpha}_3|\neq 0$，可得 $\boldsymbol{\alpha}_1,\boldsymbol{\alpha}_2,\boldsymbol{\alpha}_3$ 线性无关，因此只有 $k_1=k_2=k_3=0$ 时，$k_1\boldsymbol{\alpha}_1+k_2\boldsymbol{\alpha}_2+k_3\boldsymbol{\alpha}_3=\boldsymbol{0}$.

【老师提示】本题考查线性相关和线性组合的概念，尤其是对线性相关组合系数的表述，做题时必须紧紧扣住.

3.【参考答案】C

【答案解析】选项A，B，D，E均是必要但非充分条件. 也就是说，向量组 $\boldsymbol{\alpha}_1,\boldsymbol{\alpha}_2,\cdots,\boldsymbol{\alpha}_s$ 线性无关，可以推导出A，B，D，E选项，但是不能由A，B，D，E选项中的任意一个推导出向量组 $\boldsymbol{\alpha}_1,\boldsymbol{\alpha}_2,\cdots,\boldsymbol{\alpha}_s$ 线性无关.

根据"$\boldsymbol{\alpha}_1,\boldsymbol{\alpha}_2,\cdots,\boldsymbol{\alpha}_s$ 线性相关的充分必要条件是存在某 $\boldsymbol{\alpha}_i(i=1,2,\cdots,s)$，可以由 $\boldsymbol{\alpha}_1,\cdots,\boldsymbol{\alpha}_{i-1},\boldsymbol{\alpha}_{i+1},\cdots,\boldsymbol{\alpha}_s$ 线性表出"或由"$\boldsymbol{\alpha}_1,\boldsymbol{\alpha}_2,\cdots,\boldsymbol{\alpha}_s$ 线性无关的充分必要条件是任意一个 $\boldsymbol{\alpha}_i(i=1,2,\cdots,s)$ 均不能由 $\boldsymbol{\alpha}_1,\cdots,\boldsymbol{\alpha}_{i-1},\boldsymbol{\alpha}_{i+1},\cdots,\boldsymbol{\alpha}_s$ 线性表出"知C正确. 故选C.

4.【参考答案】A

【答案解析】若个数多的向量组能被一个个数少的向量组线性表示，则个数多的向量组必线性相关，由此可以确定 $\boldsymbol{\alpha}_1,\boldsymbol{\alpha}_2,\boldsymbol{\alpha}_3$ 必线性相关. 故应选 A.

【老师提示】如果两向量组之间存在线性关系，两向量组的向量个数的大小与其相关性有重要联系，如：若个数多的向量组被一个个数少的向量组线性表示，则个数多的向量组必线性相关；若一个线性无关向量组被另一个向量组线性表示，则其向量个数必定小于等于表示它的向量组的向量个数.

5.【参考答案】C

【答案解析】由 $k_1(\boldsymbol{\alpha}_1-\boldsymbol{\alpha}_2)+k_2(\boldsymbol{\alpha}_2-\boldsymbol{\alpha}_3)+k_3(\boldsymbol{\alpha}_3-\boldsymbol{\alpha}_1)=\mathbf{0}$ 得

$$(k_1-k_3)\boldsymbol{\alpha}_1+(k_2-k_1)\boldsymbol{\alpha}_2+(k_3-k_2)\boldsymbol{\alpha}_3=\mathbf{0}.$$

因为向量组 $\boldsymbol{\alpha}_1,\boldsymbol{\alpha}_2,\boldsymbol{\alpha}_3$ 线性无关，所以得关于 k_1,k_2,k_3 的方程组

$$\begin{cases}k_1-k_3=0,\\-k_1+k_2=0,\\-k_2+k_3=0.\end{cases}$$

系数行列式为

$$\begin{vmatrix}1&0&-1\\-1&1&0\\0&-1&1\end{vmatrix}=1-1=0.$$

所以该齐次线性方程组有非零解，$\boldsymbol{\alpha}_1-\boldsymbol{\alpha}_2,\boldsymbol{\alpha}_2-\boldsymbol{\alpha}_3,\boldsymbol{\alpha}_3-\boldsymbol{\alpha}_1$ 线性相关. 故选 C.

对于其余选项，可以用类似的方法证明线性无关，也可以利用秩的相关公式进行讨论：

如对选项 A 中的向量组 $\boldsymbol{\alpha}_1+\boldsymbol{\alpha}_2,\boldsymbol{\alpha}_2+\boldsymbol{\alpha}_3,\boldsymbol{\alpha}_3+\boldsymbol{\alpha}_1$，有

$$(\boldsymbol{\alpha}_1+\boldsymbol{\alpha}_2,\boldsymbol{\alpha}_2+\boldsymbol{\alpha}_3,\boldsymbol{\alpha}_3+\boldsymbol{\alpha}_1)=(\boldsymbol{\alpha}_1,\boldsymbol{\alpha}_2,\boldsymbol{\alpha}_3)\begin{pmatrix}1&0&1\\1&1&0\\0&1&1\end{pmatrix}.$$

由于

$$\begin{vmatrix}1&0&1\\1&1&0\\0&1&1\end{vmatrix}\neq 0,$$

可知矩阵 $\begin{pmatrix}1&0&1\\1&1&0\\0&1&1\end{pmatrix}$ 是可逆的，故 $r(\boldsymbol{\alpha}_1+\boldsymbol{\alpha}_2,\boldsymbol{\alpha}_2+\boldsymbol{\alpha}_3,\boldsymbol{\alpha}_3+\boldsymbol{\alpha}_1)=r(\boldsymbol{\alpha}_1,\boldsymbol{\alpha}_2,\boldsymbol{\alpha}_3)=3$，因此向量组 $\boldsymbol{\alpha}_1+\boldsymbol{\alpha}_2,\boldsymbol{\alpha}_2+\boldsymbol{\alpha}_3,\boldsymbol{\alpha}_3+\boldsymbol{\alpha}_1$ 线性无关.

6.【参考答案】C

【答案解析】本题主要考查数值向量组的线性相关性. 在维数与向量组向量个数相同时，采用行列式的值是否为零判别最简便，由

$$|\boldsymbol{\alpha}_1,\boldsymbol{\alpha}_3,\boldsymbol{\alpha}_4|=\begin{vmatrix}0&1&-1\\0&-1&1\\c_1&c_3&c_4\end{vmatrix}=0,$$

知 $\boldsymbol{\alpha}_1,\boldsymbol{\alpha}_3,\boldsymbol{\alpha}_4$ 线性相关.

另外，由观察可知 $(c_3+c_4)\boldsymbol{\alpha}_1=c_1(\boldsymbol{\alpha}_3+\boldsymbol{\alpha}_4)$，从而知 $\boldsymbol{\alpha}_1,\boldsymbol{\alpha}_3,\boldsymbol{\alpha}_4$ 线性相关，故选 C.

7.【参考答案】B

【答案解析】对于选项 A，用反证法. 若 $\boldsymbol{\alpha}_1,\boldsymbol{\alpha}_2,\cdots,\boldsymbol{\alpha}_s$ 线性相关，则存在一组不全为零的数 $k_1,k_2,\cdots,k_s$，使得 $k_1\boldsymbol{\alpha}_1+k_2\boldsymbol{\alpha}_2+\cdots+k_s\boldsymbol{\alpha}_s=\mathbf{0}$，矛盾. 因此 A 成立.

选项 B，若 $\boldsymbol{\alpha}_1,\boldsymbol{\alpha}_2,\cdots,\boldsymbol{\alpha}_s$ 线性相关，则存在一组（而不是对任意一组）不全为零的数 $k_1,k_2,\cdots,k_s$，有 $k_1\boldsymbol{\alpha}_1+k_2\boldsymbol{\alpha}_2+\cdots+k_s\boldsymbol{\alpha}_s=\mathbf{0}$. 因此 B 不成立.

选项C，若 $\boldsymbol{\alpha}_1,\boldsymbol{\alpha}_2,\cdots,\boldsymbol{\alpha}_s$ 线性无关，则此向量组的秩为 s；反过来，若向量组 $\boldsymbol{\alpha}_1,\boldsymbol{\alpha}_2,\cdots,\boldsymbol{\alpha}_s$ 的秩为 s，则 $\boldsymbol{\alpha}_1,\boldsymbol{\alpha}_2,\cdots,\boldsymbol{\alpha}_s$ 线性无关，因此 C 成立.

选项D，若 $\boldsymbol{\alpha}_1,\boldsymbol{\alpha}_2,\cdots,\boldsymbol{\alpha}_s$ 线性无关，则其任何部分组线性无关，其中任意两个向量线性无关，可见 D 也成立.

选项 E，由结论“一个向量组中，存在部分向量组线性相关，则整个向量组线性相关”. 故 E 成立.

综上所述，应选 B.

【老师提示】原命题与其逆否命题是等价的. 例如，原命题：若存在一组不全为零的数 $k_1,k_2,\cdots,k_s$，使得 $k_1\boldsymbol{\alpha}_1+k_2\boldsymbol{\alpha}_2+\cdots+k_s\boldsymbol{\alpha}_s=\mathbf{0}$ 成立，则 $\boldsymbol{\alpha}_1,\boldsymbol{\alpha}_2,\cdots,\boldsymbol{\alpha}_s$ 线性相关. 其逆否命题为：若 $\boldsymbol{\alpha}_1,\boldsymbol{\alpha}_2,\cdots,\boldsymbol{\alpha}_s$ 线性无关，则对于任意一组不全为零的数 $k_1,k_2,\cdots,k_s$，都有 $k_1\boldsymbol{\alpha}_1+k_2\boldsymbol{\alpha}_2+\cdots+k_s\boldsymbol{\alpha}_s\neq\mathbf{0}$. 在平时的学习过程中，应经常注意这种原命题与其逆否命题的等价性.

8.【参考答案】E

【答案解析】若向量组 $\boldsymbol{\alpha}_1,\boldsymbol{\alpha}_2,\boldsymbol{\alpha}_3$ 的秩为 2，则

$$|\boldsymbol{\alpha}_1,\boldsymbol{\alpha}_2,\boldsymbol{\alpha}_3|=\begin{vmatrix}1&2&0\\1&1&a\\-2&-1&6\end{vmatrix}=\begin{vmatrix}1&0&0\\1&-1&a\\-2&3&6\end{vmatrix}=-3a-6=0,$$

解得 $a=-2$. 故选 E.

【老师提示】已知向量组的秩定参数，在向量组构造的矩阵为方阵的情况下，尽量利用行列式来处理.

9.【参考答案】C

【答案解析】根据题设，该向量组的秩为 2，于是

解法 1　用初等变换. 即由

$$(\boldsymbol{\alpha}_1,\boldsymbol{\alpha}_2,\boldsymbol{\alpha}_3)^{\mathrm{T}}=\begin{pmatrix}1&2&-1&0\\1&1&0&2\\2&1&1&a\end{pmatrix}\longrightarrow\begin{pmatrix}1&2&-1&0\\0&-1&1&2\\0&-3&0&a-6\end{pmatrix}$$

知当 $a=6$ 时，$\boldsymbol{\alpha}_1,\boldsymbol{\alpha}_2,\boldsymbol{\alpha}_3$ 的最大无关组由两个线性无关的向量组成. 故选 C.

解法 2　用行列式. 由题意知，该向量组构造的矩阵的任意一个 3 阶子式都为零，故

$$\begin{vmatrix}2&-1&0\\1&0&2\\1&1&a\end{vmatrix}=a-6=0,$$

$$\begin{vmatrix}-1&0\\0&2\end{vmatrix}=-2\neq0,$$

故当 $a=6$ 时，$\boldsymbol{\alpha}_1,\boldsymbol{\alpha}_2,\boldsymbol{\alpha}_3$ 的最大无关组由两个线性无关的向量组成，故选 C.

【老师提示】本题虽然从不同角度引入，但实际仍为已知向量组的秩定参数的问题，在向量组构造的矩阵不为方阵的情况下，一般采用初等变换将向量组构造的矩阵化为阶梯形矩阵的方式处理. 但在特定的情况下，利用行列式定值仍然是更为简便的方法.

10.【参考答案】E

【答案解析】由于该向量组的个数大于维数，必线性相关，因此，与 t 的取值无关. 故选 E.

11.【参考答案】A

【答案解析】线性方程组 $\boldsymbol{Ax}=\boldsymbol{0}$ 与 $\boldsymbol{Bx}=\boldsymbol{0}$ 同解，即方程组 $\boldsymbol{Ax}=\boldsymbol{0}$ 的全部解都是方程组 $\boldsymbol{Bx}=\boldsymbol{0}$ 的解，反之，方程组 $\boldsymbol{Bx}=\boldsymbol{0}$ 的全部解也都是方程组 $\boldsymbol{Ax}=\boldsymbol{0}$ 的解，也即方程组 $\boldsymbol{Ax}=\boldsymbol{0}$ 的方程均可以将方程组 $\boldsymbol{Bx}=\boldsymbol{0}$ 的所有方程表示. 同时，方程组 $\boldsymbol{Bx}=\boldsymbol{0}$ 的方程均可以将方程组 $\boldsymbol{Ax}=\boldsymbol{0}$ 的所有方程表示. 因此，$\boldsymbol{Ax}=\boldsymbol{0}$ 与 $\boldsymbol{Bx}=\boldsymbol{0}$ 同解的充分必要条件是两个方程组的行向量组等价，故选 A.

另外，从线性方程组的求解过程看，两个方程组之间的解与列向量组无关；$r(\boldsymbol{A})=r(\boldsymbol{B})$ 只是两个方程组同解的必要条件；矩阵 $\boldsymbol{A}$ 与 $\boldsymbol{B}$ 等价只说明两矩阵秩相等，既非两个方程组同解的充分条件也非必要条件；矩阵 $\boldsymbol{A}$ 与 $\boldsymbol{B}$ 相似只说明两矩阵拥有相同的秩、特征值、迹等，既非两个方程组同解的充分条件也非必要条件.

12.【参考答案】C

【答案解析】因为 $\boldsymbol{\alpha}_1,\boldsymbol{\alpha}_3,\boldsymbol{\alpha}_4$ 为向量组 $\boldsymbol{\alpha}_1,\boldsymbol{\alpha}_2,\boldsymbol{\alpha}_3,\boldsymbol{\alpha}_4$ 的一个部分线性无关组，再添加一个向量后变为线性相关组，可以确定 $\boldsymbol{\alpha}_1,\boldsymbol{\alpha}_3,\boldsymbol{\alpha}_4$ 是 $\boldsymbol{\alpha}_1,\boldsymbol{\alpha}_2,\boldsymbol{\alpha}_3,\boldsymbol{\alpha}_4$ 的最大无关组，故选 C.

另外，可能成为最大无关组的还有可能为 $\boldsymbol{\alpha}_1,\boldsymbol{\alpha}_2,\boldsymbol{\alpha}_3$，但由已知条件不能确定.

13.【参考答案】C

【答案解析】记 $\boldsymbol{A}=(\boldsymbol{\alpha}_1,\boldsymbol{\alpha}_2,\boldsymbol{\alpha}_3)$，向量 $\boldsymbol{\beta}$ 可以被向量组 $\boldsymbol{\alpha}_1,\boldsymbol{\alpha}_2,\boldsymbol{\alpha}_3$ 线性表示且表达式唯一，等价于非齐次线性方程组 $\boldsymbol{Ax}=\boldsymbol{\beta}$ 有唯一解，其充分必要条件是 $|\boldsymbol{A}|\neq 0$. 由

$$|\boldsymbol{A}|=|\boldsymbol{\alpha}_1,\boldsymbol{\alpha}_2,\boldsymbol{\alpha}_3|=\begin{vmatrix}\lambda & 1 & 1\\ 1 & \lambda & 1\\ 1 & 1 & \lambda\end{vmatrix}=(\lambda+2)(\lambda-1)^2,$$

知当 $\lambda\neq-2$ 且 $\lambda\neq 1$ 时，方程组 $\boldsymbol{Ax}=\boldsymbol{\beta}$ 有唯一解，即向量 $\boldsymbol{\beta}$ 可以被向量组 $\boldsymbol{\alpha}_1,\boldsymbol{\alpha}_2,\boldsymbol{\alpha}_3$ 线性表示且表达式唯一，故选 C.

14.【参考答案】E

【答案解析】由题设，$5-r(\boldsymbol{A})=3$，得 $r(\boldsymbol{A})=2$，根据矩阵与其对应伴随矩阵的秩的关系，得 $r(\boldsymbol{A}^*)=0$，齐次线性方程组 $\boldsymbol{A}^*\boldsymbol{x}=\boldsymbol{0}$ 的基础解系含无关解的个数应为 5，故选 E.

15.【参考答案】D

【答案解析】由题设，$r(\boldsymbol{\alpha}_2,\boldsymbol{\alpha}_3,\boldsymbol{\alpha}_4)=r(\boldsymbol{\alpha}_2,\boldsymbol{\alpha}_3,\boldsymbol{\alpha}_4,\boldsymbol{\alpha}_1)=3$，所以 $\boldsymbol{\alpha}_1$ 可以被 $\boldsymbol{\alpha}_2,\boldsymbol{\alpha}_3,\boldsymbol{\alpha}_4$ 线性表示，类似地，$r(\boldsymbol{\alpha}_3,\boldsymbol{\alpha}_4,\boldsymbol{\alpha}_5)=r(\boldsymbol{\alpha}_3,\boldsymbol{\alpha}_4,\boldsymbol{\alpha}_5,\boldsymbol{\alpha}_2)=3$，所以 $\boldsymbol{\alpha}_2$ 可以被 $\boldsymbol{\alpha}_3,\boldsymbol{\alpha}_4,\boldsymbol{\alpha}_5$ 线性表示，$r(\boldsymbol{\alpha}_1,\boldsymbol{\alpha}_2,\boldsymbol{\alpha}_4)=r(\boldsymbol{\alpha}_1,\boldsymbol{\alpha}_2,\boldsymbol{\alpha}_4,\boldsymbol{\alpha}_3)=3$，所以 $\boldsymbol{\alpha}_3$ 可以被 $\boldsymbol{\alpha}_1,\boldsymbol{\alpha}_2,\boldsymbol{\alpha}_4$ 线性表示，$r(\boldsymbol{\alpha}_2,\boldsymbol{\alpha}_3,\boldsymbol{\alpha}_4)=r(\boldsymbol{\alpha}_2,\boldsymbol{\alpha}_3,\boldsymbol{\alpha}_4,\boldsymbol{\alpha}_5)=3$，所以 $\boldsymbol{\alpha}_5$ 可以被 $\boldsymbol{\alpha}_2,\boldsymbol{\alpha}_3,\boldsymbol{\alpha}_4$ 线性表示，知选项 A,B,C,E 均不正确，故选 D.

16.【参考答案】D

【答案解析】3 阶矩阵 $\boldsymbol{A}$ 经初等列变换化为矩阵 $\boldsymbol{B}$，即存在一个可逆矩阵 $\boldsymbol{Q}$，使得 $\boldsymbol{AQ}=\boldsymbol{B}$. 若记 $\boldsymbol{A}$ 和 $\boldsymbol{B}$ 的列向量组分别为 $\boldsymbol{\alpha}_1,\boldsymbol{\alpha}_2,\boldsymbol{\alpha}_3;\boldsymbol{\beta}_1,\boldsymbol{\beta}_2,\boldsymbol{\beta}_3$. 设

$$Q=(x_{ij}),i,j=1,2,3,$$

则有

$$(\boldsymbol{\alpha}_1,\boldsymbol{\alpha}_2,\boldsymbol{\alpha}_3)\boldsymbol{Q}=(x_{11}\boldsymbol{\alpha}_1+x_{21}\boldsymbol{\alpha}_2+x_{31}\boldsymbol{\alpha}_3,x_{12}\boldsymbol{\alpha}_1+x_{22}\boldsymbol{\alpha}_2+x_{32}\boldsymbol{\alpha}_3,x_{13}\boldsymbol{\alpha}_1+x_{23}\boldsymbol{\alpha}_2+x_{33}\boldsymbol{\alpha}_3)$$
$$=(\boldsymbol{\beta}_1,\boldsymbol{\beta}_2,\boldsymbol{\beta}_3).$$

所以 $\boldsymbol{B}$ 的列向量组可以被 $\boldsymbol{A}$ 的列向量组线性表示，故选 D.

【老师提示】更为一般地，若矩阵 $\boldsymbol{A}$ 经初等列变换化为矩阵 $\boldsymbol{B}$，则两矩阵的列向量组等价，即可互相线性表示. 类似地，若矩阵 $\boldsymbol{A}$ 经初等行变换化为矩阵 $\boldsymbol{B}$，则两矩阵的行向量组等价，即可互相线性表示. 但要注意，若矩阵 $\boldsymbol{A}$ 同时经初等行变换和初等列变换化为矩阵 $\boldsymbol{B}$，则两矩阵的行向量组或列向量组之间都没有上述线性关系.

17.【参考答案】E

【答案解析】由题设 $\boldsymbol{A}$ 可逆及 $(\boldsymbol{A}\boldsymbol{\alpha}_1,\boldsymbol{A}\boldsymbol{\alpha}_2,\boldsymbol{A}\boldsymbol{\alpha}_3)=\boldsymbol{A}(\boldsymbol{\alpha}_1,\boldsymbol{\alpha}_2,\boldsymbol{\alpha}_3)$，因此有

$$r(\boldsymbol{A}\boldsymbol{\alpha}_1,\boldsymbol{A}\boldsymbol{\alpha}_2,\boldsymbol{A}\boldsymbol{\alpha}_3)=r(\boldsymbol{\alpha}_1,\boldsymbol{\alpha}_2,\boldsymbol{\alpha}_3).\qquad (*)$$

选项 A，由($*$)式知，若 $\boldsymbol{\alpha}_1,\boldsymbol{\alpha}_2,\boldsymbol{\alpha}_3$ 线性相关，则

$$r(\boldsymbol{A}\boldsymbol{\alpha}_1,\boldsymbol{A}\boldsymbol{\alpha}_2,\boldsymbol{A}\boldsymbol{\alpha}_3)=r(\boldsymbol{\alpha}_1,\boldsymbol{\alpha}_2,\boldsymbol{\alpha}_3)<3,$$

因此，$\boldsymbol{A}\boldsymbol{\alpha}_1,\boldsymbol{A}\boldsymbol{\alpha}_2,\boldsymbol{A}\boldsymbol{\alpha}_3$ 线性相关.

选项 B，由($*$)式知，若 $\boldsymbol{\alpha}_1,\boldsymbol{\alpha}_2,\boldsymbol{\alpha}_3$ 线性无关，则

$$r(\boldsymbol{A}\boldsymbol{\alpha}_1,\boldsymbol{A}\boldsymbol{\alpha}_2,\boldsymbol{A}\boldsymbol{\alpha}_3)=r(\boldsymbol{\alpha}_1,\boldsymbol{\alpha}_2,\boldsymbol{\alpha}_3)=3,$$

因此，$\boldsymbol{A}\boldsymbol{\alpha}_1,\boldsymbol{A}\boldsymbol{\alpha}_2,\boldsymbol{A}\boldsymbol{\alpha}_3$ 线性无关.

选项 C，由($*$)式知，若 $\boldsymbol{A}\boldsymbol{\alpha}_1,\boldsymbol{A}\boldsymbol{\alpha}_2,\boldsymbol{A}\boldsymbol{\alpha}_3$ 线性无关，则

$$r(\boldsymbol{\alpha}_1,\boldsymbol{\alpha}_2,\boldsymbol{\alpha}_3)=r(\boldsymbol{A}\boldsymbol{\alpha}_1,\boldsymbol{A}\boldsymbol{\alpha}_2,\boldsymbol{A}\boldsymbol{\alpha}_3)=3,$$

因此，$\boldsymbol{\alpha}_1,\boldsymbol{\alpha}_2,\boldsymbol{\alpha}_3$ 线性无关.

选项 D，由($*$)式知，若 $\boldsymbol{A}\boldsymbol{\alpha}_1,\boldsymbol{A}\boldsymbol{\alpha}_2,\boldsymbol{A}\boldsymbol{\alpha}_3$ 线性相关，则

$$r(\boldsymbol{\alpha}_1,\boldsymbol{\alpha}_2,\boldsymbol{\alpha}_3)=r(\boldsymbol{A}\boldsymbol{\alpha}_1,\boldsymbol{A}\boldsymbol{\alpha}_2,\boldsymbol{A}\boldsymbol{\alpha}_3)<3,$$

因此，$\boldsymbol{\alpha}_1,\boldsymbol{\alpha}_2,\boldsymbol{\alpha}_3$ 线性相关.

选项 E，由($*$)式知，$\boldsymbol{A}\boldsymbol{\alpha}_1,\boldsymbol{A}\boldsymbol{\alpha}_2,\boldsymbol{A}\boldsymbol{\alpha}_3$ 的线性相关性与 $\boldsymbol{\alpha}_1,\boldsymbol{\alpha}_2,\boldsymbol{\alpha}_3$ 的线性相关性有关联，该选项不正确，故选 E.

18.【参考答案】A

【答案解析】解法 1　利用线性相关性的定义.

若 $\boldsymbol{\alpha}_1,\boldsymbol{\alpha}_2,\cdots,\boldsymbol{\alpha}_s$ 线性相关，则存在不全为零的数 $k_1,k_2,\cdots,k_s$，使得 $k_1\boldsymbol{\alpha}_1+k_2\boldsymbol{\alpha}_2+\cdots+k_s\boldsymbol{\alpha}_s=\boldsymbol{0}$，所以

$$\boldsymbol{A}(k_1\boldsymbol{\alpha}_1+k_2\boldsymbol{\alpha}_2+\cdots+k_s\boldsymbol{\alpha}_s)=k_1\boldsymbol{A}\boldsymbol{\alpha}_1+k_2\boldsymbol{A}\boldsymbol{\alpha}_2+\cdots+k_s\boldsymbol{A}\boldsymbol{\alpha}_s=\boldsymbol{0},$$

所以 $\boldsymbol{A}\boldsymbol{\alpha}_1,\boldsymbol{A}\boldsymbol{\alpha}_2,\cdots,\boldsymbol{A}\boldsymbol{\alpha}_s$ 线性相关，故选 A.

解法 2　考虑向量组 $\boldsymbol{\alpha}_1,\boldsymbol{\alpha}_2,\cdots,\boldsymbol{\alpha}_s$ 与 $\boldsymbol{A}\boldsymbol{\alpha}_1,\boldsymbol{A}\boldsymbol{\alpha}_2,\cdots,\boldsymbol{A}\boldsymbol{\alpha}_s$ 的秩.

令 $\boldsymbol{B}=(\boldsymbol{\alpha}_1,\boldsymbol{\alpha}_2,\cdots,\boldsymbol{\alpha}_s)$，$\boldsymbol{C}=(\boldsymbol{A}\boldsymbol{\alpha}_1,\boldsymbol{A}\boldsymbol{\alpha}_2,\cdots,\boldsymbol{A}\boldsymbol{\alpha}_s)$，则

$$\boldsymbol{C}=\boldsymbol{A}(\boldsymbol{\alpha}_1,\boldsymbol{\alpha}_2,\cdots,\boldsymbol{\alpha}_s)=\boldsymbol{A}\boldsymbol{B}.$$

故 $r(\boldsymbol{C})=r(\boldsymbol{A}\boldsymbol{B})\leqslant r(\boldsymbol{B})$，也即

$$r(\boldsymbol{\alpha}_1,\boldsymbol{\alpha}_2,\cdots,\boldsymbol{\alpha}_s)\geqslant r(\boldsymbol{A}\boldsymbol{\alpha}_1,\boldsymbol{A}\boldsymbol{\alpha}_2,\cdots,\boldsymbol{A}\boldsymbol{\alpha}_s).$$

故当 $\boldsymbol{\alpha}_1,\boldsymbol{\alpha}_2,\cdots,\boldsymbol{\alpha}_s$ 线性相关时，$r(\boldsymbol{\alpha}_1,\boldsymbol{\alpha}_2,\cdots,\boldsymbol{\alpha}_s)<s$，此时必有 $r(\boldsymbol{A}\boldsymbol{\alpha}_1,\boldsymbol{A}\boldsymbol{\alpha}_2,\cdots,\boldsymbol{A}\boldsymbol{\alpha}_s)<s$，故

$A\boldsymbol{\alpha}_1, A\boldsymbol{\alpha}_2, \cdots, A\boldsymbol{\alpha}_s$ 也线性相关，故选 A.

19.【参考答案】 A

【答案解析】 对任意常数 k，向量组 $\boldsymbol{\alpha}_1, \boldsymbol{\alpha}_2, \boldsymbol{\alpha}_3, k\boldsymbol{\beta}_1+\boldsymbol{\beta}_2$ 线性无关. 用反证法，若 $\boldsymbol{\alpha}_1, \boldsymbol{\alpha}_2, \boldsymbol{\alpha}_3, k\boldsymbol{\beta}_1+\boldsymbol{\beta}_2$ 线性相关，因已知 $\boldsymbol{\alpha}_1, \boldsymbol{\alpha}_2, \boldsymbol{\alpha}_3$ 线性无关，故 $k\boldsymbol{\beta}_1+\boldsymbol{\beta}_2$ 可由 $\boldsymbol{\alpha}_1, \boldsymbol{\alpha}_2, \boldsymbol{\alpha}_3$ 线性表出，即存在一组常数 $\lambda_1, \lambda_2, \lambda_3$，使得 $k\boldsymbol{\beta}_1+\boldsymbol{\beta}_2=\lambda_1\boldsymbol{\alpha}_1+\lambda_2\boldsymbol{\alpha}_2+\lambda_3\boldsymbol{\alpha}_3$.

又已知 $\boldsymbol{\beta}_1$ 可由 $\boldsymbol{\alpha}_1, \boldsymbol{\alpha}_2, \boldsymbol{\alpha}_3$ 线性表出，即存在一组常数 l_1, l_2, l_3，使得 $\boldsymbol{\beta}_1=l_1\boldsymbol{\alpha}_1+l_2\boldsymbol{\alpha}_2+l_3\boldsymbol{\alpha}_3$，将其代入上式，得

$$k\boldsymbol{\beta}_1+\boldsymbol{\beta}_2=k(l_1\boldsymbol{\alpha}_1+l_2\boldsymbol{\alpha}_2+l_3\boldsymbol{\alpha}_3)+\boldsymbol{\beta}_2=\lambda_1\boldsymbol{\alpha}_1+\lambda_2\boldsymbol{\alpha}_2+\lambda_3\boldsymbol{\alpha}_3$$

$$\Rightarrow \boldsymbol{\beta}_2=(\lambda_1-kl_1)\boldsymbol{\alpha}_1+(\lambda_2-kl_2)\boldsymbol{\alpha}_2+(\lambda_3-kl_3)\boldsymbol{\alpha}_3,$$

与 $\boldsymbol{\beta}_2$ 不能由 $\boldsymbol{\alpha}_1, \boldsymbol{\alpha}_2, \boldsymbol{\alpha}_3$ 线性表出矛盾. 故向量组 $\boldsymbol{\alpha}_1, \boldsymbol{\alpha}_2, \boldsymbol{\alpha}_3, k\boldsymbol{\beta}_1+\boldsymbol{\beta}_2$ 线性无关，选 A.

20.【参考答案】 D

【答案解析】 选项 C，D，不妨设 $\boldsymbol{\alpha}_1, \boldsymbol{\alpha}_2, \cdots, \boldsymbol{\alpha}_{r_1}$；$\boldsymbol{\beta}_1, \boldsymbol{\beta}_2, \cdots, \boldsymbol{\beta}_{r_2}$ 分别为 $\boldsymbol{\alpha}_1, \boldsymbol{\alpha}_2, \cdots, \boldsymbol{\alpha}_s$ 与 $\boldsymbol{\beta}_1, \boldsymbol{\beta}_2, \cdots, \boldsymbol{\beta}_t$ 的最大无关组，若 $\boldsymbol{\alpha}_1, \boldsymbol{\alpha}_2, \cdots, \boldsymbol{\alpha}_s$ 可以被 $\boldsymbol{\beta}_1, \boldsymbol{\beta}_2, \cdots, \boldsymbol{\beta}_t$ 线性表示，也即 $\boldsymbol{\alpha}_1, \boldsymbol{\alpha}_2, \cdots, \boldsymbol{\alpha}_{r_1}$ 可以被 $\boldsymbol{\beta}_1, \boldsymbol{\beta}_2, \cdots, \boldsymbol{\beta}_{r_2}$ 线性表示，则 $r_1 \leqslant r_2$，如若不然，个数多的向量组 $\boldsymbol{\alpha}_1, \boldsymbol{\alpha}_2, \cdots, \boldsymbol{\alpha}_{r_1}$ 可被个数少的向量组 $\boldsymbol{\beta}_1, \boldsymbol{\beta}_2, \cdots, \boldsymbol{\beta}_{r_2}$ 线性表示，必线性相关，与 $\boldsymbol{\alpha}_1, \boldsymbol{\alpha}_2, \cdots, \boldsymbol{\alpha}_{r_1}$ 是最大无关组矛盾，C 不正确，E 显然不正确. 故选 D.

选项 A，B，$\boldsymbol{\alpha}_1, \boldsymbol{\alpha}_2, \cdots, \boldsymbol{\alpha}_s$ 与 $\boldsymbol{\beta}_1, \boldsymbol{\beta}_2, \cdots, \boldsymbol{\beta}_t$ 之间能否线性表示与向量个数无关.

【老师提示】 两向量组之间能否线性表示与向量个数无关，反映它们内在关系的是向量组的秩.

21.【参考答案】 D

【答案解析】 由比较两向量组向量个数的定理：若向量组（Ⅰ）：$\boldsymbol{\alpha}_1, \boldsymbol{\alpha}_2, \cdots, \boldsymbol{\alpha}_r$ 可由向量组（Ⅱ）：$\boldsymbol{\beta}_1, \boldsymbol{\beta}_2, \cdots, \boldsymbol{\beta}_s$ 线性表示，则当 $r>s$ 时，向量组（Ⅰ）必线性相关. 或其逆否命题：若向量组（Ⅰ）：$\boldsymbol{\alpha}_1, \boldsymbol{\alpha}_2, \cdots, \boldsymbol{\alpha}_r$ 可由向量组（Ⅱ）：$\boldsymbol{\beta}_1, \boldsymbol{\beta}_2, \cdots, \boldsymbol{\beta}_s$ 线性表示，且向量组（Ⅰ）线性无关，则必有 $r \leqslant s$. 可见正确选项为 D. 本题也可通过举反例用排除法找到答案.

【老师提示】 熟练掌握线性相关性和线性表出的常见性质也是解决抽象型向量组线性相关性的重要方法.

22.【参考答案】 A

【答案解析】 选项 A，若记 $\boldsymbol{Q}=(k_{ij})_{3\times 3}$，则有

$$\boldsymbol{\alpha}_j=k_{1j}\boldsymbol{\beta}_1+k_{2j}\boldsymbol{\beta}_2+k_{3j}\boldsymbol{\beta}_3\ (j=1,2,3),$$

可知向量组 $\boldsymbol{\alpha}_1, \boldsymbol{\alpha}_2, \boldsymbol{\alpha}_3$ 可以被 $\boldsymbol{\beta}_1, \boldsymbol{\beta}_2, \boldsymbol{\beta}_3$ 线性表示，故选 A.

选项 B，C，若要向量组 $\boldsymbol{\beta}_1, \boldsymbol{\beta}_2, \boldsymbol{\beta}_3$ 可以被 $\boldsymbol{\alpha}_1, \boldsymbol{\alpha}_2, \boldsymbol{\alpha}_3$ 线性表示，则存在矩阵 $\boldsymbol{P}$，使得

$$(\boldsymbol{\beta}_1, \boldsymbol{\beta}_2, \boldsymbol{\beta}_3)=(\boldsymbol{\alpha}_1, \boldsymbol{\alpha}_2, \boldsymbol{\alpha}_3)\boldsymbol{P},$$

这仅在 $\boldsymbol{Q}$ 可逆的条件下成立.

选项 D，E，从以上讨论可知该结论显然不正确.

23.【参考答案】 D

【答案解析】 本题考查对向量组线性相关、线性无关概念的理解. 若向量组 $\boldsymbol{\gamma}_1, \boldsymbol{\gamma}_2, \cdots, \boldsymbol{\gamma}_s$ 线性无关，即若 $x_1\boldsymbol{\gamma}_1+x_2\boldsymbol{\gamma}_2+\cdots+x_s\boldsymbol{\gamma}_s=\boldsymbol{0}$，必有 $x_1=0, x_2=0, \cdots, x_s=0$.

由于 $\lambda_1, \cdots, \lambda_m$ 与 $k_1, \cdots, k_m$ 不全为零，由此推不出某向量组线性无关，故应排除 B，C.

一般情况下，对于

$$k_1\boldsymbol{\alpha}_1+k_2\boldsymbol{\alpha}_2+\cdots+k_s\boldsymbol{\alpha}_s+l_1\boldsymbol{\beta}_1+\cdots+l_s\boldsymbol{\beta}_s=\mathbf{0},$$

不能保证必有 $k_1\boldsymbol{\alpha}_1+k_2\boldsymbol{\alpha}_2+\cdots+k_s\boldsymbol{\alpha}_s=\mathbf{0}$,及 $l_1\boldsymbol{\beta}_1+\cdots+l_s\boldsymbol{\beta}_s=\mathbf{0}$,故 A 不正确. 由已知条件,有

$$\lambda_1(\boldsymbol{\alpha}_1+\boldsymbol{\beta}_1)+\cdots+\lambda_m(\boldsymbol{\alpha}_m+\boldsymbol{\beta}_m)+k_1(\boldsymbol{\alpha}_1-\boldsymbol{\beta}_1)+\cdots+k_m(\boldsymbol{\alpha}_m-\boldsymbol{\beta}_m)=\mathbf{0},$$

又 $\lambda_1,\cdots,\lambda_m$ 与 $k_1,\cdots,k_m$ 不全为零,故 $\boldsymbol{\alpha}_1+\boldsymbol{\beta}_1,\cdots,\boldsymbol{\alpha}_m+\boldsymbol{\beta}_m,\boldsymbol{\alpha}_1-\boldsymbol{\beta}_1,\cdots,\boldsymbol{\alpha}_m-\boldsymbol{\beta}_m$ 线性相关.

故选 D.

24.【参考答案】 B

【答案解析】 选项 A 没有指明 $k_1,k_2,\cdots,k_m$ 不全为零,故 A 不正确.

由于对任意一组向量 $\boldsymbol{\alpha}_1,\boldsymbol{\alpha}_2,\cdots,\boldsymbol{\alpha}_m$,都有 $0\boldsymbol{\alpha}_1+0\boldsymbol{\alpha}_2+\cdots+0\boldsymbol{\alpha}_m=\mathbf{0}$ 恒成立. 而 $\boldsymbol{\alpha}_1,\boldsymbol{\alpha}_2,\cdots,\boldsymbol{\alpha}_m$ 是否线性相关取决于是否能找到一组不全为零的数 $k_1,k_2,\cdots,k_m$,使 $k_1\boldsymbol{\alpha}_1+k_2\boldsymbol{\alpha}_2+\cdots+k_m\boldsymbol{\alpha}_m=\mathbf{0}$ 成立. 若能,则线性相关,若不能,即只要 $k_1,k_2,\cdots,k_m$ 不全为零,必有 $k_1\boldsymbol{\alpha}_1+k_2\boldsymbol{\alpha}_2+\cdots+k_m\boldsymbol{\alpha}_m\neq\mathbf{0}$. 可见选项 B 是线性无关的定义.

选项 C 要求任意一组不全为零的数,这只能 $\boldsymbol{\alpha}_i(i=1,\cdots,m)$ 全是零向量,不是线性相关定义所要求的.

选项 D 没有指明仅当 $k_1=0,k_2=0,\cdots,k_m=0$ 时,$k_1\boldsymbol{\alpha}_1+k_2\boldsymbol{\alpha}_2+\cdots+k_m\boldsymbol{\alpha}_m=\mathbf{0}$ 成立. 故 D 不正确.

选项 E,部分向量组线性无关,并不能得出整体向量组线性无关. 例如,若 $\boldsymbol{\alpha}_1,\boldsymbol{\alpha}_2,\boldsymbol{\alpha}_3$ 线性无关,当 $\boldsymbol{\alpha}_4=\mathbf{0}$ 时,$\boldsymbol{\alpha}_1,\boldsymbol{\alpha}_2,\boldsymbol{\alpha}_3,\boldsymbol{\alpha}_4$ 线性相关. 故选 B.

25.【参考答案】 C

【答案解析】 齐次线性方程组 $\boldsymbol{Ax}=\mathbf{0}$ 有非零解,其充分必要条件是 $r(\boldsymbol{A})<n$,从而知 $\boldsymbol{A}$ 的列向量组线性相关. 故选 C.

【老师提示】 向量组的线性相关性可以通过以该列向量组构造的矩阵为系数矩阵的齐次线性方程组是否有非零解进行讨论,且有结论:$\boldsymbol{A}$ 的列向量组线性相关是齐次线性方程组 $\boldsymbol{Ax}=\mathbf{0}$ 有非零解的充分必要条件.

26.【参考答案】 C

【答案解析】 非齐次线性方程组 $\boldsymbol{Ax}=\boldsymbol{b}$ 有唯一解,其充分必要条件是 $r(\boldsymbol{A})=r(\boldsymbol{A}\,\vdots\,\boldsymbol{b})=n$,从而知 $\boldsymbol{A}$ 的列向量组线性无关. 故选 C.

【老师提示】 向量组的线性相关性可以通过以该列向量组为系数矩阵的非齐次线性方程组是否有唯一解讨论. 在 $\boldsymbol{Ax}=\boldsymbol{b}$ 有解的前提下,可转为其导出组 $\boldsymbol{Ax}=\mathbf{0}$ 有无非零解的讨论,进而讨论系数矩阵列向量组的线性相关性.

27.【参考答案】 A

【答案解析】 由于 $\boldsymbol{\xi}_1,\boldsymbol{\xi}_2$ 对应的分量不成比例,所以 $\boldsymbol{\xi}_1,\boldsymbol{\xi}_2$ 是 $\boldsymbol{Ax}=\mathbf{0}$ 两个线性无关的解,故 $n-r(\boldsymbol{A})\geqslant 2$. 由 $n=3$ 知 $r(\boldsymbol{A})\leqslant 1$.

再看 A 选项秩为 1;B 和 C 选项秩为 2;而 D 选项秩为 3;E 选项秩虽然为 1,但

$$\boldsymbol{A\xi}_2=(2,1,-1)\begin{pmatrix}0\\1\\-1\end{pmatrix}=2\neq 0.$$

故选 A.

28.【参考答案】 E

【答案解析】 当 $\lambda=1$ 或 2 时，出现矛盾方程 $0=6$ 或 $0=2$，该方程组无解. 故选 E.

29.【参考答案】 A

【答案解析】 依题设，该方程组的导出组的基础解系由一个无关解向量构成，即由

$$3\boldsymbol{\alpha}_1+\boldsymbol{\alpha}_2-(\boldsymbol{\alpha}_1+\boldsymbol{\alpha}_2+2\boldsymbol{\alpha}_3)=2(\boldsymbol{\alpha}_1-\boldsymbol{\alpha}_3)=(0,4,6,8)^{\mathrm{T}},$$

得一个基础解系

$$\boldsymbol{\alpha}_1-\boldsymbol{\alpha}_3=\frac{1}{2}(0,4,6,8)^{\mathrm{T}}=(0,2,3,4)^{\mathrm{T}},$$

又由 $\boldsymbol{A}(\boldsymbol{\alpha}_1+\boldsymbol{\alpha}_2+2\boldsymbol{\alpha}_3)=4\boldsymbol{b}$，知

$$\frac{1}{4}(\boldsymbol{\alpha}_1+\boldsymbol{\alpha}_2+2\boldsymbol{\alpha}_3)=\left(\frac{1}{2},0,0,0\right)^{\mathrm{T}}$$

是原方程组的一个特解，因此，$\boldsymbol{Ax}=\boldsymbol{b}$ 的通解为

$$\left(\frac{1}{2},0,0,0\right)^{\mathrm{T}}+C(0,2,3,4)^{\mathrm{T}},$$

故选 A.

30.【参考答案】 B

【答案解析】 线性方程组 $\boldsymbol{Ax}=\boldsymbol{b}$ 有解的充分必要条件是 $r(\boldsymbol{A}\vdots\boldsymbol{b})=r(\boldsymbol{A})$，于是，对 $(\boldsymbol{A}\vdots\boldsymbol{b})$ 施以初等行变换，有

$$(\boldsymbol{A}\vdots\boldsymbol{b})=\begin{pmatrix}1&3&-3&1&b_1\\1&1&-1&0&b_2\\1&-1&1&-1&b_3\end{pmatrix}\to\begin{pmatrix}1&3&-3&1&b_1\\0&2&-2&1&b_1-b_2\\0&0&0&0&b_1-2b_2+b_3\end{pmatrix},$$

当 $r(\boldsymbol{A}\vdots\boldsymbol{b})=r(\boldsymbol{A})$ 时，必有 $b_1-2b_2+b_3=0$，故选 B.

31.【参考答案】 C

【答案解析】 齐次线性方程组 $\boldsymbol{Ax}=\boldsymbol{0}$ 的基础解系所含无关的解向量个数应为 $n-r(\boldsymbol{A})=n-(n-3)=3$，所以 $\boldsymbol{\alpha}_1,\boldsymbol{\alpha}_2,\boldsymbol{\alpha}_3$ 为方程组的一个基础解系，又

$$(\boldsymbol{\alpha}_1,\boldsymbol{\alpha}_1+\boldsymbol{\alpha}_2,\boldsymbol{\alpha}_1+\boldsymbol{\alpha}_2+\boldsymbol{\alpha}_3)=(\boldsymbol{\alpha}_1,\boldsymbol{\alpha}_2,\boldsymbol{\alpha}_3)\begin{pmatrix}1&1&1\\0&1&1\\0&0&1\end{pmatrix},\text{且}\begin{vmatrix}1&1&1\\0&1&1\\0&0&1\end{vmatrix}=1\neq0,$$

知向量组 $\boldsymbol{\alpha}_1,\boldsymbol{\alpha}_1+\boldsymbol{\alpha}_2,\boldsymbol{\alpha}_1+\boldsymbol{\alpha}_2+\boldsymbol{\alpha}_3$ 与 $\boldsymbol{\alpha}_1,\boldsymbol{\alpha}_2,\boldsymbol{\alpha}_3$ 等价，从而知 $\boldsymbol{\alpha}_1,\boldsymbol{\alpha}_1+\boldsymbol{\alpha}_2,\boldsymbol{\alpha}_1+\boldsymbol{\alpha}_2+\boldsymbol{\alpha}_3$ 也为方程组 $\boldsymbol{Ax}=\boldsymbol{0}$ 的一个基础解系，故选 C.

32.【参考答案】 C

【答案解析】 由于 $\boldsymbol{A\alpha}_1=\boldsymbol{b},\boldsymbol{A\alpha}_2=\boldsymbol{b}$，那么

$$\boldsymbol{A}(4\boldsymbol{\alpha}_1-3\boldsymbol{\alpha}_2)=4\boldsymbol{A\alpha}_1-3\boldsymbol{A\alpha}_2=\boldsymbol{b},$$

$$\boldsymbol{A}\left(\frac{1}{4}\boldsymbol{\alpha}_1+\frac{3}{4}\boldsymbol{\alpha}_2\right)=\frac{1}{4}\boldsymbol{A\alpha}_1+\frac{3}{4}\boldsymbol{A\alpha}_2=\boldsymbol{b}.$$

可知 $4\boldsymbol{\alpha}_1-3\boldsymbol{\alpha}_2,\frac{1}{4}\boldsymbol{\alpha}_1+\frac{3}{4}\boldsymbol{\alpha}_2$ 均是 $\boldsymbol{Ax}=\boldsymbol{b}$ 的解.

而

$$\boldsymbol{A}(\boldsymbol{\alpha}_1-2\boldsymbol{\alpha}_2)=-\boldsymbol{b},\boldsymbol{A}\left[\frac{1}{4}(2\boldsymbol{\alpha}_1+\boldsymbol{\alpha}_2)\right]=\frac{3}{4}\boldsymbol{b}.$$

故 $\boldsymbol{\alpha}_1-2\boldsymbol{\alpha}_2,\frac{1}{4}(2\boldsymbol{\alpha}_1+\boldsymbol{\alpha}_2)$ 不是 $\boldsymbol{Ax}=\boldsymbol{b}$ 的解，故应选 C.

【老师提示】 若 $\boldsymbol{\alpha}_1,\boldsymbol{\alpha}_2,\boldsymbol{\alpha}_3,\cdots,\boldsymbol{\alpha}_t$ 是 $\boldsymbol{Ax}=\boldsymbol{b}$ 的解，则当 $k_1+k_2+k_3+\cdots+k_t=1$ 时，$k_1\boldsymbol{\alpha}_1+k_2\boldsymbol{\alpha}_2+k_3\boldsymbol{\alpha}_3+\cdots+k_t\boldsymbol{\alpha}_t$ 是 $\boldsymbol{Ax}=\boldsymbol{b}$ 的解；当 $k_1+k_2+k_3+\cdots+k_t=0$ 时，$k_1\boldsymbol{\alpha}_1+k_2\boldsymbol{\alpha}_2+k_3\boldsymbol{\alpha}_3+\cdots+k_t\boldsymbol{\alpha}_t$ 是 $\boldsymbol{Ax}=\boldsymbol{0}$的解.

33.【参考答案】 A

【答案解析】 由题设知$\boldsymbol{A\alpha}_1=\boldsymbol{A\alpha}_2=\boldsymbol{A\alpha}_3=\boldsymbol{b}$，故

$$\boldsymbol{A}(\boldsymbol{\alpha}_1-\boldsymbol{\alpha}_2)=\boldsymbol{A\alpha}_1-\boldsymbol{A\alpha}_2=\boldsymbol{b}-\boldsymbol{b}=\boldsymbol{0},$$
$$\boldsymbol{A}(\boldsymbol{\alpha}_1-2\boldsymbol{\alpha}_2+\boldsymbol{\alpha}_3)=\boldsymbol{A\alpha}_1-2\boldsymbol{A\alpha}_2+\boldsymbol{A\alpha}_3=\boldsymbol{b}-2\boldsymbol{b}+\boldsymbol{b}=\boldsymbol{0},$$
$$\boldsymbol{A}\left[\frac{1}{4}(\boldsymbol{\alpha}_1-\boldsymbol{\alpha}_3)\right]=\frac{1}{4}(\boldsymbol{A\alpha}_1-\boldsymbol{A\alpha}_3)=\frac{1}{4}(\boldsymbol{b}-\boldsymbol{b})=\boldsymbol{0},$$
$$\boldsymbol{A}(\boldsymbol{\alpha}_1+3\boldsymbol{\alpha}_2-4\boldsymbol{\alpha}_3)=\boldsymbol{A\alpha}_1+3\boldsymbol{A\alpha}_2-4\boldsymbol{A\alpha}_3=\boldsymbol{b}+3\boldsymbol{b}-4\boldsymbol{b}=\boldsymbol{0}.$$

可知，这 4 个向量都是 $\boldsymbol{Ax}=\boldsymbol{0}$的解，故选 A.

34.【参考答案】 D

【答案解析】 依题设，$r=n-r(\boldsymbol{A})$. 判断一个向量组是否为方程组的基础解系，应具备三个条件：①是方程组的解；②为线性无关向量组；③个数为 $n-r(\boldsymbol{A})$.

选项 D 提供的条件中，$\boldsymbol{\beta}_1,\boldsymbol{\beta}_2,\cdots,\boldsymbol{\beta}_s$ 与 $\boldsymbol{\alpha}_1,\boldsymbol{\alpha}_2,\cdots,\boldsymbol{\alpha}_r$ 等价，说明 $\boldsymbol{\beta}_1,\boldsymbol{\beta}_2,\cdots,\boldsymbol{\beta}_s$ 是方程组的解，且与 $\boldsymbol{\alpha}_1,\boldsymbol{\alpha}_2,\cdots,\boldsymbol{\alpha}_r$ 的秩相等，$s=r$ 又说明$\boldsymbol{\beta}_1,\boldsymbol{\beta}_2,\cdots,\boldsymbol{\beta}_s$ 是线性无关组，个数等于 $n-r(\boldsymbol{A})$. 因此，可以确定 $\boldsymbol{\beta}_1,\boldsymbol{\beta}_2,\cdots,\boldsymbol{\beta}_s$ 是该齐次线性方程组的一个基础解系，故选 D.

选项 A，$\boldsymbol{\beta}_1,\boldsymbol{\beta}_2,\cdots,\boldsymbol{\beta}_s$ 与 $\boldsymbol{\alpha}_1,\boldsymbol{\alpha}_2,\cdots,\boldsymbol{\alpha}_r$ 等价，即两向量组可以互相表示，说明 $\boldsymbol{\beta}_1,\boldsymbol{\beta}_2,\cdots,\boldsymbol{\beta}_s$ 也是方程组的解，且两向量组秩相等，但向量组等价并不能说明 $\boldsymbol{\beta}_1,\boldsymbol{\beta}_2,\cdots,\boldsymbol{\beta}_s$ 的线性无关性和向量个数.

选项 B，仅由 $r(\boldsymbol{\beta}_1,\boldsymbol{\beta}_2,\cdots,\boldsymbol{\beta}_s)=r(\boldsymbol{\alpha}_1,\boldsymbol{\alpha}_2,\cdots,\boldsymbol{\alpha}_r)$，并不能说明 $\boldsymbol{\beta}_1,\boldsymbol{\beta}_2,\cdots,\boldsymbol{\beta}_s$ 是方程组的解，也不能说明 $\boldsymbol{\beta}_1,\boldsymbol{\beta}_2,\cdots,\boldsymbol{\beta}_s$ 的线性无关性.

类似地，选项 C 不能确定 $\boldsymbol{\beta}_1,\boldsymbol{\beta}_2,\cdots,\boldsymbol{\beta}_s$ 的线性无关性和向量个数. 选项 E 并不能说明 $\boldsymbol{\beta}_1,\boldsymbol{\beta}_2,\cdots,\boldsymbol{\beta}_s$ 是方程组的解.

【老师提示】 应准确理解两向量组等价和秩相等的概念及由此提供的信息.

35.【参考答案】 D

【答案解析】 由题设知 $\boldsymbol{A\xi}_1=\boldsymbol{b},\boldsymbol{A\xi}_2=\boldsymbol{b}$，将 $C_1\boldsymbol{\xi}_1+C_2\boldsymbol{\xi}_2$ 代入方程组，有

$$C_1\boldsymbol{A\xi}_1+C_2\boldsymbol{A\xi}_2=C_1\boldsymbol{b}+C_2\boldsymbol{b}=(C_1+C_2)\boldsymbol{b},$$

知若 $C_1\boldsymbol{\xi}_1+C_2\boldsymbol{\xi}_2$ 仍然是方程组 $\boldsymbol{Ax}=\boldsymbol{b}$ 的解，应有 $C_1+C_2=1$，故选 D.

【老师提示】 验证方程的解及其应满足的条件，只需将解代入方程直接验证.

36.【参考答案】 A

【答案解析】 方程组 $\boldsymbol{Ax}=\boldsymbol{b}$ 有解的充分必要条件是$r(\boldsymbol{A}\,\vdots\,\boldsymbol{b})=r(\boldsymbol{A})$. 选项 A，若 $r(\boldsymbol{A})=m$，知 $\boldsymbol{A}$ 为行满秩矩阵，在加任意一个列向量 $\boldsymbol{b}$ 后，加长矩阵 $(\boldsymbol{A}\,\vdots\,\boldsymbol{b})$ 即增广矩阵仍为行满秩矩阵，总有 $r(\boldsymbol{A}\,\vdots\,\boldsymbol{b})=r(\boldsymbol{A})=m$. 显然 E 不正确，故选 A.

选项 B，$r(\boldsymbol{A})=n$ 只说明方程组导出组$\boldsymbol{Ax}=\boldsymbol{0}$ 仅有零解，但不能说明 $\boldsymbol{Ax}=\boldsymbol{b}$ 一定有解.

选项 C，$r(\boldsymbol{A})<m$ 时，通过适当变换可以找到特定的常向量 $\boldsymbol{b}$，使得 $r(\boldsymbol{A}\,\vdots\,\boldsymbol{b})>r(\boldsymbol{A})$，致使方程组无解. 故 $\boldsymbol{Ax}=\boldsymbol{b}$ 不一定有解.

选项 D，$r(\boldsymbol{A})<n$ 只说明方程组导出组 $\boldsymbol{Ax}=\boldsymbol{0}$ 有非零解，但不能说明 $\boldsymbol{Ax}=\boldsymbol{b}$ 一定有解.

【老师提示】本题提供了一个重要结论：对任意的常向量 $\boldsymbol{b}$，非齐次线性方程组 $\boldsymbol{Ax}=\boldsymbol{b}$ 总有解的充分必要条件是其系数矩阵行满秩.

37.【参考答案】 E

【答案解析】因为通解中必有任意常数，可见 A 不正确. 由 $n-r(\boldsymbol{A})=1$ 知 $\boldsymbol{Ax}=\boldsymbol{0}$ 的基础解系由一个非零向量构成. 判断 $\boldsymbol{\alpha}_1,\boldsymbol{\alpha}_2,\boldsymbol{\alpha}_1+\boldsymbol{\alpha}_2$ 与 $\boldsymbol{\alpha}_1-\boldsymbol{\alpha}_2$ 是否为非零向量.

已知条件只是说 $\boldsymbol{\alpha}_1,\boldsymbol{\alpha}_2$ 是两个不同的解，那么 $\boldsymbol{\alpha}_1$ 或 $\boldsymbol{\alpha}_2$ 可以是零解，因而 $k\boldsymbol{\alpha}_1$ 或 $k\boldsymbol{\alpha}_2$ 可能不是通解. 如果 $\boldsymbol{\alpha}_1=-\boldsymbol{\alpha}_2\neq\boldsymbol{0}$，则 $\boldsymbol{\alpha}_1,\boldsymbol{\alpha}_2$ 是两个不同的解，但 $\boldsymbol{\alpha}_1+\boldsymbol{\alpha}_2=\boldsymbol{0}$，即两个不同的解不能保证 $\boldsymbol{\alpha}_1+\boldsymbol{\alpha}_2\neq\boldsymbol{0}$，因此要排除 B，C，D. 由于 $\boldsymbol{\alpha}_1\neq\boldsymbol{\alpha}_2$，必有 $\boldsymbol{\alpha}_1-\boldsymbol{\alpha}_2\neq\boldsymbol{0}$. 可见 E 正确.

【老师提示】求齐次线性方程组 $\boldsymbol{Ax}=\boldsymbol{0}$ 的基础解系的一般思路为：求 $\boldsymbol{Ax}=\boldsymbol{0}$ 的 $n-r(\boldsymbol{A})$ 个线性无关的解. 基本步骤为：①求 $r(\boldsymbol{A})$；②求 $\boldsymbol{Ax}=\boldsymbol{0}$ 的 $n-r(\boldsymbol{A})$ 个解；③说明这 $n-r(\boldsymbol{A})$ 个解是线性无关的.

在本题中，由于 $r(\boldsymbol{A})=n-1$，故基础解系中只有一个无关解向量，由于单个向量线性无关的充要条件是该向量为非零向量，故本题的关键在于确定 $\boldsymbol{Ax}=\boldsymbol{0}$ 的一个非零解.

38.【参考答案】 D

【答案解析】选项 D，依题设，$|\boldsymbol{A}|=1\neq 0$，则方程组 $\boldsymbol{Ax}=\boldsymbol{e}_i\,(i=1,2,3)$ 必定有解，且有唯一解，故结论不正确. 选 D.

由于 $\boldsymbol{A}$ 可逆，因此，$\boldsymbol{A}^*$ 也可逆，有

$$\boldsymbol{AA}^*=|\boldsymbol{A}|\boldsymbol{E}=\boldsymbol{E},$$

即有

$$\boldsymbol{A}(\boldsymbol{\beta}_1,\boldsymbol{\beta}_2,\boldsymbol{\beta}_3)=(\boldsymbol{e}_1,\boldsymbol{e}_2,\boldsymbol{e}_3),$$
$$\boldsymbol{A\beta}_i=\boldsymbol{e}_i\,(i=1,2,3),$$

所以选项 A，B，C，E 均正确.

【老师提示】关系式 $\boldsymbol{AA}^*=\boldsymbol{A}^*\boldsymbol{A}=|\boldsymbol{A}|\boldsymbol{E}$，常用于方程组 $\boldsymbol{AX}=|\boldsymbol{A}|\boldsymbol{E}$，$\boldsymbol{A}^*\boldsymbol{X}=|\boldsymbol{A}|\boldsymbol{E}$ 解的讨论，其中 $\boldsymbol{A}^*,\boldsymbol{A}$ 的列向量组分别充当上述两个方程组解的角色，矩阵 $\boldsymbol{A}^*,\boldsymbol{A}$ 之间秩的转换是重要的切入点.

39.【参考答案】 A

【答案解析】由 $r(\boldsymbol{A})=1$ 知 $\boldsymbol{A}$ 的所有 2 阶子式均为零，所以 $r(\boldsymbol{A}^*)=0$，从而知方程组 $\boldsymbol{A}^*\boldsymbol{x}=\boldsymbol{0}$ 的基础解系含无关解的个数为 3，故选 A.

【老师提示】由此类推，若 $r(\boldsymbol{A})=2$，知方程组 $\boldsymbol{A}^*\boldsymbol{x}=\boldsymbol{0}$ 的基础解系含无关解的个数为 2.

40.【参考答案】 C

【答案解析】对于 n 阶矩阵 $\boldsymbol{A}$，当 $r(\boldsymbol{A})=n$ 时，$r(\boldsymbol{A}^*)=n$；当 $r(\boldsymbol{A})=n-1$ 时，$r(\boldsymbol{A}^*)=1$；当 $r(\boldsymbol{A})<n-1$ 时，$r(\boldsymbol{A}^*)=0$. 即 $r(\boldsymbol{A}^*)$ 所有可能取值为 $0,1,n$，故齐次线性方程组 $\boldsymbol{A}^*\boldsymbol{x}=\boldsymbol{0}$ 的基础解系所含无关解的个数为 0，$n-1$ 和 n. 故选 C.

41.【参考答案】 C

【答案解析】根据 n 阶矩阵 $\boldsymbol{A}$ 的秩与其伴随矩阵 $\boldsymbol{A}^*$ 的秩的关系，当 $r(\boldsymbol{A}^*)=1$ 时，$r(\boldsymbol{A})=n-1$. 因此，齐次线性方程组 $\boldsymbol{Ax}=\boldsymbol{0}$ 的基础解系所含无关解的个数为 $n-r(\boldsymbol{A})=1$，故选 C.

42.【参考答案】 B

【答案解析】 由 $\boldsymbol{A}^* \neq \boldsymbol{O}$，知 $r(\boldsymbol{A}^*) \geqslant 1$，故 $r(\boldsymbol{A}) \geqslant n-1$，又因方程组 $\boldsymbol{A}\boldsymbol{x}=\boldsymbol{b}$ 有互不相等的解 $\boldsymbol{\xi}_1,\boldsymbol{\xi}_2,\boldsymbol{\xi}_3$，知 $r(\boldsymbol{A})<n$，从而 $r(\boldsymbol{A})=n-1$，因此，方程组 $\boldsymbol{A}\boldsymbol{x}=\boldsymbol{0}$ 的基础解系含线性无关解向量的个数为

$$n-(n-1)=1,$$

故选 B.

43.【参考答案】 B

【答案解析】 选项 B，三平面相交于一条直线，等价于由三平面方程联立的方程组

$$\begin{cases} a_1x+b_1y+c_1z=d_1, \\ a_2x+b_2y+c_2z=d_2, \\ a_3x+b_3y+c_3z=d_3 \end{cases}$$

有无穷多解，且通解表达式为空间直线方程 $\boldsymbol{\eta}=\boldsymbol{\xi}_0+C\boldsymbol{\xi}_1$，其中 $\boldsymbol{\xi}_0$ 为方程组的一个特解，$\boldsymbol{\xi}_1$ 为导出组的一个基础解系，由此知

$$r(\boldsymbol{\alpha}_1,\boldsymbol{\alpha}_2,\boldsymbol{\alpha}_3,\boldsymbol{\alpha}_4)=r(\boldsymbol{\alpha}_1,\boldsymbol{\alpha}_2,\boldsymbol{\alpha}_3)=2,$$

故选 B.

选项 A，由

$$r(\boldsymbol{\alpha}_1,\boldsymbol{\alpha}_2,\boldsymbol{\alpha}_3,\boldsymbol{\alpha}_4)=r(\boldsymbol{\alpha}_1,\boldsymbol{\alpha}_2,\boldsymbol{\alpha}_3)$$

知 $\boldsymbol{\alpha}_4$ 可以被 $\boldsymbol{\alpha}_1,\boldsymbol{\alpha}_2,\boldsymbol{\alpha}_3$ 线性表示，即平面之间有交点，但不能具体确定交点集的特征.

选项 C，由

$$r(\boldsymbol{\alpha}_1,\boldsymbol{\alpha}_2,\boldsymbol{\alpha}_3,\boldsymbol{\alpha}_4)=r(\boldsymbol{\alpha}_1,\boldsymbol{\alpha}_2,\boldsymbol{\alpha}_3)=3$$

知方程组有唯一解，即平面相交于一点.

选项 D，由 $\boldsymbol{\alpha}_1,\boldsymbol{\alpha}_2,\boldsymbol{\alpha}_3,\boldsymbol{\alpha}_4$ 线性相关及 $r(\boldsymbol{\alpha}_1,\boldsymbol{\alpha}_2,\boldsymbol{\alpha}_3)=2$，不能说明 $\boldsymbol{\alpha}_4$ 可以被 $\boldsymbol{\alpha}_1,\boldsymbol{\alpha}_2,\boldsymbol{\alpha}_3$ 线性表示，即方程组不一定有解，故平面未必有公共交点.

选项 E，$r(\boldsymbol{\alpha}_1,\boldsymbol{\alpha}_2,\boldsymbol{\alpha}_3,\boldsymbol{\alpha}_4)=2$，但 $r(\boldsymbol{\alpha}_1,\boldsymbol{\alpha}_2,\boldsymbol{\alpha}_3)$ 未必等于 2，所以方程组不一定有解，故平面未必有公共交点.

44.【参考答案】 B

【答案解析】 若 $\boldsymbol{A}\boldsymbol{x}=\boldsymbol{0}$ 与 $\boldsymbol{B}\boldsymbol{x}=\boldsymbol{0}$ 同解，则它们的基础解系所含向量个数相同，即

$$n-r(\boldsymbol{A})=n-r(\boldsymbol{B}),\text{得 } r(\boldsymbol{A})=r(\boldsymbol{B}),$$

命题③成立，可排除 A，C，E；

但反过来，若 $r(\boldsymbol{A})=r(\boldsymbol{B})$，则不能推出 $\boldsymbol{A}\boldsymbol{x}=\boldsymbol{0}$ 与 $\boldsymbol{B}\boldsymbol{x}=\boldsymbol{0}$ 同解，通过举一反例证明，若

$$\boldsymbol{A}=\begin{pmatrix}1 & 0\\ 0 & 0\end{pmatrix},\boldsymbol{B}=\begin{pmatrix}0 & 0\\ 0 & 1\end{pmatrix},$$

则 $r(\boldsymbol{A})=r(\boldsymbol{B})=1$，但 $\boldsymbol{A}\boldsymbol{x}=\boldsymbol{0}$ 与 $\boldsymbol{B}\boldsymbol{x}=\boldsymbol{0}$ 不同解，可见命题④不成立，排除 D. 故选 B.

45.【参考答案】 E

【答案解析】 线性方程组 $\begin{cases} x_1-x_2=2, \\ x_1+x_2=3, \\ x_1-3x_2=1 \end{cases}$ 满足 $m>n$，但有解，选项 A 不正确；

线性方程组 $\begin{cases} x_1-x_2=2, \\ x_1-x_2=3 \end{cases}$ 满足 $m=n$，但无解，选项 B 不正确；

线性方程组$\begin{cases}x_1-x_2+x_3=1,\\x_2+x_3-x_4=-1,\\-x_1-2x_3+x_4=2\end{cases}$满足$m<n$，但无解，选项 C 不正确；

又齐次线性方程组$\begin{cases}x_1-2x_2=0,\\-2x_1+4x_2=0\end{cases}$满足 $m=n$，但有无穷多解，选项 D 不正确.

可见方程组 $\boldsymbol{Ax}=\boldsymbol{b}$ 是否有解与 m，n 之间的大小无关，故选 E.

46.【参考答案】C

【答案解析】构成方程组 $\boldsymbol{Ax}=\boldsymbol{0}$ 的基础解系的无关解向量的个数为 $n-r(\boldsymbol{A})$. 于是由

$$\boldsymbol{A}=\begin{pmatrix}1&-1&1&1\\2&0&2&0\\0&a&0&-a\\1&1&-1&1\end{pmatrix}\xrightarrow[r_4-r_1]{\frac{1}{2}r_2-r_1}\begin{pmatrix}1&-1&1&1\\0&1&0&-1\\0&a&0&-a\\0&2&-2&0\end{pmatrix}\xrightarrow[r_3\leftrightarrow r_4]{\substack{r_3-ar_2\\r_4-2r_2}}\begin{pmatrix}1&-1&1&1\\0&1&0&-1\\0&0&-2&2\\0&0&0&0\end{pmatrix},$$

知线性方程组 $\boldsymbol{Ax}=\boldsymbol{0}$ 的基础解系的无关解向量的个数为 $4-r(\boldsymbol{A})=4-3=1$. 故选 C.

47.【参考答案】A

【答案解析】选项 A，依题设，该方程组导出组 $\boldsymbol{Ax}=\boldsymbol{0}$ 的基础解系由一个无关解构成，具体可用原方程组的两个不等解的差 $\boldsymbol{\xi}_1-\boldsymbol{\xi}_2$ 表示，又

$$\frac{1}{2}\boldsymbol{A}(\boldsymbol{\xi}_1+\boldsymbol{\xi}_2)=\frac{1}{2}(\boldsymbol{b}+\boldsymbol{b})=\boldsymbol{b},$$

知 $\dfrac{\boldsymbol{\xi}_1+\boldsymbol{\xi}_2}{2}$ 是原方程组的一个特解，从而确定 $C(\boldsymbol{\xi}_1-\boldsymbol{\xi}_2)+\dfrac{\boldsymbol{\xi}_1+\boldsymbol{\xi}_2}{2}$ 是 $\boldsymbol{Ax}=\boldsymbol{b}$ 的通解. 故选 A.

选项 B，由于 $\boldsymbol{\xi}_1+\boldsymbol{\xi}_2$ 并非方程组导出组 $\boldsymbol{Ax}=\boldsymbol{0}$ 的解，$\dfrac{\boldsymbol{\xi}_1-\boldsymbol{\xi}_2}{2}$ 也非方程组 $\boldsymbol{Ax}=\boldsymbol{b}$ 的解，因此，$C(\boldsymbol{\xi}_1+\boldsymbol{\xi}_2)+\dfrac{\boldsymbol{\xi}_1-\boldsymbol{\xi}_2}{2}$ 不符合方程组 $\boldsymbol{Ax}=\boldsymbol{b}$ 解的结构形式.

选项 C，虽然 $\boldsymbol{\xi}_1-\boldsymbol{\xi}_2$ 为方程组导出组 $\boldsymbol{Ax}=\boldsymbol{0}$ 的基础解系，但 $\boldsymbol{\xi}_1+\boldsymbol{\xi}_2$ 非方程组 $\boldsymbol{Ax}=\boldsymbol{b}$ 的解，因此，$C(\boldsymbol{\xi}_1-\boldsymbol{\xi}_2)+\boldsymbol{\xi}_1+\boldsymbol{\xi}_2$ 不符合方程组 $\boldsymbol{Ax}=\boldsymbol{b}$ 解的结构形式.

选项 D，由于

$$\boldsymbol{A}(C_1\boldsymbol{\xi}_1+C_2\boldsymbol{\xi}_2)=C_1\boldsymbol{A\xi}_1+C_2\boldsymbol{A\xi}_2=(C_1+C_2)\boldsymbol{b}$$

不一定等于 $\boldsymbol{b}$，因此，$C_1\boldsymbol{\xi}_1+C_2\boldsymbol{\xi}_2$ 不一定是方程组 $\boldsymbol{Ax}=\boldsymbol{b}$ 的解.

选项 E，由于 $2\boldsymbol{\xi}_1-\boldsymbol{\xi}_2$ 并非方程组导出组 $\boldsymbol{Ax}=\boldsymbol{0}$ 的解，因此 $C(2\boldsymbol{\xi}_1-\boldsymbol{\xi}_2)+\dfrac{\boldsymbol{\xi}_1+\boldsymbol{\xi}_2}{2}$ 不符合方程组 $\boldsymbol{Ax}=\boldsymbol{b}$ 解的结构形式.

【老师提示】一般地，讨论非齐次线性方程组 $\boldsymbol{Ax}=\boldsymbol{b}$ 解的结构，应分为两部分，一部分为其导出组的通解，另一部分是原方程组的特解，每部分再根据线性方程组解的性质做进一步分析，只有在两部分都符合解的结构特征时才能予以确认.

48.【参考答案】C

【答案解析】选项 C，从非齐次线性方程组的通解结构可以看到，若 $\boldsymbol{Ax}=\boldsymbol{b}$ 有无穷多解，其导出组必含基础解系，因此，$\boldsymbol{Ax}=\boldsymbol{0}$ 必有非零解. 故选 C.

选项 A，B，$\boldsymbol{Ax}=\boldsymbol{0}$ 有非零解（仅有零解），并不能确定对应的非齐次线性方程组一定有解.

因此，A，B 不正确.

选项 D，$\boldsymbol{Ax}=\boldsymbol{b}$ 无解，说明 $r(\boldsymbol{A})\neq r(\boldsymbol{A}\mid\boldsymbol{b})$，当 $r(\boldsymbol{A})<n$ 时，$\boldsymbol{Ax}=\boldsymbol{0}$ 有非零解，故 D 不正确.

选项 E，在 $\boldsymbol{Ax}=\boldsymbol{b}$ 有解的情况下，$\boldsymbol{Ax}=\boldsymbol{b}$ 解的状态与 $\boldsymbol{Ax}=\boldsymbol{0}$ 有无非零解有关联，如选项 C.

【老师提示】关于非齐次线性方程组的解的结构的讨论必须在有解的情况下进行. 因此，在 $\boldsymbol{Ax}=\boldsymbol{b}$ 有解的大前提下，$\boldsymbol{Ax}=\boldsymbol{b}$ 有无穷多解（唯一解）与 $\boldsymbol{Ax}=\boldsymbol{0}$ 有非零解（仅有零解）有互为因果的关系.

49.【参考答案】D

【答案解析】选项 D，依题设，

$$r\left(\begin{pmatrix}\boldsymbol{A} & \boldsymbol{\alpha}\\ \boldsymbol{\alpha}^{\mathrm{T}} & 0\end{pmatrix}\right)=r(\boldsymbol{A})<3,$$

知方程组 $\begin{pmatrix}\boldsymbol{A} & \boldsymbol{\alpha}\\ \boldsymbol{\alpha}^{\mathrm{T}} & 0\end{pmatrix}\begin{pmatrix}x\\ y\\ z\end{pmatrix}=\boldsymbol{0}$ 必有非零解，故选 D. 同时知选项 C 不正确.

选项 A，B，依题设，

$$r\left(\begin{pmatrix}\boldsymbol{A} & \boldsymbol{\alpha}\\ \boldsymbol{\alpha}^{\mathrm{T}} & 0\end{pmatrix}\right)=r(\boldsymbol{A}),$$

又 $\boldsymbol{A}$ 和 $(\boldsymbol{A},\boldsymbol{\alpha})$ 分别是 $(\boldsymbol{A},\boldsymbol{\alpha})$ 和 $\begin{pmatrix}\boldsymbol{A} & \boldsymbol{\alpha}\\ \boldsymbol{\alpha}^{\mathrm{T}} & 0\end{pmatrix}$ 的子块，于是有

$$r(\boldsymbol{A})\leqslant r(\boldsymbol{A},\boldsymbol{\alpha})\leqslant r\left(\begin{pmatrix}\boldsymbol{A} & \boldsymbol{\alpha}\\ \boldsymbol{\alpha}^{\mathrm{T}} & 0\end{pmatrix}\right)=r(\boldsymbol{A}),$$

即有 $r(\boldsymbol{A},\boldsymbol{\alpha})=r(\boldsymbol{A})$. 因此，非齐次线性方程组 $\boldsymbol{Ax}=\boldsymbol{\alpha}$ 有解，但不能确定 $\boldsymbol{Ax}=\boldsymbol{0}$ 是否有非零解，故无法确定 $\boldsymbol{Ax}=\boldsymbol{\alpha}$ 解的个数，所以选项 A，B 不正确.

【老师提示】本题是从秩的角度讨论线性方程组解的问题，用到的重要结论是任何矩阵的秩小于或等于其行数和列数的最小值，任何矩阵子块的秩小于或等于其整个矩阵的秩.

50.【参考答案】B

【答案解析】选项 B，齐次线性方程组 $\boldsymbol{ABx}=\boldsymbol{0}$ 必有非零解，即必须有 $r(\boldsymbol{AB})<m$. 又由

$$r(\boldsymbol{AB})\leqslant\min\{r(\boldsymbol{A}),r(\boldsymbol{B})\}\leqslant\min\{m,n\},$$

知只有 $n<m$，才能确保 $r(\boldsymbol{AB})<m$ 成立，故选 B. 同时也否定了选项 E 的正确性.

选项 A，若 $n>m$，则

$$r(\boldsymbol{AB})\leqslant\min\{r(\boldsymbol{A}),r(\boldsymbol{B})\}\leqslant\min\{m,n\}=m,$$

不能确保 $r(\boldsymbol{AB})<m$ 成立.

选项 C，类似地，$n=m$ 不能确保 $r(\boldsymbol{AB})<m$ 成立.

选项 D，通过 B 选项的分析 $n<m$ 使 $\boldsymbol{ABx}=\boldsymbol{0}$ 有非零解，附加 $m>3$ 时，排除了 $m=2$ 的情况，实际上 $m=2$ 时，在 $n<m$ 的条件下 $\boldsymbol{ABx}=\boldsymbol{0}$ 也必有非零解.

51.【参考答案】A

【答案解析】对增广矩阵作初等行变换，化为阶梯形矩阵，有

$$(\boldsymbol{A}\mid\boldsymbol{b})=\begin{pmatrix}1 & 2 & 1 & 1\\ 2 & 3 & a+2 & 3\\ 1 & a & -2 & 0\end{pmatrix}\rightarrow\begin{pmatrix}1 & 2 & 1 & 1\\ 0 & -1 & a & 1\\ 0 & 0 & (a-3)(a+1) & a-3\end{pmatrix},$$

选项 A,当 $a=-1$ 时, $r(\boldsymbol{A})=2, r(\boldsymbol{A} \mid \boldsymbol{b})=3$, 方程组无解. 故选 A.

选项 B,D,E,当 $a=1$ 或 -3 或 0 时, $r(\boldsymbol{A})=r(\boldsymbol{A} \mid \boldsymbol{b})=3$, 方程组有唯一解.

选项 C,当 $a=3$ 时, $r(\boldsymbol{A})=r(\boldsymbol{A} \mid \boldsymbol{b})=2$, 方程组有无穷多解.

52.【参考答案】 B

【答案解析】 选项 B,非齐次线性方程组 $\boldsymbol{Ax}=\boldsymbol{b}$ 有解的充分必要条件是 $r(\boldsymbol{A} \mid \boldsymbol{b})=r(\boldsymbol{A})$,于是由

$$(\boldsymbol{A} \mid \boldsymbol{b})=\begin{pmatrix}1 & -1 & 1 & 0 & a_1\\ 0 & 1 & 1 & -1 & a_2\\ -1 & 0 & -2 & 1 & a_3\end{pmatrix} \xrightarrow[r_3+r_2]{r_3+r_1} \begin{pmatrix}1 & -1 & 1 & 0 & a_1\\ 0 & 1 & 1 & -1 & a_2\\ 0 & 0 & 0 & 0 & a_1+a_2+a_3\end{pmatrix},$$

知 $a_1+a_2+a_3=0$ 是该方程组有解的充分必要条件,故选 B.

选项 A, a_1, a_2, a_3 均为零时,方程组变为齐次线性方程组,显然有解,但并非是原方程组有解的必要条件.

选项 C,D,E 提供的条件均不能保证原方程组有解.

53.【参考答案】 E

【答案解析】 两个方程组为同解方程组的必要条件是系数矩阵的秩相等, 无论 a 取何值,方程组(Ⅰ)中的两个方程的系数均不成比例,因此,其系数矩阵的秩为 2,而方程组(Ⅱ)的系数矩阵的秩为 1,所以,这两个方程组不可能为同解方程组. 故选 E.

54.【参考答案】 D

【答案解析】 本题关键在于两方程组非零解之间的关系, 若 $\boldsymbol{\eta}$ 是方程组 $\boldsymbol{Ax}=\boldsymbol{0}$ 的非零解,即有 $\boldsymbol{A\eta}=\boldsymbol{0}$, 也必有 $\boldsymbol{A}^{\mathrm{T}}\boldsymbol{A\eta}=\boldsymbol{0}$, 因此, $\boldsymbol{\eta}$ 也必定是方程组 $\boldsymbol{A}^{\mathrm{T}}\boldsymbol{Ax}=\boldsymbol{0}$ 的解. 反之, 若 $\boldsymbol{\eta}$ 是方程组 $\boldsymbol{A}^{\mathrm{T}}\boldsymbol{Ax}=\boldsymbol{0}$ 的非零解, 也必有 $\boldsymbol{A\eta}=\boldsymbol{0}$, 否则, $\boldsymbol{A\eta}\neq\boldsymbol{0}$, 使得 $(\boldsymbol{A\eta})^{\mathrm{T}}\boldsymbol{A\eta}=\boldsymbol{\eta}^{\mathrm{T}}\boldsymbol{A}^{\mathrm{T}}\boldsymbol{A\eta}\neq 0$, 从而与假设 $\boldsymbol{A}^{\mathrm{T}}\boldsymbol{A\eta}=\boldsymbol{0}$ 矛盾. 从而知 $\boldsymbol{A}^{\mathrm{T}}\boldsymbol{Ax}=\boldsymbol{0}$ 与 $\boldsymbol{Ax}=\boldsymbol{0}$ 为同解方程组, 综上,知选项 A, B,C,E 均不正确, 故选 D.

【老师提示】 解题过程用到了结论: $\boldsymbol{\alpha}^{\mathrm{T}}\boldsymbol{\alpha}\neq 0$ 的充分必要条件是 $\boldsymbol{\alpha}\neq\boldsymbol{0}$,其中 $\boldsymbol{\alpha}$ 为列向量.

55.【参考答案】 D

【答案解析】 本题关键在于两方程组非零解之间的关系, 若 $\boldsymbol{\eta}$ 是方程组 $\boldsymbol{Ax}=\boldsymbol{0}$ 的非零解,即有 $\boldsymbol{A\eta}=\boldsymbol{0}$, 也必有 $\boldsymbol{PA\eta}=\boldsymbol{0}$, 因此, $\boldsymbol{\eta}$ 也必定是方程组 $\boldsymbol{PAx}=\boldsymbol{0}$ 的解. 反之, 若 $\boldsymbol{\eta}$ 是方程组 $\boldsymbol{PAx}=\boldsymbol{0}$ 的非零解, 即有 $\boldsymbol{PA\eta}=\boldsymbol{0}$, 因为 $\boldsymbol{P}$ 为可逆矩阵,也必有 $\boldsymbol{A\eta}=\boldsymbol{0}$, 因此, $\boldsymbol{\eta}$ 也必定是方程组 $\boldsymbol{Ax}=\boldsymbol{0}$ 的解. 从而知 $\boldsymbol{PAx}=\boldsymbol{0}$ 与 $\boldsymbol{Ax}=\boldsymbol{0}$ 为同解方程组, 综上,知选项 A, B,C,E 均不正确, 故选 D.

【老师提示】 讨论方程组同解问题,应按照先验证方程组甲的解一定是方程组乙的解,再验证方程组乙的解一定是方程组甲的解双向步骤进行.

56.【参考答案】 E

【答案解析】 两个方程组有非零公共解,即两个方程组的联立方程组

$$\begin{cases}x_1-x_2+2x_3=0,\\ 2x_1+ax_2+3x_3=0,\\ -3x_1+3x_2-5x_3=0\end{cases}$$

有非零解，于是有

$$\begin{vmatrix} 1 & -1 & 2 \\ 2 & a & 3 \\ -3 & 3 & -5 \end{vmatrix} = a+2=0,$$

解得 $a=-2$，故选 E.

【老师提示】两个方程组有公共解，即两个方程组的联立方程组有解. 特别地，两个齐次线性方程组有非零公共解，即两个方程组的联立方程组有非零解.

云图 YUN TU

【张宇经济类联考综合能力数学书系】

张宇
经济类联考
综合能力
数学通关优题库

试题分册

张宇 主编

编委名单（按姓氏拼音排序）

毕泗真 陈静静 贾建厂 雷会娟 罗浩 史明洁 王国娟

王慧珍 王燕星 吴金金 杨晶 张聪聪 张青云 张婷婷

张宇 郑光玉 郑利娜

北京理工大学出版社
BEIJING INSTITUTE OF TECHNOLOGY PRESS

图书在版编目(CIP)数据

张宇经济类联考综合能力数学通关优题库. 试题分册/张宇主编. —北京：北京理工大学出版社，2020.9

ISBN 978-7-5682-9013-5

Ⅰ.①张… Ⅱ.①张… Ⅲ.①高等数学-研究生-入学考试-习题集 Ⅳ.①O13-44

中国版本图书馆CIP数据核字(2020)第167228号

出版发行 / 北京理工大学出版社有限责任公司
社　　址 / 北京市海淀区中关村南大街5号
邮　　编 / 100081
电　　话 / (010)68914775(总编室)
　　　　　(010)82562903(教材售后服务热线)
　　　　　(010)68948351(其他图书服务热线)
网　　址 / http://www.bitpress.com.cn
经　　销 / 全国各地新华书店
印　　刷 / 三河市良远印务有限公司
开　　本 / 787毫米×1092毫米　1/16
印　　张 / 5
字　　数 / 125千字
版　　次 / 2020年9月第1版　2020年9月第1次印刷
定　　价 / 39.80元(共2册)

责任编辑 / 高　芳
文案编辑 / 胡　莹
责任校对 / 刘亚男
责任印制 / 李志强

PREFACE

前言

本书严格按照《2021年全国硕士研究生招生考试经济类专业学位联考综合能力考试大纲》编写。从2021年起，全国硕士研究生招生考试经济类联考综合能力考试由教育部考试中心统一命题，从命题形式到命题风格，都有变化，本书全面贯彻落实了这些变化。为帮助考生备考经济类联考数学考试，我们编写并出版了《张宇经济类联考综合能力数学通关优题库》。

《张宇经济类联考综合能力数学通关优题库》严格按照最新公布的经济类联考数学考试的考试大纲编写，其中选题的题型、格式和难易程度与真题保持高度一致。报考经济类联考的考生要熟悉经济类联考数学考试的大纲，明确考试的范围、题型、难易程度和解题的基本要求，以增强备考复习的针对性和有效性。《张宇经济类联考综合能力数学通关优题库》题量丰富，题目精心选编，更好、更全面地诠释经济类联考数学考试的内容、基本题型、重要知识点的内涵和延伸，为考生备考助力。

经济类联考数学考试，注重考查考生对数学的基本概念、基本理论的掌握和基本运算的能力，以及运用数学知识分析问题、解决实际问题的能力。《张宇经济类联考综合能力数学通关优题库》正是基于这种特点，所选题目侧重于培养和训练考生对大纲划定的基本知识点的认知和理解，帮助考生了解和熟悉经济类联考数学考试中常见的基本题型，解决考什么、怎么考以及怎样才能拿高分的问题。

为了更好地使用本书，使广大考生的备考工作更加有序、顺畅和高效，也考虑到考生不同的知识背景，我们建议将整个备考复习大致分为三个阶段。第一阶段，根据大纲划定的考试范围，考生要对相关知识进行系统地温习和梳理，基本上做到在面对问题时自己对相关的概念和定理不陌生、有感觉。第二阶段，阅读并使用本书，对书中题目先尝试自行解答，再看答案解析和老师提示，直到弄懂为止。需要强调的是，任何知识和能力的提高都不是一蹴而就的，想要真正达到预期的复习效果，需要将《张宇经济类联考综合能力数学通关优题库》至少做两到三遍，其中第一遍只是解决会做题的问题，只有经过反复地练习，不断地思考、归纳、总结，才能融会贯通、举一反三、温故知新，达到事半功倍的复习效果。第三阶段，在系统复习的基础上，进入做真题和模拟考试阶段。考生应在模拟实战环境下解答试卷，全面检验前两个阶段的复习成效，并从中找出薄弱环节，予以弥补。这个阶段主要解决的是解题的速度和规范问题，以及考试过程中的心理调节问题，归根结底就是要真正拿到分的问题。

著名数学家、数学教育家乔治·波利亚（G. Polya）说过："解题可以认为是人最富有特征性的活动。……解题是一种本领，就像游泳、滑雪、弹钢琴一样，你只能靠模仿与实践才能学会。……假如你想从解题中得到最大的收获，就应该在所做的题目中找到它的特征，那些特征在求解其他问题时，能起到指导作用。一种解题方法，若是经过你自己努力得到的，或是从别人那里学来的或听来的，只要经过自己的体验，那么对你来讲，它就是一种楷模，碰见类似的问题时，就成为你仿照的模型。"我们想把这段话和本书一起献给读者，伴随读者到数学的海洋中去模仿、去实践、去体验。

由于编者水平所限，书中存在错误和不妥之处在所难免，恳请读者批评指正。

目　录

第一部分　微积分

第二部分　概率论

第三部分　线性代数

第一部分

微积分

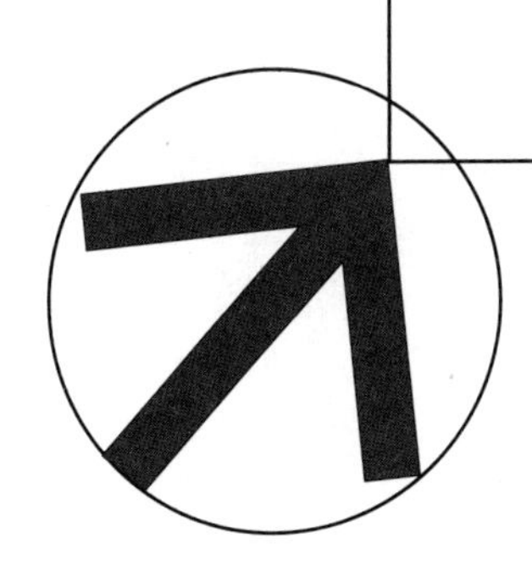

WEI JI FEN

第一章　函数、极限与连续性

概述

本章是整个微积分的基础，包括函数、极限与连续三部分. 函数是微积分的研究对象，极限是研究函数的工具，而连续是用极限研究函数得到的一个结果. 本章的高频考点：极限的计算、连续函数的性质. 低频考点：函数的定义域、无穷小量的比较、函数间断点的判定.

1. 设 $g(x)=\begin{cases}2-x, & x\leqslant 0,\\ x+2, & x>0,\end{cases}$ $f(x)=\begin{cases}x^2, & x<0,\\ -x, & x\geqslant 0,\end{cases}$ 则 $g[f(x)]=($　　$)$.

(A) $\begin{cases}2+x^2, & x<0,\\ x-2, & x\geqslant 0\end{cases}$　(B) $\begin{cases}2-x^2, & x<0,\\ 2+x, & x\geqslant 0\end{cases}$

(C) $\begin{cases}2-x^2, & x<0,\\ 2-x, & x\geqslant 0\end{cases}$　(D) $\begin{cases}2+x, & x<0,\\ 2+x^2, & x\geqslant 0\end{cases}$

(E) $\begin{cases}2+x^2, & x<0,\\ 2+x, & x\geqslant 0\end{cases}$

2. 已知 $f(x)=\mathrm{e}^{x^2}$，$f[\varphi(x)]=1-x$，且 $\varphi(x)\geqslant 0$，则 $\varphi(x)$ 的定义域为(　　).

(A) $(-\infty,1]$　(B) $(-\infty,1)$　(C) $(-\infty,0]$

(D) $(-\infty,0)$　(E) $[0,1]$

3. 函数 $f(x)=\dfrac{1}{1-\mathrm{e}^{\frac{x}{2-x}}}$ 的连续区间为(　　).

(A) $(-\infty,0),(0,+\infty)$　(B) $(-\infty,2),(2,+\infty)$

(C) $(-\infty,+\infty)$　(D) $(-\infty,0),(0,2),(2,+\infty)$

(E) $(-\infty,1),(1,+\infty)$

4. 函数 $f(x)=|x\sin x|\mathrm{e}^{\cos x}(-\infty<x<+\infty)$ 是(　　).

(A) 有界函数　(B) 单调函数　(C) 周期函数

(D) 偶函数　(E) 奇函数

5. 设 $x_n=\begin{cases}\dfrac{n^2+\sqrt{n}}{n}, & n\text{ 为奇数},\\ \dfrac{1}{n}, & n\text{ 为偶数},\end{cases}$ 则当 $n\to\infty$ 时，变量 x_n 为(　　).

(A) 无穷大量　(B) 无穷小量　(C) 有界变量

(D) 无界变量　(E) 无法判断

6. 设对任意的 x，总有 $\varphi(x)\leqslant f(x)\leqslant g(x)$，且 $\lim\limits_{x\to\infty}[g(x)-\varphi(x)]=0$，则 $\lim\limits_{x\to\infty}f(x)($　　$)$.

(A) 存在且为零　(B) 存在且小于零　(C) 存在且大于零

(D) 一定不存在　(E) 不一定存在

7. 下列式子正确的是(　　).

(A)$\lim\limits_{x\to 0}x\sin\dfrac{1}{x}=1$　　(B)$\lim\limits_{x\to\infty}\dfrac{\sin x}{x}=1$　　(C)$\lim\limits_{x\to\infty}x\sin\dfrac{1}{x}=1$

(D)$\lim\limits_{x\to 0}\dfrac{\sin x}{x}=0$　　(E)$\lim\limits_{x\to\infty}x\sin\dfrac{1}{x}=0$

8. 下列式子正确的是(　　).

(A)$\lim\limits_{x\to 0^+}\left(1+\dfrac{1}{x}\right)^x=\mathrm{e}$　　(B)$\lim\limits_{x\to\infty}\left(1+\dfrac{1}{x}\right)^x=1$　　(C)$\lim\limits_{x\to\infty}\left(1+\dfrac{1}{x}\right)^{-x}=-\mathrm{e}$

(D)$\lim\limits_{x\to\infty}\left(1-\dfrac{1}{x}\right)^{-x}=\mathrm{e}$　　(E)$\lim\limits_{x\to 0^-}\left(1-\dfrac{1}{x}\right)^{-x}=0$

9. 已知$\lim\limits_{x\to 1}f(x)$存在,且函数 $f(x)=x^2+x-2\lim\limits_{x\to 1}f(x)$,则$\lim\limits_{x\to 1}f(x)=$(　　).

(A)$\dfrac{3}{2}$　　(B)$\dfrac{4}{3}$　　(C)$-\dfrac{2}{3}$

(D)$-\dfrac{3}{2}$　　(E)$\dfrac{2}{3}$

10. 极限$\lim\limits_{x\to 2}\dfrac{\sqrt{x+2}-2}{x^2+x-6}=$(　　).

(A)$\dfrac{1}{3}$　　(B)$\dfrac{1}{5}$　　(C)$\dfrac{1}{10}$

(D)$\dfrac{1}{20}$　　(E)$\dfrac{1}{30}$

11. 极限$\lim\limits_{x\to 0}\dfrac{\sqrt{1+x}+\sqrt{1-x}-2}{x^2}=$(　　).

(A)$-\dfrac{1}{4}$　　(B)$-\dfrac{1}{2}$　　(C)-1

(D)$\dfrac{1}{4}$　　(E)$\dfrac{1}{2}$

12. 极限$\lim\limits_{x\to 1}\dfrac{(1-\sqrt{x})(1-\sqrt[3]{x})\cdots(1-\sqrt[n]{x})}{(1-x)^{n-1}}=$(　　).

(A)$\dfrac{1}{n-1}$　　(B)$\dfrac{1}{n}$　　(C)$\dfrac{1}{(n-1)!}$

(D)$\dfrac{1}{n!}$　　(E)$\dfrac{1}{(n+1)!}$

13. 设 $x_n=\left(1+\dfrac{1}{2}\right)\cdot\left(1+\dfrac{1}{4}\right)\cdot\cdots\cdot\left(1+\dfrac{1}{2^{2^{n-1}}}\right)$,则$\lim\limits_{n\to\infty}x_n$(　　).

(A)等于 1　　(B)等于 2　　(C)等于 3

(D)等于$\dfrac{3}{2}$　　(E)为∞

14. 极限$\lim\limits_{x\to\infty}\dfrac{x^3+3\sin x}{2x^3-\dfrac{3}{5}\cos x}=$(　　).

(A)-5　　(B)$\dfrac{1}{2}$　　(C)$\dfrac{3}{2}$

(D)2　　(E)$-\frac{1}{2}$

15. 极限$\lim\limits_{n\to\infty}\frac{(n-5)(n+2)^3}{(2n+3)^4}=$(　　).

(A)$\frac{1}{2}$　　(B)$\frac{1}{4}$　　(C)$\frac{1}{8}$

(D)$\frac{1}{16}$　　(E)$\frac{1}{32}$

16. 极限$\lim\limits_{x\to-\infty}\frac{\sqrt{4x^2+x-1}+x+1}{\sqrt{x^2+\sin x}}=$(　　).

(A)-3　　(B)-1　　(C)1

(D)2　　(E)3

17. 极限$\lim\limits_{x\to 0}\frac{\sin x-2(1-\cos x)}{3\tan x+4\ln(1+x^2)}=$(　　).

(A)$\frac{1}{3}$　　(B)$-\frac{2}{3}$　　(C)$\frac{1}{4}$

(D)$-\frac{1}{2}$　　(E)$\frac{1}{6}$

18. 设极限$\lim\limits_{x\to 0}\frac{\sin 6x+xf(x)}{x^3}=0$,则$\lim\limits_{x\to 0}f(x)=$(　　).

(A)-2　　(B)-4　　(C)-6

(D)-8　　(E)6

19. 设$f(x-3)=2x^2+x+2$,则$\lim\limits_{x\to\infty}\frac{f(x)}{x^2}=$(　　).

(A)1　　(B)2　　(C)3

(D)4　　(E)0

20. 设$f\left(x+\frac{1}{x}\right)=\frac{x+x^3}{1+x^4}$,则$\lim\limits_{x\to 2}f(x)=$(　　).

(A)-1　　(B)$-\frac{1}{2}$　　(C)$\frac{1}{2}$

(D)1　　(E)0

21. 当$x\to 1$时,函数$\frac{x^2-1}{x-1}e^{\frac{1}{x-1}}$的极限(　　).

(A)等于2　　(B)等于1　　(C)等于0

(D)为∞　　(E)不存在,但不为∞

22. 极限$\lim\limits_{x\to 0}\frac{5\sin x+x^2\cos\frac{1}{x}}{(2+\cos x)\ln(1+x)}=$(　　).

(A)$\frac{3}{2}$　　(B)$\frac{5}{2}$　　(C)$\frac{5}{3}$

(D)3　　(E)2

23. 极限$\lim\limits_{x\to 1}\frac{\sin(x^2-5x+4)}{x^2-1}=$(　　).

(A)$-\frac{3}{2}$　　(B)$-\frac{2}{3}$　　(C)$\frac{2}{3}$

(D)$\frac{3}{2}$　　(E)1

24. 若$\lim\limits_{x\to 0}\frac{\sin 6x+xf(x)}{x^3}=0$,则$\lim\limits_{x\to 0}\frac{6+f(x)}{x^2}$为(　　).

(A)0　　(B)6　　(C)36

(D)-36　　(E)∞

25. 当$x\to 0^+$时,下列无穷小中与$\sqrt{x}$等价的是(　　).

(A)$1-e^{\sqrt{x}}$　　(B)$\ln\frac{1-x}{1-\sqrt{x}}$　　(C)$\sqrt{1+\sqrt{x}}-1$

(D)$1-\cos\sqrt{x}$　　(E)$\ln(1-\sqrt{x})$

26. 设$f(\sin^2 x)=\frac{x^2}{|\sin x|}$,当$x\to 0^+$时,$f(x)$为$x$的(　　).

(A)二阶无穷小量　　(B)低阶无穷小量　　(C)高阶无穷小量

(D)等价无穷小量　　(E)同阶无穷小量,但不为等价无穷小量

27. 当$x\to 0$时,$e^{\tan x}-e^{\sin x}$与x^a为同阶无穷小量,则$a=$(　　).

(A)1　　(B)2　　(C)3

(D)4　　(E)5

28. 当$x\to 0^+$时,下列选项中与x为等价无穷小量的是(　　).

(A)$\frac{\arcsin x}{\sqrt{x}}$　　(B)$\frac{\sin x}{x}$　　(C)$1-\cos\sqrt{x}$

(D)$x\sin\frac{1}{x}$　　(E)$\sqrt{1+x}-\sqrt{1-x}$

29. 当$x\to 0$时,变量$\frac{1}{x^2}\sin\frac{1}{x}$是(　　).

(A)无穷小量　　(B)无穷大量　　(C)有界变量,但不是无穷小量

(D)无界变量,但不是无穷大量　　(E)不能确定

30. 已知$e^{\frac{1}{n}}-e^{\frac{1}{n+1}}$与$\left(\frac{1}{n}\right)^m$为$n\to\infty$时的等价无穷小量,则$m=$(　　).

(A)1　　(B)2　　(C)3

(D)4　　(E)5

31. 当$x\to 0$时,$(1-\cos x)\ln(1+x^2)$是比$x\sin x^n$高阶的无穷小,而$x\sin x^n$是比$e^{x^2}-1$高阶的无穷小,则正整数n等于(　　).

(A)1　　(B)2　　(C)3

(D)4　　(E)5

32. 设$f(x)=x-\sin x\cos x\cos 2x$,$g(x)=\begin{cases}\frac{\ln(1+\sin^4 x)}{x}, & x\neq 0,\\ 0, & x=0,\end{cases}$则当$x\to 0$时,$f(x)$是$g(x)$的(　　).

(A)高阶无穷小　　(B)低阶无穷小　　(C)同阶非等价无穷小

(D)等价无穷小　　(E)二阶无穷小

33. 已知当 $x\to 0$ 时,函数 $f(x)=3\sin x-\sin 2x$ 与 x^k 是同阶无穷小量,则 $k=$(　　).

(A)1　　(B)2　　(C)3

(D)4　　(E)5

34. 设 $f(x)=2^x+3^x-2$,当 $x\to 0$ 时,(　　).

(A)$f(x)$与 x 为等价无穷小　　(B)$f(x)$与 x 为同阶非等价无穷小

(C)$f(x)$为比 x 高阶的无穷小　　(D)$f(x)$为比 x 低阶的无穷小

(E)$f(x)$为 x 的二阶无穷小

35. 设 $f(x)$满足$\lim\limits_{x\to 0}\dfrac{f(x)}{x^2}=-1$,当 $x\to 0$ 时,$\ln\cos x^2$是比 $x^n f(x)$高阶的无穷小,而 $x^n f(x)$是比 $e^{\sin^2 x}-1$ 高阶的无穷小,则正整数 n 等于(　　).

(A)1　　(B)2　　(C)3

(D)4　　(E)5

36. 设 $\alpha>0$,则极限$\lim\limits_{n\to\infty}\dfrac{1^\alpha+2^\alpha+\cdots+n^\alpha}{n^{\alpha+1}}=$(　　).

(A)$\dfrac{1}{\alpha+5}$　　(B)$\dfrac{1}{\alpha+4}$　　(C)$\dfrac{1}{\alpha+3}$

(D)$\dfrac{1}{\alpha+2}$　　(E)$\dfrac{1}{\alpha+1}$

37. 若$\lim\limits_{x\to 0}\dfrac{\sin x}{e^{2x}-a}(\cos x-b)=\dfrac{5}{2}$,则 a,b 的值分别为(　　).

(A)$-1,4$　　(B)$-1,-4$　　(C)$1,4$

(D)$1,-4$　　(E)$-1,1$

38. 若$\lim\limits_{x\to 0}\left[\dfrac{1}{x}-\left(\dfrac{1}{x}-a\right)e^x\right]=1$,则 a 的值为(　　).

(A)3　　(B)2　　(C)-2

(D)-3　　(E)0

39. 设 $f(x)=\begin{cases}2e^{-x}, & x<0,\\ a, & x\geqslant 0,\end{cases}$ $g(x)=\begin{cases}b, & x<1,\\ \sin x, & x\geqslant 1,\end{cases}$ 若 $f(x)+g(x)$在 $x=0$ 和 $x=1$ 处都有极限,则(　　).

(A)$a=2,b=0$　　(B)$a=0,b=\sin 1$　　(C)$a=1,b=0$

(D)$a=1,b=\sin 1$　　(E)$a=2,b=\sin 1$

40. 设 $f(x)=\begin{cases}\dfrac{e^{\tan x}-1}{\sin\dfrac{x}{4}}, & x<0,\\ 3, & x=0,\\ (1+ax)^{\frac{1}{x}}, & x>0,\end{cases}$ 且$\lim\limits_{x\to 0}f(x)$存在,则 $a=$(　　).

(A)4　　(B)$\ln 4$　　(C)0

(D)$-\ln 4$　　(E)-4

41. 设 $f(x)=\begin{cases}\left(\dfrac{a+x}{a-x}\right)^{\frac{1}{x}}, & x<0,\\ x^2-2x+e, & x\geqslant 0,\end{cases}$ 且$\lim\limits_{x\to 0}f(x)$存在,则 $a=$(　　).

(A)$\frac{1}{2}$ (B)1 (C)2

(D)e (E)-2

42. 设函数 $f(x-1)=\begin{cases} x+1, & x\leqslant 0, \\ x\sin\frac{1}{x}, & x>0, \end{cases}$ 则当 $x\to -1$ 时，$f(x)$的(　　).

(A)左极限不存在，右极限存在 (B)左极限存在，右极限不存在

(C)左极限与右极限都不存在 (D)左极限与右极限都存在，但极限不存在

(E)极限存在

43. 若 $f(x)=\begin{cases} \frac{\sin 2x+e^{2ax}-1}{x}, & x\neq 0, \\ a, & x=0 \end{cases}$ 在$(-\infty,+\infty)$上连续，则 $a=$(　　).

(A)2 (B)1 (C)0

(D)-1 (E)-2

44. 函数 $f(x)=\begin{cases} 4+x^2, & x\leqslant 0, \\ \frac{a\sin x}{x}, & x>0, \end{cases}$ 则 $x=0$ 为 $f(x)$的(　　).

(A)连续点 (B)可去间断点 (C)跳跃间断点

(D)第二类间断点 (E)是否为连续点与 a 有关

45. 函数 $f(x)=\begin{cases} -2, & x<-1, \\ x^2+ax+b, & -1\leqslant x\leqslant 1, \\ 2, & x>1 \end{cases}$ 在$(-\infty,+\infty)$内连续，则(　　).

(A)$a=2,b=-1$ (B)$a=2,b=1$ (C)$a=-1,b=2$

(D)$a=1,b=2$ (E)$a=1,b=-1$

46. 函数 $f(x)=\begin{cases} a+bx^2, & x<-1, \\ 1, & x=-1, \\ \ln(b+x+x^2), & x>-1 \end{cases}$ 在点 $x=-1$ 处连续，则(　　).

(A)$a=e,b=e$ (B)$a=1,b=e$ (C)$a=0,b=e$

(D)$a=1+e,b=e$ (E)$a=1-e,b=e$

47. 设函数 $f(x-1)=\begin{cases} x+2, & x<0, \\ 2, & x=0, \\ x\sin\frac{1}{x}, & x>0, \end{cases}$ 则 $f(x)$在点 $x=-1$ 处(　　).

(A)连续 (B)间断，但左连续 (C)间断，但右连续

(D)间断，既不左连续，也不右连续 (E)极限存在

48. 函数 $f(x)=\frac{x^2-x}{x^2-1}$，则(　　).

(A)$x=-1$ 为 $f(x)$的可去间断点，$x=1$ 为 $f(x)$的无穷间断点

(B)$x=-1$ 为 $f(x)$的无穷间断点，$x=1$ 为 $f(x)$的可去间断点

(C)$x=-1$ 与 $x=1$ 都是 $f(x)$的可去间断点

(D)$x=-1$ 与 $x=1$ 都是 $f(x)$的无穷间断点

(E)$x=-1$ 为 $f(x)$的无穷间断点,$x=1$ 为 $f(x)$的跳跃间断点

49. 设 $g(x)=\begin{cases}\dfrac{\ln(1+x^a)\cdot\sin x}{x^2}, & x\neq 0,\\ 0, & x=0,\end{cases}$ 则(　　).

(A)$x=0$ 必是 $g(x)$的可去间断点

(B)$x=0$ 必是 $g(x)$的无穷间断点

(C)$x=0$ 必是 $g(x)$的跳跃间断点

(D)$x=0$ 必是 $g(x)$的连续点

(E)$g(x)$在点 $x=0$ 处的连续性与 a 的取值有关

50. 设函数 $f(x)$在$(-\infty,+\infty)$内有定义,且$\lim\limits_{x\to\infty}f(x)=a$,$g(x)=\begin{cases}f\left(\dfrac{1}{x}\right), & x\neq 0,\\ 0, & x=0,\end{cases}$ 则(　　).

(A)$x=0$ 必是 $g(x)$的可去间断点

(B)$x=0$ 必是 $g(x)$的无穷间断点

(C)$x=0$ 必是 $g(x)$的跳跃间断点

(D)$x=0$ 必是 $g(x)$的连续点

(E)$x=0$ 是否为 $g(x)$的连续点与 a 的取值有关

51. 设函数 $f(x)=\begin{cases}x+1, & x\leqslant 0,\\ x-1, & x>0,\end{cases}$ $g(x)=\begin{cases}x^2, & x<1,\\ 2x-1, & x\geqslant 1,\end{cases}$ 则函数 $f(x)+g(x)$(　　).

(A)有间断点 $x=0$

(B)有间断点 $x=1$

(C)有间断点 $x=0$ 和 $x=1$

(D)在$(-\infty,+\infty)$内连续

(E)在 $x=1$ 处连续,但不可导

52. 在下列区间内,函数 $f(x)=\dfrac{x\sin(x-3)}{(x-1)(x-3)^2}$有界的是(　　).

(A)$(-1,0)$　　(B)$(0,1)$　　(C)$(1,2)$

(D)$(2,3)$　　(E)$(3,4)$

第二章　导数与微分

概述

本章是微积分的核心内容之一，包括导数的定义、导数的计算与导数的应用三部分.本章在考试中所占比重很大，其高频考点：导数的定义（包括利用导数定义求极限；利用导数定义求导数；利用导数定义判定可导性）、复合函数求导、隐函数求导、参数方程求导、求单调区间、求极值.低频考点：幂指型函数求导、判定凹凸性及拐点、导数的经济应用.

1. 设函数 $y=f(x)$ 在点 $x=x_0$ 处可导，则 $f'(x_0)=$（　　）.

(A) $\lim\limits_{\Delta x\to 0}\dfrac{f(x_0)-f(x_0+\Delta x)}{\Delta x}$　　(B) $\lim\limits_{\Delta x\to 0}\dfrac{f(x_0-\Delta x)-f(x_0)}{\Delta x}$

(C) $\lim\limits_{\Delta x\to 0}\dfrac{f(x_0+2\Delta x)-f(x_0)}{\Delta x}$　　(D) $\lim\limits_{\Delta x\to 0}\dfrac{f(x_0+2\Delta x)-f(x_0+\Delta x)}{\Delta x}$

(E) $\lim\limits_{\Delta x\to 0}\dfrac{f(x_0-2\Delta x)-f(x_0)}{2\Delta x}$

2. 函数 $f(x)=(x^2-x-2)|x^3-x|$ 的不可导点的个数为（　　）.

(A)4　　(B)3　　(C)2

(D)1　　(E)0

3. 下列函数中在点 $x=0$ 处不可导的是（　　）.

(A) $f(x)=|x|\sin x$　　(B) $f(x)=|x|\cos x$

(C) $f(x)=|x|x$　　(D) $f(x)=|x|\tan x$

(E) $f(x)=|x|\ln(1+x)$

4. 设 $f(x)=x(x+1)(x+2)\cdots(x+10)$，则 $f'(-1)=$（　　）.

(A) $-9!$　　(B) $9!$　　(C) $10!$

(D) $-10!$　　(E) $11!$

5. 设函数 $f(x)$ 可导，$F(x)=f(x)(1-|\sin x|)$，则 $F(x)$ 在点 $x=0$ 处可导的充要条件是（　　）.

(A) $f(1)=0$　　(B) $f(0)=0$　　(C) $f(1)=1$

(D) $f(0)=1$　　(E) $f(0)=2$

6. 已知函数 $f(x)$ 在点 $x=1$ 处可导，且 $\lim\limits_{h\to 0}\dfrac{f(1)-f(1-h)}{3h}=2$，则 $f'(1)=$（　　）.

(A)1　　(B)2　　(C)3

(D)6　　(E)5

7. 已知函数 $f(x)$ 在点 $x=0$ 处可导，则 $\lim\limits_{h\to 0}\dfrac{f(2h)-f(0)}{h}=$（　　）.

(A) $\dfrac{1}{2}f'(0)$　　(B) $f'(0)$　　(C) $-2f'(0)$

(D)$4f'(0)$　　(E)$2f'(0)$

8. 已知 $f'(2)=-1$,则$\lim\limits_{x\to0}\dfrac{x}{f(2-2x)-f(2-x)}=$(　　).

(A)$\dfrac{1}{2}$　　(B)$-\dfrac{1}{3}$　　(C)$-\dfrac{1}{2}$

(D)-1　　(E)1

9. 设函数 $f(x)$在点 $x=0$ 处可导,且 $f(0)=0$,则$\lim\limits_{x\to0}\dfrac{x^2f(x)-f(x^3)}{x^3}=$(　　).

(A)$-2f'(0)$　　(B)$-f'(0)$　　(C)$f'(0)$

(D)0　　(E)$2f'(0)$

10. 已知函数 $f(x)$在点 $x=4$ 处的导数 $f'(4)=1$,则$\lim\limits_{x\to2}\dfrac{f(2x)-f(4)}{x-2}=$(　　).

(A)1　　(B)2　　(C)3

(D)4　　(E)0

11. 设 $f(x)$在点 $x=2$ 处可导,且$\lim\limits_{x\to1}\dfrac{f(x+1)-f(2)}{3x-3}=\dfrac{1}{3}$,则 $f'(2)=$(　　).

(A)-1　　(B)1　　(C)$\dfrac{1}{3}$

(D)$-\dfrac{1}{3}$　　(E)$\dfrac{1}{2}$

12. 设 $f'(0)$存在,且$\lim\limits_{x\to0}\dfrac{2}{x}\left[f(x)-f\left(\dfrac{x}{3}\right)\right]=a$,则 $f'(0)=$(　　).

(A)$\dfrac{a}{3}$　　(B)$\dfrac{a}{2}$　　(C)$\dfrac{4}{3}a$

(D)a　　(E)$\dfrac{3a}{4}$

13. 设 $f(0)=0$,则函数 $f(x)$在点 $x=0$ 处可导的充分必要条件是(　　).

(A)$\lim\limits_{h\to0}\dfrac{f(h^2)}{h^2}$存在　　(B)$\lim\limits_{h\to0}\dfrac{f(e^{2h}-1)}{h}$存在

(C)$\lim\limits_{h\to0}\dfrac{f(2h)-f(h)}{h}$存在　　(D)$\lim\limits_{n\to\infty}nf\left(\dfrac{1}{n}\right)$存在

(E)$\lim\limits_{h\to0}\dfrac{f(1-\cos h)}{h^2}$存在

14. 设 $f(x)$在点 $x=a$ 的某个邻域内有定义,则 $f(x)$在点 $x=a$ 处可导的一个充分条件是(　　).

(A)$\lim\limits_{h\to+\infty}h\left[f\left(a+\dfrac{1}{h}\right)-f(a)\right]$存在　　(B)$\lim\limits_{h\to0}\dfrac{f(a+2h)-f(a+h)}{h}$存在

(C)$\lim\limits_{h\to0}\dfrac{f(a+h)-f(a-h)}{2h}$存在　　(D)$\lim\limits_{h\to0}\dfrac{f(a)-f(a-h)}{h}$存在

(E)$\lim\limits_{h\to0}\dfrac{f(a+h-\sin h)-f(a)}{h}$存在

15. 设函数 $f(x)$在点 $x=0$ 处连续,且$\lim\limits_{h\to0}\dfrac{f(h^2)}{h^2}=1$,则(　　).

(A) $f(0)=0$ 且 $f'_{-}(0)$存在　　(B) $f(0)=1$ 且 $f'_{-}(0)$存在

(C) $f(0)=0$ 且 $f'_{+}(0)$存在　　(D) $f(0)=1$ 且 $f'_{+}(0)$存在

(E) $f(0)=1$, $f'(0)$不存在

16. 设函数 $f(x)$在$|x|<\delta$内有定义,且$|f(x)|\leqslant x^2$,则 $f(x)$在点 $x=0$ 处(　　).

(A)不连续　　(B)连续但不可导　　(C)可导且 $f'(0)=0$

(D)可导但 $f'(0)\neq 0$　　(E)无法判断是否可导

17. 设函数 $f(x)=\begin{cases}\dfrac{e^{x^2}-1}{x}, & x>0,\\ x^2g(x), & x\leqslant 0,\end{cases}$ 其中 $g(x)$为有界函数,则在点 $x=0$ 处 $f(x)$(　　).

(A)极限不存在　　(B)极限存在但不连续　　(C)连续但不可导

(D)可导　　(E)可导性无法判断

18. 设函数 $f(x)=\begin{cases}x^2\sin\dfrac{1}{x}, & x\neq 0,\\ 0, & x=0,\end{cases}$ 则 $f(x)$在点 $x=0$ 处(　　).

(A)间断

(B)连续但不可导

(C)可导,但导函数在该点处为第一类间断点

(D)可导,但导函数在该点处为第二类间断点

(E)导函数在该点处连续

19. 设 $f(x)=\begin{cases}e^x, & x\leqslant 1,\\ ax+b, & x>1\end{cases}$ 在点 $x=1$ 处可导,则(　　).

(A) $a=1,b=0$　　(B) $a=0,b=e$　　(C) $a=e,b=1$

(D) $a=1,b=e$　　(E) $a=e,b=0$

20. 设函数 $f(x)$可导, $f(0)=0$, $f'(0)=1$, $\lim\limits_{x\to 0}\dfrac{f(\sin^3 x)}{\lambda x^k}=\dfrac{1}{2}$,则(　　).

(A) $k=2,\lambda=2$　　(B) $k=3,\lambda=3$　　(C) $k=3,\lambda=2$

(D) $k=3,\lambda=1$　　(E) $k=4,\lambda=1$

21. 设函数 $f(x)$对任意 x 均满足 $f(1+x)=af(x)$,且 $f'(0)=b$,其中 a,b 为非零常数,则(　　).

(A) $f(x)$在 $x=1$ 处不可导　　(B) $f(x)$在 $x=1$ 处可导,且 $f'(1)=a$

(C) $f(x)$在 $x=1$ 处可导,且 $f'(1)=b$　　(D) $f(x)$在 $x=1$ 处可导,且 $f'(1)=ab$

(E) $f(x)$在 $x=1$ 处可导,且 $f'(1)=0$

22. 对任意的 $x\in(-\infty,+\infty)$,有 $f(x+1)=f^2(x)$,且 $f(0)=f'(0)=1$,则 $f'(1)=$(　　).

(A)0　　(B)1　　(C)2

(D)3　　(E)以上结论都不正确

23. 若 $y=f(x)$可导,则当 $\Delta x\to 0$ 时, $\Delta y-dy$ 为 Δx 的(　　).

(A)高阶无穷小　　(B)低阶无穷小　　(C)同阶但不等价无穷小

(D)等价无穷小　　(E)无法判断

24. 设函数 $f(x)$可导, $y=f(x^3)$. 当自变量 x 在 $x=-1$ 处取得增量 $\Delta x=-0.1$ 时,相应的函数增量 Δy 的线性主部为 0.3,则 $f'(-1)=$(　　).

(A) -1　　(B)0.1　　(C)1

(D)0.3　　(E)0.2

25. 若函数 $y=f(x)$有 $f'(x_0)=\frac{1}{2}$,则当 $\Delta x\to 0$ 时,该函数在 $x=x_0$ 处的微分 $\mathrm{d}y$ 是(　　).

(A)与 Δx 等价的无穷小　　(B)与 Δx 同阶但不等价的无穷小

(C)比 Δx 低阶的无穷小　　(D)比 Δx 高阶的无穷小

(E)无法判断

26. 设 $f'(\mathrm{e}^x)=\mathrm{e}^{-x}$,则$[f(\mathrm{e}^x)]'=$(　　).

(A)e^x　　(B)e^{2x}　　(C)e^{-2x}

(D)-1　　(E)1

27. 设函数 $f(x)=(\mathrm{e}^x-1)(\mathrm{e}^{2x}-2)\cdots(\mathrm{e}^{nx}-n)$,其中 n 为正整数,则 $f'(0)=$(　　).

(A)$(-1)^{n-1}(n-1)!$　　(B)$(-1)^n(n-1)!$　　(C)$(-1)^{n-1}n!$

(D)$(-1)^n n!$　　(E)$(-1)^n(n-2)!$

28. 设 $f(x)=\ln(4x+\cos^2 2x)$,则 $f'\left(\frac{\pi}{8}\right)=$(　　).

(A)$\frac{3}{\pi+1}$　　(B)$\frac{4}{\pi}$　　(C)$\frac{2}{\pi+1}$

(D)$\frac{2}{\pi}$　　(E)$\frac{4}{\pi+1}$

29. 设 $y=\ln\sqrt{\frac{1-x}{1+x^2}}$,则 $\mathrm{d}y\Big|_{x=0}=$(　　).

(A)$-\frac{1}{2}\mathrm{d}x$　　(B)$\frac{1}{2}\mathrm{d}x$　　(C)$-2\mathrm{d}x$

(D)$2\mathrm{d}x$　　(E)$\mathrm{d}x$

30. 设 $y=f\left(\frac{x-1}{x+1}\right)$,$f'(x)=\arctan x^2$,则$\frac{\mathrm{d}y}{\mathrm{d}x}\Big|_{x=0}=$(　　).

(A)$-\frac{\pi}{2}$　　(B)$-\frac{\pi}{4}$　　(C)$\frac{\pi}{4}$

(D)$\frac{\pi}{2}$　　(E)π

31. 设 $g(x)$可微,$h(x)=\mathrm{e}^{\sin 2x+g(x)}$,$h'\left(\frac{\pi}{4}\right)=1$,$g'\left(\frac{\pi}{4}\right)=2$,则 $g\left(\frac{\pi}{4}\right)=$(　　).

(A)$-\ln 2-1$　　(B)$\ln 2-1$　　(C)$-\ln 2-2$

(D)$\ln 2-2$　　(E)$-\ln 2+1$

32. 下列命题中正确的是(　　).

(A)若 x_0 为 $f(x)$的极值点,则必有 $f'(x_0)=0$

(B)若 x_0 为 $f(x)$的极值点,且 $f'(x_0)=0$,则 $f''(x_0)$一定存在

(C)若 x_0 为 $f(x)$的极值点,且 $f''(x_0)$存在,则必有 $f'(x_0)=0$

(D)若 x_0 为 $f(x)$的极小值点,则必定存在 x_0 的某个邻域,在此邻域内,函数 $y=f(x)$在点 x_0 左侧单调减少,在点 x_0 右侧单调增加

(E)以上结论都不对

33. 设 $f(x)$,$g(x)$是恒大于零的可导函数,且 $f'(x)g(x)-g'(x)f(x)<0$,则当 $a<x<b$ 时,有

(　　).

(A) $f(x)g(b)>f(b)g(x)$　　(B) $f(x)g(a)>f(a)g(x)$

(C) $f(x)g(x)>f(b)g(b)$　　(D) $f(x)g(x)>f(a)g(a)$

(E)以上结论都不对

34. 若 $f(-x)=f(x)(-\infty<x<+\infty)$,在$(-\infty,0)$内 $f'(x)>0,f''(x)<0$,则在$(0,+\infty)$内有(　　).

(A) $f'(x)>0,f''(x)<0$　　(B) $f'(x)>0,f''(x)>0$　　(C) $f'(x)<0,f''(x)<0$

(D) $f'(x)<0,f''(x)>0$　　(E)以上结论都不对

35. 若在$[0,1]$上 $f''(x)>0$,则 $f'(1),f'(0),f(1)-f(0)$或 $f(0)-f(1)$的大小顺序是(　　).

(A) $f'(1)>f'(0)>f(1)-f(0)$　　(B) $f'(0)>f(0)-f(1)>f'(1)$

(C) $f(1)-f(0)>f'(1)>f'(0)$　　(D) $f'(1)>f(0)-f(1)>f'(0)$

(E) $f'(1)>f(1)-f(0)>f'(0)$

36. 设 $f'(x_0)=f''(x_0)=0,f'''(x_0)>0$,则下列选项正确的是(　　).

(A) $f'(x_0)$是 $f'(x)$的极大值　　(B) $f(x_0)$是 $f(x)$的极大值

(C) $f(x_0)$是 $f(x)$的极小值　　(D) $(x_0,f(x_0))$是曲线 $y=f(x)$的拐点

(E) $(x_0,f(x_0))$不是曲线 $y=f(x)$的拐点

37. 设 $f(x)$的导数在 $x=a$ 处连续,又$\lim\limits_{x\to a}\dfrac{f'(x)}{x-a}=-1$,则(　　).

(A) $x=a$ 是 $f(x)$的极小值点　　(B) $x=a$ 是 $f(x)$的极大值点

(C) $x=a$ 不是 $f(x)$的极值点　　(D) $(a,f(a))$是曲线 $y=f(x)$的拐点

(E)无法判断

38. 设曲线 $f(x)=x^n$ 在点$(1,1)$处的切线与 x 轴的交点为$(\xi_n,0)$,则$\lim\limits_{n\to\infty}f(\xi_n)=$(　　).

(A) e　　(B) $\dfrac{1}{\mathrm{e}}$　　(C) $-\dfrac{1}{\mathrm{e}}$

(D) $-\mathrm{e}$　　(E) 1

39. 设函数 $f(x)$在$(-\infty,+\infty)$内连续,其导函数的图形如图 1-2-1 所示. 则 $f(x)$有(　　).

(A)一个极小值点和两个极大值点

(B)两个极小值点和一个极大值点

(C)两个极小值点和两个极大值点

(D)三个极小值点和一个极大值点

(E)一个极小值点和三个极大值点

$f'(x)$　O　x

图 1-2-1

40. 若函数 $f(x)=(x-1)(x-2)(x-3)(x-4)$,则 $f'(x)$的零点的个数为(　　).

(A) 4　　(B) 3　　(C) 2

(D) 1　　(E) 0

41. 设 $f(x)=|x(3-x)|$,则(　　).

(A) $x=0$ 是 $f(x)$的极值点,但$(0,0)$不是曲线 $y=f(x)$的拐点

(B) $x=0$ 不是 $f(x)$的极值点,但$(0,0)$是曲线 $y=f(x)$的拐点

(C)$x=0$ 是 $f(x)$的极值点,且$(0,0)$是曲线 $y=f(x)$的拐点

(D)$x=0$ 不是 $f(x)$的极值点,且$(0,0)$也不是曲线 $y=f(x)$的拐点

(E)以上结论都不对

42. 设 $f(x)=x\sin x+\cos x$,下列命题中正确的是(　　).

(A)$f(0)$是极大值,$f\left(\frac{\pi}{2}\right)$是极小值　　(B)$f(0)$是极小值,$f\left(\frac{\pi}{2}\right)$是极大值

(C)$f(0)$是极大值,$f\left(\frac{\pi}{2}\right)$也是极大值　　(D)$f(0)$是极小值,$f\left(\frac{\pi}{2}\right)$也是极小值

(E)$f(0)$不是极值,$f\left(\frac{\pi}{2}\right)$也不是极值

43. 设周期函数 $f(x)$在$(-\infty,+\infty)$内可导,$f(x)$的周期为 4,$\lim\limits_{x\to0}\frac{f(1)-f(1-x)}{2x}=-1$,则曲线 $y=f(x)$在点$(5,f(5))$处的切线斜率为(　　).

(A)-1　　(B)1　　(C)0

(D)2　　(E)-2

44. 设函数 $f(x)$有连续导函数,$f(0)=0$ 且 $f'(0)=b$,若函数 $F(x)=\begin{cases}\frac{f(x)+a\sin x}{x}, & x\neq0,\\ A, & x=0\end{cases}$在 $x=0$处连续,则 $A=$(　　).

(A)$a+b$　　(B)$a-b$　　(C)ab

(D)$b-a$　　(E)$-ab$

45. 设 $y=y(x)$是由方程 $e^y=(x^2+1)^2-y$ 确定的隐函数,则点 $x=0$(　　).

(A)不是 y 的驻点　　(B)是 y 的驻点,但不是极值点

(C)是 y 的驻点,且为极小值点　　(D)是 y 的驻点,且为极大值点

(E)以上结论都不对

46. 已知函数 $f(x)$ 连续,且 $\lim\limits_{x\to0}\frac{f(x)}{x}=2$,则曲线 $y=f(x)$ 上对应 $x=0$ 处的切线方程是(　　).

(A)$y=x$　　(B)$y=-x$　　(C)$y=2x$

(D)$y=-2x$　　(E)$y=3x$

47. 曲线 $\sin(xy)+\ln(y-x)=x$ 在点$(0,1)$处的切线方程是(　　).

(A)$y=-x+1$　　(B)$y=x+1$　　(C)$y=2x+1$

(D)$y=3x+1$　　(E)$y=4x+1$

48. 已知函数 $f(x)$当 $x>0$ 时满足 $f''(x)+3[f'(x)]^2=x\ln x$,且 $f'(1)=0$,则(　　).

(A)$f(1)$是函数 $f(x)$的极大值

(B)$f(1)$是函数 $f(x)$的极小值

(C)$(1,f(1))$是曲线 $y=f(x)$的拐点

(D)$f(1)$不是函数 $f(x)$的极值,$(1,f(1))$也不是曲线$y=f(x)$的拐点

(E)$f(1)$是函数 $f(x)$的极值,但$(1,f(1))$不是曲线 $y=f(x)$的拐点

49. 设 $f(x)=\ln(1+x^2)$,则在区间$(-1,0)$内(　　).

(A)函数 $y=f(x)$单调减少,曲线为凹　　(B)函数 $y=f(x)$单调减少,曲线为凸

(C)函数 $y=f(x)$ 单调增加,曲线为凹　　(D)函数 $y=f(x)$ 单调增加,曲线为凸

(E)以上结论都不对

50. 设函数 $f(x)$ 满足 $f''(x)+[f'(x)]^2=x$,且 $f'(0)=0$,则(　　).

(A) $f(0)$ 为 $f(x)$ 的极大值

(B) $f(0)$ 为 $f(x)$ 的极小值

(C) $f(0)$ 为 $f(x)$ 的极值,且 $(0,f(0))$ 为曲线 $y=f(x)$ 的拐点

(D) $f(0)$ 不为 $f(x)$ 的极值,$(0,f(0))$ 也不为曲线 $y=f(x)$ 的拐点

(E) $f(0)$ 不为 $f(x)$ 的极值,但 $(0,f(0))$ 为曲线 $y=f(x)$ 的拐点

51. 设 $f(x)$ 在点 $x=0$ 的某邻域内连续,$f(0)=0$,$\lim\limits_{x\to0}\dfrac{f(x)}{1-\cos x}=2$,则在 $x=0$ 处 $f(x)$ 必定(　　).

(A)不可导　　(B)可导且 $f'(0)\neq0$　　(C)取得极大值

(D)取得极小值　　(E)以上结论都不对

52. 设曲线 $y=x^3+3ax^2+3bx+3c$ 在 $x=-1$ 处取极大值,点 $(0,3)$ 是拐点,则 $a+b+c=$(　　).

(A) -2　　(B) -1　　(C) 0

(D) 1　　(E) 2

53. 已知函数 $f(x)$ 的导函数 $f'(x)$ 的图形如图 1-2-2 所示,则函数 $f(x)$ 的极大值点个数为(　　).

(A) 4　　(B) 3　　(C) 2

(D) 1　　(E) 0

图 1-2-2

54. 设函数 $y=f(t)$ 表示 t 时刻某产品的产量,若在时间段 $(0,T)$ 内,曲线 $y=f(t)$ 是凹的,则在这个时间段内,随着时间向前推移,该产品产量的变化**不可能**(　　).

(A)由单调下降转变单调上升　　(B)由单调上升转变单调下降

(C)持续单调上升　　(D)持续单调下降

(E)无法判断

55. 设 $f(x)$ 可导,且 $f(x)f'(x)>0$,则(　　).

(A) $f(1)>f(-1)$　　(B) $f(1)<f(-1)$

(C) $|f(1)|=|f(-1)|$　　(D) $|f(1)|<|f(-1)|$

(E) $|f(1)|>|f(-1)|$

56. 设 $f(x)$ 为奇函数,且在 $(-\infty,+\infty)$ 内存在二阶导数,若当 $x>0$ 时,$f'(x)>0$,$f''(x)>0$,则当 $x<0$ 时,有(　　).

(A) $f'(x)>0,f''(x)>0$　　(B) $f'(x)<0,f''(x)>0$

(C) $f'(x)>0,f''(x)<0$　　(D) $f'(x)<0,f''(x)<0$

(E) $f'(x)>0,f''(x)=0$

57. 设 $y=f(x)$ 是满足微分方程 $y''+y'-e^{\sin x}=0$ 的解,且 $f'(x_0)=0$,则 $f(x)$ 在(　　).

(A) x_0 的某个邻域内单调增加　　(B) x_0 的某个邻域内单调减少

(C) x_0 处取得极小值　　(D) x_0 处取得极大值

(E) x_0 处非极值点

58. 设函数 $f(x)$ 存在二阶连续导数，且满足 $xf''(x)+3x[f'(x)]^2=1-e^{-x}$，若 $x_0(\neq 0)$ 为 $f(x)$ 的驻点，则(　　).

(A) $f(x_0)$ 为极大值

(B) $f(x_0)$ 为极小值

(C) $(x_0,f(x_0))$ 为曲线 $y=f(x)$ 的拐点，且 $f(x_0)$ 非极值

(D) $(x_0,f(x_0))$ 非曲线 $y=f(x)$ 的拐点，且 $f(x_0)$ 非极值

(E) $(x_0,f(x_0))$ 非曲线 $y=f(x)$ 的拐点，且 $f(x_0)$ 为极大值

59. 已知方程 $x^3+(2m-3)x+m^2-m=0$ 有三个不等实根，分别在 $(-\infty,0)$，$(0,1)$，$(1,+\infty)$ 内，则 m 的取值范围是(　　).

(A) $(-2,0)$　　(B) $(0,1)$　　(C) $(0,2)$

(D) $(1,2)$　　(E) $(2,+\infty)$

60. 设 $y=f(x)$ 与 $y=g(x)$ 互为反函数，且在各自定义区间存在二阶导数，并满足 $f'(x)>0$，$f''(x)>0$，则有(　　).

(A) $g'(x)>0,g''(x)>0$　　(B) $g'(x)>0,g''(x)<0$

(C) $g'(x)<0,g''(x)>0$　　(D) $g'(x)<0,g''(x)<0$

(E) 以上结论都不对

61. 曲线 $y=f(x)=(x-1)^2(x-3)^3$ 的拐点个数为(　　).

(A) 4　　(B) 3　　(C) 2

(D) 1　　(E) 0

62. 曲线 $y=f(x)=\dfrac{(x+1)\sin x}{x^2}$ 的渐近线有(　　).

(A) 4 条　　(B) 3 条　　(C) 2 条

(D) 1 条　　(E) 0 条

63. 下列曲线中有渐近线的是(　　).

(A) $y=x+\sin x$　　(B) $y=x^2+\sin x$　　(C) $y=x+\sin\dfrac{1}{x}$

(D) $y=x^2+\sin\dfrac{1}{x}$　　(E) $y=x-\sin x$

64. 设函数 $f(x)$ 存在二阶连续导数，满足 $f'(0)=0$ 且 $\lim\limits_{x\to 0}\dfrac{f''(x)}{|x|}=1$，则(　　).

(A) $f(0)$ 为极大值

(B) $f(0)$ 为极小值

(C) $(0,f(0))$ 是曲线 $y=f(x)$ 的拐点，但 $f(0)$ 不是极值

(D) $(0,f(0))$ 不是曲线 $y=f(x)$ 的拐点，且 $f(0)$ 不是极值

(E) 以上结论都不对

65. 已知函数 $f(x)=\begin{cases}x, & x\leqslant 0,\\ \dfrac{1}{n}, & \dfrac{1}{n+1}<x\leqslant\dfrac{1}{n},\end{cases}$ $n=1,2,\cdots$，则(　　).

(A) $x=0$ 是 $f(x)$ 的第一类间断点　　(B) $x=0$ 是 $f(x)$ 的第二类间断点

(C) $f(x)$ 在 $x=0$ 处连续但不可导　　(D) $f(x)$ 在 $x=0$ 处可导

(E) 以上结论都不对

第三章　一元函数积分

概述

本章是微积分的第二大核心内容，包括不定积分、定积分和定积分的应用三部分. 本章的高频考点：原函数与不定积分的关系、不定积分的计算、定积分的计算、变限积分求导. 低频考点：定积分的性质、定积分的经济应用.

1. 设下列不定积分都存在，则正确的是（　　）.

(A) $\int f'(x)\mathrm{d}x = f(x)$　(B) $\int \mathrm{d}[f(x)] = f(x)$　(C) $\frac{\mathrm{d}}{\mathrm{d}x}\left[\int f(x)\mathrm{d}x\right] = f(x)$

(D) $\mathrm{d}\left[\int f(x)\mathrm{d}x\right] = f(x)$　(E) $\frac{\mathrm{d}}{\mathrm{d}x}\left[\int f'(x)\mathrm{d}x\right] = f(x)$

2. 设下列不定积分都存在，则正确的是（　　）.

(A) $\int f'(2x)\mathrm{d}x = \frac{1}{2}f(2x) + C$　(B) $\left[\int f(2x)\mathrm{d}x\right]' = 2f(2x)$

(C) $\int f'(2x)\mathrm{d}x = f(2x) + C$　(D) $\left[\int f(2x)\mathrm{d}x\right]' = \frac{1}{2}f(2x)$

(E) $\int f'(2x)\mathrm{d}x = f(x) + C$

3. 设函数 $f(x)$ 在 $(-\infty, +\infty)$ 上连续并可导，则 $\mathrm{d}\left[\int f(x)\mathrm{d}x\right]$ 等于（　　）.

(A) $f(x)$　(B) $f(x)\mathrm{d}x$　(C) $f(x) + C$

(D) $f'(x)\mathrm{d}x$　(E) $f'(x)$

4. 设 $F(x)$ 是 $x\cos x$ 的一个原函数，则 $\mathrm{d}[F(x^2)] =$（　　）.

(A) $2x^2\cos x\mathrm{d}x$　(B) $2x^3\cos x\mathrm{d}x$　(C) $2x^2\cos x^2\mathrm{d}x$

(D) $2x^3\cos x^2\mathrm{d}x$　(E) $x^2\cos x^2\mathrm{d}x$

5. 已知 $F(x)$ 是 $f(x)$ 的一个原函数，则 $\int_a^x f(2t + a)\mathrm{d}t =$（　　）.

(A) $F(2x + a) - F(a)$　(B) $\frac{1}{2}[F(2x + a) - F(a)]$

(C) $\frac{1}{2}[F(2x + a) - F(2a)]$　(D) $\frac{1}{2}[F(2x + a) - F(3a)]$

(E) $F(2x + a) - F(3a)$

6. 已知函数 $f(x)$ 的一个原函数为 e^{-2x}，则 $f'(x) =$（　　）.

(A) $-4\mathrm{e}^{-2x}$　(B) $-2\mathrm{e}^{-2x}$　(C) $-\mathrm{e}^{-2x}$

(D) $2\mathrm{e}^{-2x}$　(E) $4\mathrm{e}^{-2x}$

7. 设 $\int (1 - x^2)f(x^2)\mathrm{d}x = \arcsin x + C$，则 $\int \frac{1}{f(x)}\mathrm{d}x =$（　　）.

(A) $\frac{2}{5}(1-x)^{\frac{5}{2}}+C$　(B) $-\frac{2}{5}(1-x)^{\frac{5}{2}}+C$　(C) $-\frac{2}{3}(1-x)^{\frac{3}{2}}+C$

(D) $\frac{2}{3}(1-x)^{\frac{3}{2}}+C$　(E) $\frac{2}{5}(1-x)^{\frac{3}{2}}+C$

8. 设$\int \sin f(x)\mathrm{d}x = x\sin f(x)-\int \cos f(x)\mathrm{d}x$,则 $f(x)=$(　　).

(A)x　(B)$x+C$　(C)$\ln x$

(D)$\ln|x|$　(E)$\ln|x|+C$

9. 下列运算正确的是(　　).

(A)$\int kf(x)\mathrm{d}x = k\int f(x)\mathrm{d}x$,$k$ 为常数

(B)$\int \frac{1}{\cos x}\mathrm{d}\left(\frac{1}{\cos x}\right)=\frac{1}{2\cos^2 x}+C$

(C)$\int f'(ax+b)\mathrm{d}x = f(ax+b)+C, a\neq 0$

(D)$\int (x^2+a)\mathrm{d}t=\frac{1}{3}x^3+ax+C$

(E)$\int \mathrm{d}[f(x)]=f(x)$

10. 设 $F(x)$是函数 $f(x)$的原函数,下列结论成立的是(　　).

(A) 若 $f(x)$为奇函数,则 $F(x)$为偶函数

(B) 若 $f(x)$为偶函数,则 $F(x)$为奇函数

(C) 若 $f(x)$为有界函数,则 $F(x)$也为有界函数

(D) 若 $f(x)$为单调函数,则 $F(x)$也为单调函数

(E) 若 $f(x)$ 是以 T 为周期的函数,那么 $F(x)$ 也是以 T 为周期的函数

11. 设 $F(x)$是 $f(x)$的一个原函数,且 $F(x)=\frac{f(x)}{\tan x}$,则 $F(x)=$(　　).

(A) $\frac{C}{\cos x}$　(B) $\frac{C}{\sin x}$　(C) $\frac{1}{\cos x}+C$

(D) $-\frac{1}{\cos x}+C$　(E) $\frac{1}{\tan x}+C$

12. 设$\int \frac{f(\ln x)}{x}\mathrm{d}x = x^2+C$,则$\int \cos x f(\sin x)\mathrm{d}x=$(　　).

(A)$\mathrm{e}^{\sin x}+C$　(B)$\mathrm{e}^{2\sin x}+C$　(C)$2\mathrm{e}^{\sin x}+C$

(D)$\mathrm{e}^{\sin 2x}+C$　(E)$2\mathrm{e}^{\sin 2x}+C$

13. 下列函数中,$f(x)=\mathrm{e}^{|x|}$ 的一个原函数是(　　).

(A)$F(x)=\begin{cases}\mathrm{e}^x, & x\geqslant 0,\\ -\mathrm{e}^{-x}, & x<0\end{cases}$　(B)$F(x)=\begin{cases}\mathrm{e}^x, & x\geqslant 0,\\ 1-\mathrm{e}^{-x}, & x<0\end{cases}$

(C)$F(x)=\begin{cases}\mathrm{e}^x, & x\geqslant 0,\\ 2-\mathrm{e}^{-x}, & x<0\end{cases}$　(D)$F(x)=\begin{cases}\mathrm{e}^x, & x\geqslant 0,\\ 3-\mathrm{e}^{-x}, & x<0\end{cases}$

(E)$F(x)=\begin{cases}\mathrm{e}^x, & x\geqslant 0,\\ 4-\mathrm{e}^{-x}, & x<0\end{cases}$

14. 设 $F(x)$ 是 $f(x)$ 的一个原函数,则下列命题正确的是(　　).

(A) $\int \frac{1}{x}f(\ln ax)\mathrm{d}x = \frac{1}{a}F(\ln ax) + C$

(B) $\int \frac{1}{x}f(\ln ax)\mathrm{d}x = F(\ln ax) + C$

(C) $\int \frac{1}{x}f(\ln ax)\mathrm{d}x = aF(\ln ax) + C$

(D) $\int \frac{1}{x}f(\ln ax)\mathrm{d}x = \frac{1}{x}F(\ln ax) + C$

(E) $\int \frac{1}{x}f(\ln ax)\mathrm{d}x = \frac{a}{x}F(\ln ax) + C$

15. 设 $f(x)$ 为连续函数,$F(x)$ 是 $f(x)$ 的一个原函数,则下列命题错误的是(　　).

(A) 若 $F(x)$ 为奇函数,则 $f(x)$ 必定为偶函数

(B) 若 $f(x)$ 为奇函数,则 $F(x)$ 必定为偶函数

(C) 若 $f(x)$ 为偶函数,则 $F(x)$ 必定为奇函数

(D) 若 $F(x)$ 为偶函数,则 $f(x)$ 必定为奇函数

(E) 若 $f(x)$ 为偶函数,有且仅有一个 $F(x)$ 是奇函数

16. 函数 $2(\mathrm{e}^{2x} - \mathrm{e}^{-2x})$ 的一个原函数为(　　).

(A) $\mathrm{e}^{2x} - \mathrm{e}^{-2x}$　　(B) $\mathrm{e}^{2x} + \mathrm{e}^{-2x}$　　(C) $2(\mathrm{e}^{2x} - \mathrm{e}^{-2x})$

(D) $2(\mathrm{e}^{2x} + \mathrm{e}^{-2x})$　　(E) $-(\mathrm{e}^{-2x} + \mathrm{e}^{2x})$

17. 设 $\int f(x)\mathrm{e}^{-x^2}\mathrm{d}x = -\mathrm{e}^{-x^2}$,则 $f(x) = $(　　).

(A) -1　　(B) $-2x$　　(C) $2x$

(D) $\frac{1}{2x}$　　(E) $-\frac{1}{2x}$

18. 设 $f'(x) = \cos x$,则 $f(x)$ 的一个原函数为(　　).

(A) $1 - \sin x$　　(B) $1 + \sin x$　　(C) $1 + \cos x$

(D) $\cos x - 1$　　(E) $1 - \cos x$

19. 若 $f'(\mathrm{e}^x) = x\mathrm{e}^{-x}$,且 $f(1) = 0$,则 $f(x) = $(　　).

(A) $2\ln^2 x$　　(B) $\ln^2 x$　　(C) $\frac{1}{2}\ln^2 x$

(D) $\ln x$　　(E) $\frac{1}{2}\ln x$

20. 不定积分 $\int x^2\sqrt{1 - x^3}\,\mathrm{d}x = $(　　).

(A) $-\frac{1}{3}(1 - x^3)^{\frac{3}{2}} + C$　　(B) $-\frac{2}{9}(1 - x^3)^{\frac{3}{2}} + C$

(C) $-3(1 - x^3)^{\frac{3}{2}} + C$　　(D) $-\frac{9}{2}(1 - x^3)^{\frac{3}{2}} + C$

(E) $-\frac{1}{9}(1 - x^3)^{\frac{3}{2}} + C$

21. 设 $f(x)$ 为 5^x 的一个原函数,则 $f''(x) = $(　　).

(A) 5^x　　(B) $5^x\ln 5$　　(C) $5^x\ln^2 x$

(D) $5^x\ln^3 5$　　(E) $(5^x\ln x)^2$

22. 已知 $x+\frac{1}{x}$ 是 $f(x)$ 的一个原函数,则 $\int xf(x)\mathrm{d}x=$(　　).

(A) $\frac{1}{2}x^2-\ln|x|+C$　(B) $x-\frac{1}{2}\ln|x|+C$　(C) $-\ln|x|+C$

(D) $\frac{1}{2}x-\ln|x|+C$　(E) $x^2-\ln|x|+C$

23. 已知 $\sin x$ 是 $f(x)$ 的一个原函数,则 $\int xf'(x)\mathrm{d}x=$(　　).

(A) $x\cos x+\sin x+C$　(B) $x\cos x-\sin x+C$

(C) $x\sin x+\cos x+C$　(D) $x\sin x-\cos x+C$

(E) $\cos x-\sin x+C$

24. 设 $f(x)$ 为 $[a,b]$ 上的连续函数,$[c,d]\subseteq[a,b]$,则下列命题正确的是(　　).

(A) $\int_a^b f(x)\mathrm{d}x=\int_a^b f(t)\mathrm{d}t$　(B) $\int_a^b f(x)\mathrm{d}x\geqslant\int_c^d f(x)\mathrm{d}x$

(C) $\int_a^b f(x)\mathrm{d}x\leqslant\int_c^d f(x)\mathrm{d}x$　(D) $2\int_a^b f(x)\mathrm{d}x>\int_a^b f(x)\mathrm{d}x$

(E) $\int_a^b f(x)\mathrm{d}x$ 与 $\int_a^b f(t)\mathrm{d}t$ 不能比较大小

25. 设函数 $f(x)$ 与 $g(x)$ 在 $[0,1]$ 上连续,且 $f(x)\leqslant g(x)$,则对任意 $c\in(0,1)$,有(　　).

(A) $\int_{\frac{1}{2}}^c f(t)\mathrm{d}t\geqslant\int_{\frac{1}{2}}^c g(t)\mathrm{d}t$　(B) $\int_{\frac{1}{2}}^c f(t)\mathrm{d}t\leqslant\int_{\frac{1}{2}}^c g(t)\mathrm{d}t$

(C) $\int_c^1 f(t)\mathrm{d}t\geqslant\int_c^1 g(t)\mathrm{d}t$　(D) $\int_c^1 f(t)\mathrm{d}t\leqslant\int_c^1 g(t)\mathrm{d}t$

(E) $\int_0^c f(t)\mathrm{d}t\geqslant\int_0^c g(t)\mathrm{d}t$

26. 设 $f'(x)$ 为连续函数,则下列命题错误的是(　　).

(A) $\frac{\mathrm{d}}{\mathrm{d}x}\left[\int_a^b f(x)\mathrm{d}x\right]=0$　(B) $\frac{\mathrm{d}}{\mathrm{d}x}\left[\int_a^b f(x)\mathrm{d}x\right]=f(x)$

(C) $\int_a^x f'(t)\mathrm{d}t=f(x)-f(a)$　(D) $\frac{\mathrm{d}}{\mathrm{d}x}\left[\int_a^x f(t)\mathrm{d}t\right]=f(x)$

(E) $\int_a^x f'(t)\mathrm{d}t$ 连续

27. $\int_{-a}^a(x-a)\sqrt{a^2-x^2}\,\mathrm{d}x=$(　　).

(A) $-\frac{1}{2}\pi a^2$　(B) $\frac{1}{2}\pi a^2$　(C) $\frac{1}{2}\pi a^3$

(D) $-\frac{1}{2}\pi a^3$　(E) πa^3

28. 设 $f(x)$ 为可导函数,则 $\frac{\mathrm{d}}{\mathrm{d}x}\left[\int_0^a(x-t)f'(t)\mathrm{d}t\right]=$(　　).

(A) 0　(B) $f(x)$　(C) $f(x)-f(0)$

(D) $f(x)-f(a)$　(E) $f(a)-f(0)$

29. 设 $f(x)$ 为二阶可导函数,满足 $f(1)=f(-1)=1$,$f(0)=-1$,且 $f''(x)>0$,则(　　).

(A) $\int_{-1}^1 f(x)\mathrm{d}x>0$　(B) $\int_{-1}^1 f(x)\mathrm{d}x<0$

(C) $\int_{-1}^{0} f(x)\mathrm{d}x > \int_{0}^{1} f(x)\mathrm{d}x$　　(D) $\int_{-1}^{0} f(x)\mathrm{d}x < \int_{0}^{1} f(x)\mathrm{d}x$

(E) $\int_{-1}^{1} f(x)\mathrm{d}x = 0$

30. 极限 $\lim\limits_{n\to\infty}\int_{n}^{n+p} \frac{\sin x}{x}\mathrm{d}x$(　　).

(A) 不存在　　(B) 等于 $p+1$　　(C) 等于 p

(D) 等于 1　　(E) 等于 0

31. 设连续函数 $f(x)$ 满足 $\int_{0}^{x} f(x-u)\mathrm{e}^{u}\mathrm{d}u = \sin x$,则 $f(x) =$(　　).

(A) $\cos x - \sin x$　　(B) $\cos x + \sin x$　　(C) $\cos x$

(D) $\sin x$　　(E) $\sin x - \cos x$

32. 设 $F(x) = \int_{0}^{x} \frac{1}{1+t^2}\mathrm{d}t + \int_{0}^{\frac{1}{x}} \frac{1}{1+t^2}\mathrm{d}t, x \neq 0$,则(　　).

(A) $F(x) \equiv 0$　　(B) $F(x) \equiv \frac{\pi}{2}$　　(C) $F(x) \equiv -\frac{\pi}{2}$

(D) $F(x) \equiv \pi$　　(E) $F(x)$ 在定义域内非定常数

33. 设 $f(x) = \int_{0}^{x^2} t(t-1)\mathrm{d}t$,则函数 $f(x)$ 有极值点(　　).

(A) 1 个　　(B) 2 个　　(C) 3 个

(D) 4 个　　(E) 0 个

34. 设 $f(x)$ 为奇函数,$F(x)$ 为 $f(x)$ 的原函数,则(　　).

(A) $\int_{-a}^{a} F(x)\mathrm{d}x = 0$　　(B) $\int_{-a}^{a} F(-x)\mathrm{d}x = 0$

(C) $\int_{-a}^{a} f(x)F(x)\mathrm{d}x = 0$　　(D) $\int_{-a}^{a} F[f(x)]\mathrm{d}x = 0$

(E) $\int_{-a}^{a} f[F(x)]\mathrm{d}x = 0$

35. 设 $f(x)$ 是周期为 T 的周期函数且连续,则 $\frac{\mathrm{d}}{\mathrm{d}x}\left[\int_{0}^{T} f(x+y)\mathrm{d}y\right] =$(　　).

(A) T　　(B) $-T$　　(C) 1

(D) -1　　(E) 0

36. 设 $f(x)$ 在区间 $[a,b]$ 上,有 $f(x) > 0, f'(x) < 0, f''(x) > 0$. 记 $S_1 = \int_{a}^{b} f(x)\mathrm{d}x, S_2 = f(b)(b-a), S_3 = \frac{1}{2}[f(b)+f(a)](b-a)$,则(　　).

(A) $S_1 < S_2 < S_3$　　(B) $S_3 < S_1 < S_2$　　(C) $S_2 < S_3 < S_1$

(D) $S_2 < S_1 < S_3$　　(E) $S_3 < S_2 < S_1$

37. 设 $f(x) > 0, f'(x) > 0, f''(x) < 0$,其中

$$N = \int_{a}^{b} f(x)\mathrm{d}x, P = f(a)(b-a), Q = \frac{1}{2}[f(a)+f(b)](b-a),$$

则 N, P, Q 之间有不等式关系(　　).

(A) $N < P < Q$　　(B) $Q < P < N$　　(C) $P < N < Q$

(D) $P < Q < N$　　(E) $N < Q < P$

38. 设 $I_1=\int_0^{\frac{\pi}{4}}\frac{\sin x}{x}\mathrm{d}x, I_2=\int_0^{\frac{\pi}{4}}\frac{x}{\sin x}\mathrm{d}x$,则(　　).

(A)$I_1<\frac{\pi}{4}<I_2$　　(B)$I_1<I_2<\frac{\pi}{4}$　　(C)$\frac{\pi}{4}<I_1<I_2$

(D)$I_2<\frac{\pi}{4}<I_1$　　(E)$\frac{\pi}{4}<I_2<I_1$

39. 设 $I=\int_0^{\frac{\pi}{4}}\ln\sin x\mathrm{d}x$, $J=\int_0^{\frac{\pi}{4}}\ln\cot x\mathrm{d}x, K=\int_0^{\frac{\pi}{4}}\ln\cos x\mathrm{d}x$,则 I,J,K 的大小关系是(　　).

(A)$I<J<K$　　(B)$I<K<J$　　(C)$J<I<K$

(D)$K<J<I$　　(E)$K<I<J$

40. 设 $M=\int_{-2}^{2}\frac{x^5}{1+x^2}\cos x\mathrm{d}x, N=\int_{-4}^{4}\frac{x^6}{1+x^2}\mathrm{d}x, P=\int_{-3}^{3}\left(\frac{x^7}{2+x^2}-x^4\right)\mathrm{d}x$,则有(　　).

(A)$N<M<P$　　(B)$P<N<M$　　(C)$P<M<N$

(D)$M<P<N$　　(E)$M<N<P$

41. 设 $M=\int_{-\frac{\pi}{2}}^{\frac{\pi}{2}}\frac{\sin x}{1+x^2}\cos^4 x\mathrm{d}x, N=\int_{-\frac{\pi}{2}}^{\frac{\pi}{2}}(\sin^3 x+\cos^4 x)\mathrm{d}x, P=\int_{-\frac{\pi}{2}}^{\frac{\pi}{2}}(x^2\sin^3 x-\cos^4 x)\mathrm{d}x$,则(　　).

(A)$N<P<M$　　(B)$M<P<N$　　(C)$N<M<P$

(D)$P<N<M$　　(E)$P<M<N$

42. 如图 1-3-1 所示,连续函数 $y=f(x)$在区间$[-3,-2]$,$[2,3]$上的图形分别是直径为 1 的上、下半圆周,在区间$[-2,0]$,$[0,2]$上的图形分别是直径为 2 的下、上半圆周. 设 $F(x)=\int_0^x f(t)\mathrm{d}t$,则下列结论正确的是(　　).

(A)$F(3)=-\frac{3}{4}F(-2)$

(B)$F(3)=\frac{5}{4}F(2)$

(C)$F(-3)=\frac{3}{4}F(2)$

(D)$F(-3)=-\frac{5}{4}F(-2)$

(E)$F(-3)=-\frac{3}{4}F(2)$

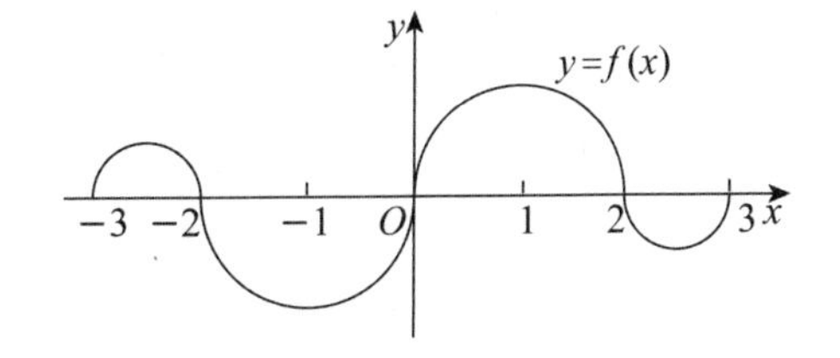

图 1-3-1

43. 若 $f(x)=\int_0^x f(t)\mathrm{d}t+1$,则 $f(x)=$ (　　).

(A)Ce^x　　(B)e^x+C　　(C)e^{-x}

(D)e^x　　(E)$e^{-x}+C$

44. 设 $f(x)=\begin{cases}1, & x>0,\\ 0, & x=0,\\ -1, & x<0,\end{cases}$ $F(x)=\int_0^x f(t)\mathrm{d}t$,则(　　).

(A)$F(x)$ 在点 $x=0$ 处不连续

(B)$F(x)$ 在$(-\infty,+\infty)$ 内连续,但在点 $x=0$ 处不可导

(C) $F(x)$ 在 $(-\infty,+\infty)$ 内可导，且满足 $F'(x)=f(x)$

(D) $F(x)$ 在 $(-\infty,+\infty)$ 内可导，但不满足 $F'(x)=f(x)$

(E) 以上结论都不正确

45. 设 $g(x)=\int_{-1}^{x} f(u)\mathrm{d}u$，其中 $f(x)=\begin{cases}\dfrac{1}{1+\cos x}, & -1\leqslant x<0,\\ xe^{-x^2}, & 0\leqslant x\leqslant 2,\end{cases}$ 则 $g(x)$ 在 $(-1,2)$ 内(　　).

(A) 无界　(B) 单调递减　(C) 不连续

(D) 连续　(E) 可导

46. 设 $\alpha(x)=\int_0^{5x}\frac{\sin t}{t}\mathrm{d}t$，$\beta(x)=\int_0^{\sin x}(1+t)^{\frac{1}{t}}\mathrm{d}t$，则当 $x\to 0$ 时，$\alpha(x)$ 是 $\beta(x)$ 的(　　).

(A) 高阶无穷小　(B) 低阶无穷小

(C) 同阶但非等价无穷小　(D) 等价无穷小

(E) 无法判断

47. 设函数 $f(x)$ 在区间 $[-1,1]$ 上连续，则 $x=0$ 是函数 $g(x)=\dfrac{\int_0^x f(t)\mathrm{d}t}{x}$ 的(　　).

(A) 跳跃间断点　(B) 可去间断点　(C) 无穷间断点

(D) 振荡间断点　(E) 连续点

48. 设 $f(x)=\int_0^{\sin x}\sin t^2\mathrm{d}t$，$g(x)=x^3+x^4$，当 $x\to 0$ 时，$f(x)$ 是 $g(x)$ 的(　　).

(A) 等价无穷小　(B) 高阶无穷小

(C) 低阶无穷小　(D) 同阶但非等价无穷小

(E) 无法判断

49. 设 $f(x)$，$\varphi(x)$ 在点 $x=0$ 的某邻域内连续，且当 $x\to 0$ 时，$f(x)$ 是 $\varphi(x)$ 的高阶无穷小.则当 $x\to 0$ 时，$\int_0^x f(t)\sin t\mathrm{d}t$ 是 $\int_0^x t\varphi(t)\mathrm{d}t$ 的(　　).

(A) 低阶无穷小　(B) 高阶无穷小　(C) 同阶但非等价无穷小

(D) 等价无穷小　(E) 无法判断

50. 设 $F(x)=\int_1^x\left(2-\frac{1}{\sqrt{t}}\right)\mathrm{d}t\,(x>0)$，则 $F(x)$ 的单调增加区间为(　　).

(A) $\left(0,\frac{1}{4}\right)$　(B) $\left(0,\frac{1}{2}\right)$　(C) $(0,1)$

(D) $\left(\frac{1}{2},+\infty\right)$　(E) $\left(\frac{1}{4},+\infty\right)$

51. 设 $f(x)$ 为连续函数，且 $f(x)=\dfrac{1}{1+x^2}+x^3\int_0^1 f(x)\mathrm{d}x$，则 $f(x)=$(　　).

(A) $\frac{1}{1+x^2}+\frac{\pi}{3}x^3$　(B) $\frac{1}{1+x^2}+\frac{\pi}{2}x^3$　(C) $\frac{1}{1+x^2}+\pi x^3$

(D) $\frac{1}{1+x^2}+\frac{3}{2}\pi x^3$　(E) $\frac{1}{1+x^2}+\frac{2}{3}\pi x^3$

52. 设 $f(x)=\begin{cases}xe^{x^2}, & -\frac{1}{2}\leqslant x<\frac{1}{2},\\ -1, & x\geqslant\frac{1}{2},\end{cases}$ 则 $\int_{\frac{1}{2}}^{2} f(x-1)\mathrm{d}x=$(　　).

(A)1　　(B)-1　　(C)0

(D)$\frac{1}{2}$　　(E)$-\frac{1}{2}$

53. 如图 1-3-2 所示,曲线段的方程为 $y=f(x)$,函数 $f(x)$ 在区间$[0,a]$上有连续的导数,则定积分$\int_0^a xf'(x)\mathrm{d}x$ 等于(　　).

(A) 曲边梯形 $ABOD$ 的面积

(B) 梯形 $ABOD$ 的面积

(C) 曲边三角形 ACD 的面积

(D) 三角形 ACD 的面积

(E) 矩形 $ABOC$ 的面积

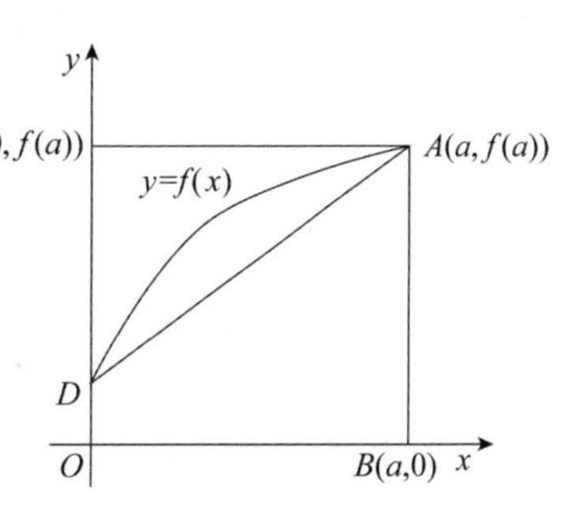

图 1-3-2

54. 曲线 $y=x(x-1)(2-x)$ 与 x 轴所围图形的面积可表示为(　　).

(A)$-\int_0^2 x(x-1)(2-x)\mathrm{d}x$

(B)$\int_0^1 x(x-1)(2-x)\mathrm{d}x-\int_1^2 x(x-1)(2-x)\mathrm{d}x$

(C)$-\int_0^1 x(x-1)(2-x)\mathrm{d}x+\int_1^2 x(x-1)(2-x)\mathrm{d}x$

(D)$\int_0^2 x(x-1)(2-x)\mathrm{d}x$

(E)$2\int_0^1 x(x-1)(2-x)\mathrm{d}x$

55. 设 $f(x)=\begin{cases}\frac{1}{x^3}\int_0^x \tan t^2\mathrm{d}t, & x\neq 0,\\ a, & x=0,\end{cases}$ 且在 $x=0$ 处连续,则 $a=$(　　).

(A)0　　(B)$\frac{1}{3}$　　(C)1

(D)$\frac{3}{2}$　　(E)3

56. 设曲线 $y=f(x)$ 与 $y=\int_0^{\arcsin x}\mathrm{e}^{-t^{\frac{3}{2}}}\mathrm{d}t$ 在点(0,0)处有相同的切线,则$\lim\limits_{n\to\infty}nf\left(\frac{1}{n}\right)=$(　　).

(A)-1　　(B)$-\frac{2}{3}$　　(C)0

(D)$\frac{2}{3}$　　(E)1

57. 函数 $f(x)=x^2$ 在闭区间$[1,3]$上的平均值为(　　).

(A)5　　(B)$\frac{13}{3}$　　(C)4

(D)$-\frac{11}{3}$　　(E)$-\frac{13}{3}$

58. 曲线 $y=x^3$,直线 $x=-1$,$x=2$ 及 x 轴所围成的封闭图形的面积为(　　).

(A)$\frac{9}{4}$　　(B)$\frac{13}{4}$　　(C)$\frac{15}{4}$

(D) $\frac{17}{4}$ (E) $\frac{19}{4}$

59. 已知某商品总产量的变化率 $f(t)=200+5t-\frac{1}{2}t^2$，则时间 t 从 2 到 8 变化时，总产量增加值 ΔQ 为(　　).

(A)1 266 (B)568 (C)266

(D)36 (E)8

60. $\int_0^1 \sqrt{2x-x^2}\,\mathrm{d}x=$(　　).

(A)1 (B) $\frac{\pi}{2}$ (C) $\frac{\pi}{3}$

(D) $\frac{\pi}{4}$ (E) $\frac{\pi}{6}$

61. 设 $f(x)$ 有连续导数，$f(4)=2,f(1)=0$，则$\int_1^2 xf(x^2)f'(x^2)\mathrm{d}x=$(　　).

(A)0 (B)1 (C)2

(D)3 (E)4

62. $\int_1^5 x\sqrt{x-1}\,\mathrm{d}x=$(　　).

(A) $\frac{272}{15}$ (B) $\frac{272}{5}$ (C) $\frac{272}{3}$

(D) $\frac{272}{2}$ (E)272

63. $\int \frac{x}{\sqrt{1-x^2}}\mathrm{d}x=$(　　).

(A) $\sqrt{1-x^2}+C$ (B) $-\sqrt{1-x^2}+C$ (C) $\frac{1}{2}\sqrt{1-x^2}+C$

(D) $-\frac{1}{2}\sqrt{1-x^2}+C$ (E) $2\sqrt{1-x^2}+C$

64. $\int \frac{x+2}{x^2+4x+5}\mathrm{d}x=$(　　).

(A) $\ln(x^2+4x+5)+C$ (B) $\frac{1}{2}\ln(x^2+4x+5)+C$

(C) $\frac{1}{3}\ln(x^2+4x+5)+C$ (D) $\frac{1}{4}\ln(x^2+4x+5)+C$

(E) $\frac{1}{6}\ln(x^2+4x+5)+C$

65. $\int x\cos x\,\mathrm{d}x=$(　　).

(A) $x\sin x-\cos x+C$ (B) $\sin x-x\cos x+C$

(C) $x\sin x+\cos x+C$ (D) $\sin x+x\cos x+C$

(E) $\cos x-x\sin x+C$

66. 设 $f(x)=\mathrm{e}^{2x},\varphi(x)=\ln x$，则$\int_0^1\{f[\varphi(x)]+\varphi[f(x)]\}\mathrm{d}x=$(　　).

(A) $\frac{1}{3}$　　(B)1　　(C) $\frac{4}{3}$

(D)2　　(E)3

67. $\int_1^e \frac{\ln x-1}{x^2}\mathrm{d}x=$ (　　).

(A) $-\mathrm{e}$　　(B)e　　(C) $-\frac{1}{\mathrm{e}}$

(D) $\frac{1}{\mathrm{e}}$　　(E) $\frac{2}{\mathrm{e}}$

68. $\int_0^{\pi}\sqrt{\sin x-\sin^3 x}\,\mathrm{d}x=$ (　　).

(A) $-\frac{4}{3}$　　(B) $-\frac{3}{4}$　　(C)0

(D) $\frac{3}{4}$　　(E) $\frac{4}{3}$

69. 由曲线 $y=\ln x$，直线 $x=\frac{1}{2}$，$x=2$ 及 x 轴围成的面积等于(　　).

(A) $\frac{1}{2}(\ln 2-1)$　　(B) $\frac{1}{2}(3\ln 2-1)$　　(C) $\frac{1}{2}(5\ln 2-3)$

(D) $\frac{1}{2}(5\ln 2-1)$　　(E) $\frac{3}{2}(\ln 2-1)$

第四章　多元函数微分

概述

本章是对一元函数微分学的推广，内容包括多元函数的连续、可导与可微、偏导数的计算、二元函数的极值与最值. 本章的高频考点：求偏导数与全微分. 低频考点：求二元函数的极值和最值.

1. 二元函数 $z=\ln(y-x)+\dfrac{\sqrt{x}}{\sqrt{1-x^2-y^2}}$ 的定义域为(　　).

(A) $y>x\geqslant 0, x^2+y^2\leqslant 1$　　(B) $y>x\geqslant 0, x^2+y^2<1$

(C) $y\geqslant x\geqslant 0, x^2+y^2<1$　　(D) $y\geqslant x\geqslant 0, x^2+y^2\leqslant 1$

(E) $y\geqslant x>0, x^2+y^2<1$

2. 已知 $f(x,y)=3x+2y$，则 $f[1,f(x,y)]=$(　　).

(A) $3x+2y+1$　　(B) $3x+2y+3$　　(C) $6x+4y+1$

(D) $6x+4y+3$　　(E) $3x+4y+3$

3. 已知 $f\left(\dfrac{1}{x},\dfrac{1}{y}\right)=x^3-2xy^2+3y$，则 $f(x,y)=$(　　).

(A) $\dfrac{1}{x^3}-\dfrac{2}{x^2y}+\dfrac{3}{y}$　　(B) $\dfrac{1}{x^3}+\dfrac{2}{x^2y}+\dfrac{3}{y}$　　(C) $\dfrac{1}{x^3}-\dfrac{2}{x^2y^2}+\dfrac{3}{y}$

(D) $\dfrac{1}{x^3}+\dfrac{2}{xy^2}+\dfrac{3}{y}$　　(E) $\dfrac{1}{x^3}-\dfrac{2}{xy^2}+\dfrac{3}{y}$

4. 设 $z=\sqrt{x}+f(\sqrt{y}-1)$，当 $x=1$ 时，$z=y$，则 $f(u)$ 及 z 分别为(　　).

(A) $u^2+2u, \sqrt{x}+y-1$　　(B) $u^2+2u, \sqrt{x}+y+1$　　(C) $u^2+u, \sqrt{x}+y-1$

(D) $u^2+u, \sqrt{x}+y+1$　　(E) $u^2+u, \sqrt{x}-y-1$

5. 设二元函数 $f(x,y)$ 在点 (a,b) 处存在偏导数，则 $\lim\limits_{x\to 0}\dfrac{f(a+x,b)-f(a-x,b)}{x}=$(　　).

(A) $f'_x(a,b)$　　(B) $f'_1(a+x,b)$　　(C) $2f'_x(a,b)$

(D) 0　　(E) $2f'_1(a+x,b)$

6. 设 $z=(x+2)^y$，则 $\dfrac{\partial z}{\partial y}=$(　　).

(A) $(x+2)^y\ln(x+2)$　　(B) $(x+2)^{y-1}\ln(x+2)$　　(C) $y(x+2)^{y-1}$

(D) $(x+2)^y$　　(E) $(x+2)^{y-1}$

7. 设 $z=e^{x^2-y^2}\sin xy$，则 $\dfrac{\partial z}{\partial x}=$(　　).

(A) $e^{x^2-y^2}(2x\sin xy-y\cos xy)$　　(B) $e^{x^2-y^2}(2x\sin xy+y\cos xy)$

(C) $e^{x^2-y^2}(2x\cos xy-y\sin xy)$　　(D) $e^{x^2-y^2}(2x\cos xy+y\sin xy)$

(E)$e^{x^2-y^2}(2y\sin xy+x\cos xy)$

8. 设 $z=(3x+2y)^{3x+2y}$,则 $2\frac{\partial z}{\partial x}-3\frac{\partial z}{\partial y}=$(　　).

(A)$5(3x+2y)^{3x+2y}[1+\ln(3x+2y)]$　　(B)$3(3x+2y)^{3x+2y}[1+\ln(3x+2y)]$

(C)$2(3x+2y)^{3x+2y}[1+\ln(3x+2y)]$　　(D)$(3x+2y)^{3x+2y}[1+\ln(3x+2y)]$

(E)0

9. 设函数 $f(x,y)$存在二阶偏导数,则(　　).

(A) $\frac{\partial^2 f(x,y)}{\partial x\partial y}=\frac{\partial^2 f(x,y)}{\partial y\partial x}$　　(B)$f(x,y)$连续

(C)$f(x,y)$可微　　(D)$f(x,y)$ 的一阶偏导数连续

(E) 对给定的 x 或 y,$f(x,y)$连续

10. 设 $F(x,y,z)=0$,且 F 具有连续的一阶偏导数,F'_x,F'_y,F'_z均非零,则$\frac{\partial z}{\partial x}\cdot\frac{\partial x}{\partial y}\cdot\frac{\partial y}{\partial z}=$(　　).

(A)1　　(B)-1　　(C)0

(D)2　　(E)-2

11. 设 $f(x+y,xy)=x^3+y^3+x^2y+xy^2+x^2+y^2$,则$\frac{\partial f(x,y)}{\partial x}=$(　　).

(A)$3x^2+y^2+2xy+2x$　(B)$3x^2-2y+2x$　(C)$2x-2y$

(D)x^2+2y-2　(E)$3x^2+2y-2$

12. 设函数 $z=z(x,y)$由方程 $F\left(\frac{y}{x},\frac{z}{x}\right)=0$ 确定,其中 F 具有一阶连续的偏导数,且$F'_2\neq 0$,则 $x\frac{\partial z}{\partial x}+y\frac{\partial z}{\partial y}=$(　　).

(A)x　　(B)$-x$　　(C)z

(D)$-z$　　(E)0

13. 设 $z=xyf\left(\frac{y}{x}\right)$,其中 $f(u)$ 可导,则 $x\frac{\partial z}{\partial x}+y\frac{\partial z}{\partial y}=$(　　).

(A)$xyf\left(\frac{y}{x}\right)$　　(B)$2xyf\left(\frac{y}{x}\right)$　　(C)$3xyf\left(\frac{y}{x}\right)$

(D)$4xyf\left(\frac{y}{x}\right)$　　(E)0

14. 设函数 $z=f(u)$,方程 $u=\varphi(u)+\int_y^x p(t)\mathrm{d}t$ 确定 u 是 x,y 的函数,其中 $f(u),\varphi(u)$ 可微,$p(t),\varphi'(u)$ 连续,且 $\varphi'(u)\neq 1$,则 $p(y)\frac{\partial z}{\partial x}+p(x)\frac{\partial z}{\partial y}=$(　　).

(A)$p(x)-p(y)$　　(B)$p(x)+p(y)$　　(C)$p(y)-p(x)$

(D)1　　(E)0

15. 设 $z=f\left(xy,\frac{x}{y}\right)+g\left(\frac{y}{x}\right)$,其中 f,g 均为可微函数,则$\frac{\partial z}{\partial x}=$(　　).

(A)$yf'_1+\frac{1}{y}f'_2+\frac{y}{x^2}g'$　　(B)$yf'_1+\frac{1}{y}f'_2-\frac{y}{x^2}g'$

(C) $yf'_1-\frac{1}{y}f'_2+\frac{y}{x^2}g'$　　(D) $yf'_1-\frac{1}{y}f'_2-\frac{y}{x^2}g'$

(E) $yf'_1+\frac{2}{y}f'_2-\frac{y}{x^2}g'$

16. 设 $z=e^{-x}-f(x-2y)$，且当 $y=0$ 时，$z=x^2$，则 $\left.\frac{\partial z}{\partial x}\right|_{(2,1)}=$（　　）.

(A) $1+e^2$　　(B) $1-e^2$　　(C) $1+\frac{1}{e^2}$

(D) $1-\frac{1}{e^2}$　　(E) e^2-1

17. 设有三元方程 $xy-z\ln y+z^2=1$，根据隐函数存在定理，存在点 $(1,1,0)$ 的一个邻域，在此邻域内该方程（　　）.

(A) 只能确定一个具有连续偏导数的函数 $z=z(x,y)$

(B) 可确定两个具有连续偏导数的函数 $y=y(x,z)$ 和 $z=z(x,y)$

(C) 可确定两个具有连续偏导数的函数 $x=x(y,z)$ 和 $z=z(x,y)$

(D) 可确定两个具有连续偏导数的函数 $x=x(y,z)$ 和 $y=y(x,z)$

(E) 只能确定一个具有连续偏导数的函数 $x=x(y,z)$

18. 设 $z=z(x,y)$ 是由方程 $x^2y-z=\varphi(x+y+z)$ 所确定的函数，其中 φ 可导，且 $\varphi'\neq-1$，则 $\frac{\partial z}{\partial x}=$（　　）.

(A) $\frac{xy-\varphi'}{1+\varphi'}$　　(B) $\frac{xy+\varphi'}{1+\varphi'}$　　(C) $\frac{2xy-\varphi'}{1+\varphi'}$

(D) $\frac{2xy+\varphi'}{1+\varphi'}$　　(E) $-\frac{2xy+\varphi'}{1+\varphi'}$

19. 设 $z=e^{x^2}-f(x-3y)$，其中 f 有二阶连续导数，则 $\frac{\partial^2 z}{\partial x\partial y}=$（　　）.

(A) $-3f''(x-3y)$　　(B) $3f''(x-3y)$　　(C) $-f''(x-3y)$

(D) $f''(x-3y)$　　(E) $2f''(x-3y)$

20. 设 $f(x,y)=\int_0^{xy}e^{-t^2}\,dt$，则 $\frac{x}{y}\frac{\partial^2 f}{\partial x^2}-2\frac{\partial^2 f}{\partial x\partial y}+\frac{y}{x}\frac{\partial^2 f}{\partial y^2}=$（　　）.

(A) $-2e^{-x^2y^2}$　　(B) $2e^{-x^2y^2}$　　(C) $-e^{-x^2y^2}$

(D) $e^{-x^2y^2}$　　(E) 0

21. 设 $f(u,v)$ 有连续偏导数，且 $g(x,y)=f\left[xy,\frac{1}{2}(x^2-y^2)\right]$，则 $y\frac{\partial g}{\partial x}+x\frac{\partial g}{\partial y}=$（　　）.

(A) $2xyf'_2$　　(B) $2xyf'_1$　　(C) $(x^2-y^2)f'_1$

(D) $(y^2-x^2)f'_1$　　(E) $(x^2+y^2)f'_1$

22. 设 $f(t)$ 有连续导数，且 $g(x,y)=f\left(\frac{y}{x}\right)+yf\left(\frac{x}{y}\right)$，则 $x\frac{\partial g}{\partial x}+y\frac{\partial g}{\partial y}=$（　　）.

(A) $yf\left(\frac{x}{y}\right)$　　(B) $xf\left(\frac{y}{x}\right)$　　(C) $2f'\left(\frac{y}{x}\right)+f'\left(\frac{x}{y}\right)$

(D) $f'\left(\frac{y}{x}\right)+2f'\left(\frac{x}{y}\right)$　　(E) $2f'\left(\frac{y}{x}\right)-f'\left(\frac{x}{y}\right)$

23. 设 $f\left(x+y,\dfrac{y}{x}\right)=x^2-y^2(x+y\neq 0)$，$z=f(x,y)$，则$\dfrac{\partial z}{\partial x}=$（　　）.

(A) $\dfrac{x(1-y)}{1+y}$　(B) $\dfrac{2x(1-y)}{1+y}$　(C) $\dfrac{x(1+y)}{1-y}$

(D) $\dfrac{2x(1+y)}{1-y}$　(E) $-\dfrac{x(1+y)}{1-y}$

24. 设 $f(x,y)=3x+2y$，$z=f[xy,f(x,y)]$，则$\dfrac{\partial z}{\partial y}=$（　　）.

(A) $4x+3$　(B) $4x-3$　(C) $3x+4$

(D) $3x-4$　(E) $4-3x$

25. 设 $z=\sin xy$，则$\dfrac{\partial^2 z}{\partial x^2}+\dfrac{\partial^2 z}{\partial y^2}=$（　　）.

(A) $-(x^2+y^2)\sin xy$　(B) $(x^2+y^2)\sin xy$

(C) $(x^2-y^2)\sin xy$　(D) $(y^2-x^2)\sin xy$

(E) 0

26. 设 $f(x,y)=\dfrac{e^x}{x-y}$，则（　　）.

(A) $f'_x-f'_y=0$　(B) $f'_x+f'_y=0$　(C) $f'_x-f'_y=f$

(D) $f'_x-f'_y=-f$　(E) $f'_x+f'_y=f$

27. 若 $f(x,x^2)=x^2e^{-x}$，$f'_x(x,y)\Big|_{y=x^2}=-x^2e^{-x}$，则 $f'_y(x,y)\Big|_{y=x^2}=$（　　）.

(A) $2xe^{-x}$　(B) $(-x^2+2x)e^{-x}$　(C) e^{-x}

(D) $(2x-1)e^{-x}$　(E) xe^{-x}

28. 设函数 $z=(2x+y)^{3xy}$，则$\dfrac{\partial z}{\partial x}\Big|_{(1,1)}=$（　　）.

(A) $3^3\cdot(3\ln 3+2)$　(B) $3^3\cdot(\ln 3+2)$　(C) $3\ln 3+2$

(D) $3^3\cdot(3\ln 3-2)$　(E) $2\cdot 3^4\ln 3$

29. 设 $z=z(x,y)$ 由方程 $z-y-x+xe^{z-y-x}=0$ 确定，则$\dfrac{\partial z}{\partial y}=$（　　）.

(A) -1　(B) 1　(C) $-1+e^{z-y-x}$

(D) $-1-e^{z-y-x}$　(E) $1-e^{z-y-x}$

30. 设 $z=\arctan\dfrac{x-y}{x+y}$，则$\dfrac{\partial^2 z}{\partial x^2}=$（　　）.

(A) $-\dfrac{xy}{(x^2+y^2)^2}$　(B) $\dfrac{xy}{(x^2+y^2)^2}$　(C) $-\dfrac{2xy}{(x^2+y^2)^2}$

(D) $\dfrac{2xy}{(x^2+y^2)^2}$　(E) $\dfrac{xy}{2(x^2+y^2)^2}$

31. 设 $f(u,v)$ 为二元可微函数，$z=f[\sin(x+y),e^{xy}]$，则$\dfrac{\partial z}{\partial x}=$（　　）.

(A) $\cos xf'_1+e^{xy}yf'_2$　(B) $\sin(x+y)f'_1+e^{xy}xf'_2$

(C) $\sin(x+y)f'_1+e^{xy}f'_2$　(D) $\cos(x+y)f'_1+e^{xy}yf'_2$

(E) $\cos(x+y)f'_1+e^{xy}xf'_2$

32. 设二元函数 $z=f(u,v)$，$f[xg(y),y]=x+g(y)$，且 $g(y)$ 可微，$g(y)\neq 0$，则$\frac{\partial^2 f}{\partial u\partial v}=$(　　).

(A) $-\frac{2g'(v)}{[g(v)]^2}$　(B) $\frac{2g'(v)}{[g(v)]^2}$　(C) $-\frac{g'(v)}{g(v)}$

(D) $\frac{g'(v)}{[g(v)]^2}$　(E) $-\frac{g'(v)}{[g(v)]^2}$

33. 设 $z=\sqrt{x^2+y^2}$，则点$(0,0)$(　　).

(A) 为 z 的驻点，且为极小值点

(B) 为 z 的驻点，但不为极小值点

(C) 不为 z 的驻点，但为极小值点

(D) 不为 z 的驻点，也不为极小值点

(E) 条件不足，无法判断是否为驻点

34. 设二元函数 $z=xy$，则点$(0,0)$ 为(　　).

(A) 驻点且为极值点

(B) 驻点但不为极值点

(C) 极值点但不为驻点

(D) 连续点，不是驻点，也不是极值点

(E) 非连续点

35. 对于函数 $f(x,y)=x^2+xy$，点$(0,0)$(　　).

(A) 不是驻点但为极小值点

(B) 是驻点且为极大值点

(C) 是驻点且为极小值点

(D) 是驻点但非极值点

(E) 既不是驻点也不是极值点

36. 设可微函数 $f(x,y)$ 在点(x_0,y_0) 取得极小值，则(　　).

(A) $f(x_0,y)$ 在 $y=y_0$ 处的导数等于零

(B) $f(x_0,y)$ 在 $y=y_0$ 处的导数大于零

(C) $f(x_0,y)$ 在 $y=y_0$ 处的导数小于零

(D) $f(x_0,y)$ 在 $y=y_0$ 处的导数不存在

(E) 以上结论均不正确

37. 函数 $f(x,y)=3axy-x^3-y^3(a>0)$(　　).

(A) 没有极值

(B) 既有极大值也有极小值

(C) 仅有极小值

(D) 仅有极大值

(E) 有无极值取决于 a 的具体取值

38. 设 $f(x,y)=x^2y^2+x\ln x$，则点$\left(\frac{1}{\mathrm{e}},0\right)$(　　).

(A) 不是 $f(x,y)$ 的驻点，但是 $f(x,y)$ 的极值点

(B) 不是 $f(x,y)$ 的驻点，也不是 $f(x,y)$ 的极值点

(C) 是 $f(x,y)$ 的驻点，但不是极值点

(D) 是 $f(x,y)$ 的驻点，也是 $f(x,y)$ 的极大值点

(E) 是 $f(x,y)$ 的驻点，也是 $f(x,y)$ 的极小值点

39. 函数 $z=x^2+y^2$ 在条件$\frac{x}{a}+\frac{y}{b}=1$ 下的极值为(　　).

(A) $\frac{a^2b}{a^2+b^2}$　(B) $\frac{ab^2}{a^2+b^2}$　(C) $\frac{a^2b^2}{a^2+b^2}$

(D) $\frac{ab}{a^2+b^2}$　(E) $\frac{2a^2b^2}{a^2+b^2}$

第二部分

概率论

GAI LV LUN

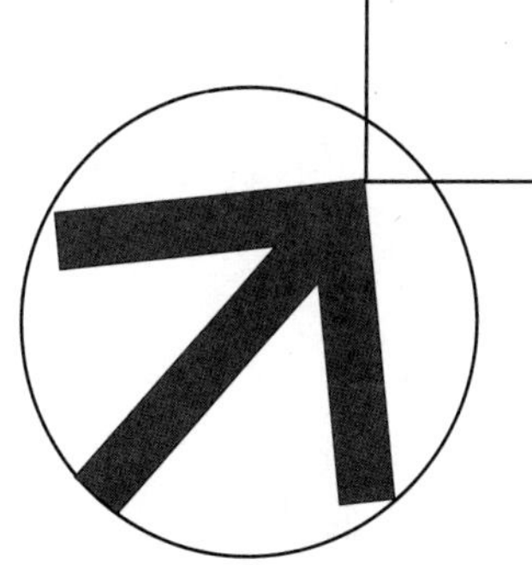

第五章　随机事件与概率

概述

本章是概率论的基础，内容包括：随机事件的定义、运算及常见的关系，概率与条件概率，简单概型及概率的常用公式. 在经济类联考中直接考查本章的考题相对较少，常见的考点：概率的基本性质、简单概型的计算.

1. 设 A 和 B 是任意两个事件，则下列事件中与事件 $\overline{A}+\overline{A}B+\overline{A}\,\overline{B}$ 相等的是(　　).

(A) $\overline{A}$　　(B) $\overline{B}$　　(C) $\overline{AB}$

(D) $\overline{A\cup B}$　　(E) $\overline{A}+B$

2. 射击三次，$A_i(i=1,2,3)$表示第 i 次命中目标，则下列事件中表示至少命中一次的是(　　).

(A)$A_1+A_2+A_3-A_1A_2-A_1A_3-A_2A_3+A_1A_2A_3$

(B) $\overline{A_1}+\overline{A_2}+\overline{A_3}$

(C)$A_1\overline{A_2}\,\overline{A_3}+\overline{A_1}A_2\overline{A_3}+\overline{A_1}\,\overline{A_2}A_3$

(D)$\Omega-\overline{A_1A_2A_3}$

(E)$A_1+(A_2-A_1)+(A_3-A_1-A_2)$

3. 对于任意两个事件 A 和 B，与 $A\cup B\subset B$ 不等价的是(　　).

(A)$A\subset B$　　(B) $\overline{B}\subset\overline{A}$　　(C)$A\overline{B}=\varnothing$

(D) $\overline{A}B=\varnothing$　　(E)$AB=A$

4. 设 A,B 为两个事件，且 $P(AB)=0$，则(　　).

(A)A 与 B 互斥　　(B)AB 是不可能事件　　(C)AB 未必是不可能事件

(D)$P(A)=0$ 且 $P(B)=0$　　(E)A 与 B 相互独立

5. 设 A,B 为两个事件，且 $P(A)=\frac{2}{3},P(B)=\frac{1}{2},P(AB)=\frac{1}{3}$，则事件 A 与 B 之间的关系是(　　).

(A)A 包含 B　　(B)B 包含 A　　(C)A 与 B 相互独立

(D)A 与 B 相互对立　　(E)A 与 B 互斥

6. 设 A,B 为两个随机事件，且 $B\subset A$，则下列式子正确的是(　　).

(A)$P(A\cup B)=P(A)$　　(B)$P(AB)=P(A)$

(C)$P(B\mid A)=P(B)$　　(D)$P(A\mid B)=P(B)$

(E)$P(B-A)=P(B)-P(A)$

7. 设事件 A 与 B 互不相容，则(　　).

(A)$P(\overline{A}\,\overline{B})=0$　　(B)$P(AB)=P(A)P(B)$　　(C)$P(A)=1-P(B)$

(D)$P(\overline{A}\cup\overline{B})=1$　　(E) 以上都不正确

8. 甲、乙两人投篮，以 A 表示事件“甲投中，乙未投中”，则其对立事件 $\overline{A}$ 为(　　).

(A)“甲未投中，乙投中”　(B)“甲、乙二人均投中”　(C)“乙投中”

(D)“甲未投中”　(E)“甲未投中或乙投中”

9. 假设事件 A,B 满足 $P(B|A)=1$，则(　　).

(A)A 是必然事件　(B)$P(B|\overline{A})=0$　(C)A 包含 B

(D)$P(A-B)=0$　(E)$P(A+B)=1$

10. 设 A,B,C 为三个随机事件，且 $P(A\cup B)=P(A)+P(B)$，$0<P(C)<1$，则下列结论中不一定正确的是(　　).

(A)$P(A\cup B|C)=P(A|C)+P(B|C)$

(B)$P(A\cup B|\overline{C})=P(A|\overline{C})+P(B|\overline{C})$

(C)$P(AC\cup BC)=P(AC)+P(BC)$

(D)$P(AB)=0$

(E)A,B 互不相容

11. 设 A,B 为随机事件，且 $P(B)>0$，$P(A\mid B)=1$，则必有(　　).

(A)$P(A\cup B)>P(A)$　(B)$P(A\cup B)<P(B)$　(C)$P(A\cup B)=P(A)$

(D)$P(A\cup B)=P(B)$　(E)$(A\cup B)>P(B)$

12. 设 A,B 为两个随机事件，若 $P(AB)=P(\overline{A}\,\overline{B})$，且 $P(A)=p$，则 $P(B)=$(　　).

(A)$1-p$　(B)p　(C)$(1-p)p$

(D)0　(E)p^2

13. 设 A,B 为两个随机事件，且 $P(A)=0.4$，$P(A\cup B)=0.7$，若 A,B 相互独立，则 $P(B)=$(　　).

(A)0.2　(B)0.3　(C)0.4

(D)0.5　(E)0.6

14. 已知 A,B,C 是三个相互独立的事件，且 $0<P(C)<1$，则在下列选项给定的随机事件组中不相互独立的是(　　).

(A) $\overline{A\cup B}$ 与 C　(B) $\overline{AC}$ 与 C　(C) $\overline{A-B}$ 与 $\overline{C}$

(D) $\overline{AB}$ 与 $\overline{C}$　(E)$A\overline{B}$ 与 C

15. 对于任意两个事件 A 和 B，有结论(　　).

(A) 若 $AB\neq\varnothing$，则 A,B 一定独立

(B) 若 $AB\neq\varnothing$，则 A,B 有可能独立

(C) 若 $AB=\varnothing$，则 A,B 一定独立

(D) 若 $AB=\varnothing$，则 A,B 一定不独立

(E) 以上结论都不成立

16. 若 $P(A)=\frac{1}{2}$，$P(B)=\frac{1}{3}$，$P(AB)=\frac{1}{6}$，则事件 A,B 之间的关系为(　　).

(A) 无关系　(B) 相等　(C) 互不相容

(D) 相互对立　(E) 相互独立

17. 设两两独立且概率相等的三个随机事件 A,B,C 满足条件 $ABC=\varnothing$，则事件“A,B,C 均不发生”的概率的最小值是(　　).

(A) $\frac{1}{2}$　　(B) $\frac{1}{3}$　　(C) $\frac{1}{4}$

(D) $\frac{1}{5}$　　(E) $\frac{2}{5}$

18. 设 $0 < P(A) < 1, 0 < P(B) < 1, P(A \mid B) + P(\overline{A} \mid \overline{B}) = 1$,则(　　).

(A) 事件 A 和 B 互不相容　　(B) 事件 A 和 B 相互对立

(C) 事件 A 和 B 不相互独立　　(D) 事件 A 和 B 相互独立

(E) 事件 A 和 B 相等

19. 设 A_1, A_2, A_3 为 3 个随机事件,下列结论正确的是(　　).

(A) 若 A_1, A_2, A_3 相互独立,则 A_1, A_2, A_3 两两独立

(B) 若 A_1, A_2, A_3 两两独立,则 A_1, A_2, A_3 相互独立

(C) 若 $P(A_1A_2A_3) = P(A_1)P(A_2)P(A_3)$,则 A_1, A_2, A_3 相互独立

(D) 若 A_1 与 A_2 独立, A_2 与 A_3 独立,则 A_1 与 A_3 独立

(E) 以上都不正确

20. 设有 20 间不同的客房,现有 5 个客人入住,假设每个房间容纳人数没有限制,则每个客人单独住一间房的概率为(　　).

(A) $\frac{C_{20}^5 5!}{20^5}$　　(B) $\frac{C_{20}^5}{20^5}$　　(C) $\frac{5!}{A_{20}^5}$

(D) $\frac{5!}{C_{20}^5}$　　(E) $\frac{5!}{20^5}$

21. 袋内有 n 个球($n-1$ 个白球,1 个红球),n 个人依次从袋中随机地无放回地抽取 1 个球,则第 k 个人取到红球的概率为(　　).

(A) $\frac{k}{n}$　　(B) $\frac{k-1}{n}$　　(C) $\frac{k-2}{n}$

(D) $\frac{2}{n}$　　(E) $\frac{1}{n}$

22. 口袋中有 3 个白球,2 个黑球,某人连续地从中有放回地取出 1 球,则此人第 5 次取球时,恰好是第二次取出黑球的概率为(　　).

(A) $C_4^1 \frac{2}{5}\left(1-\frac{2}{5}\right)^3$　　(B) $4!\left(\frac{2}{5}\right)\left(1-\frac{2}{5}\right)^3$　　(C) $C_4^1\left(\frac{2}{5}\right)^2\left(1-\frac{2}{5}\right)^3$

(D) $4!\left(\frac{2}{5}\right)^2\left(1-\frac{2}{5}\right)^3$　　(E) $\left(\frac{2}{5}\right)^2\left(1-\frac{2}{5}\right)^3$

23. 某人打靶每次命中的概率是 0.7,现独立重复射击 5 次,恰好命中 2 次的概率为(　　).

(A) $C_4^1(0.7)^3(1-0.7)^{5-3}$　　(B) $C_5^3(0.7)^3(1-0.7)^{5-3}$

(C) $C_4^1(0.7)^2(1-0.7)^{5-2}$　　(D) $C_5^2(0.7)^2(1-0.7)^{5-2}$

(E) $(0.7)^2(1-0.7)^{5-2}$

24. 掷一枚不均匀的硬币,出现正面的概率为 $p(0 < p < 1)$. 设 ξ 为直至掷到正、反面都出现为止所需要的次数,若记 $q = 1-p, k = 2, 3, \cdots$,则 ξ 的分布列 $P\{\xi = k\} =$ (　　).

(A) pq^{k-1}　　(B) $pq^{k-1} + qp^k$　　(C) qp^{k-1}

(D) $pq^{k-1} + qp^{k-1} - (pq)^k$　　(E) $pq^{k-1} + qp^{k-1}$

25. 假设一批产品中一、二、三等产品各占 60%,30%,10%,从中随意取出一件,结果不是三等产品,则取到的是一等产品的概率为(　　).

(A) $\frac{4}{5}$　　(B) $\frac{2}{3}$　　(C) $\frac{3}{5}$

(D) $\frac{1}{2}$　　(E) $\frac{1}{3}$

26. 从 100 件产品(其中有 5 件次品)中,无放回地连续抽取两件,则第一次取到正品而第二次取到次品的概率是(　　).

(A) $\frac{19}{400}$　　(B) $\frac{1}{22}$　　(C) $\frac{19}{396}$

(D) $\frac{5}{99}$　　(E) $\frac{95}{396}$

27. 某公交始发站每隔 5 分钟就发一班车,在乘客不知情的情况下,每一名乘客到站候车时间不超过 2 分钟的概率为(　　).

(A) $\frac{1}{5}$　　(B) $\frac{2}{5}$　　(C) $\frac{3}{5}$

(D) $\frac{4}{5}$　　(E) $\frac{3}{10}$

28. 在区间$[-1,1]$上任取一点,该点到原点的距离不超过$\frac{1}{5}$的概率为(　　).

(A) $\frac{1}{6}$　　(B) $\frac{1}{5}$　　(C) $\frac{1}{3}$

(D) $\frac{1}{2}$　　(E) $\frac{2}{5}$

29. 已知一质点均匀落在由直线 $x=0,x=2,y=0,y=1$ 围成的长方形区域 Ω 内,则质点落在由直线 $x=0,y=x^2,y=1$ 围成的区域 G 内的概率为(　　).

(A) $\frac{1}{6}$　　(B) $\frac{1}{5}$　　(C) $\frac{1}{3}$

(D) $\frac{2}{3}$　　(E) $\frac{2}{5}$

30. 设工厂 A 和工厂 B 的产品次品率分别为 1% 和 2%,现从由工厂 A 和工厂 B 的产品分别占 60% 和 40% 的一批产品中随机抽取一件,发现是次品,则该次品为工厂 A 生产的概率是(　　).

(A) $\frac{2}{7}$　　(B) $\frac{3}{7}$　　(C) $\frac{1}{2}$

(D) $\frac{2}{3}$　　(E) $\frac{3}{10}$

第六章　随机变量及其分布

概述

本章是概率论的核心内容，包括：分布律、概率密度（密度函数）、随机变量函数的分布、常见随机变量的分布.本章高频考点：分布函数的性质、概率密度（密度函数）的性质、正态分布、指数分布、均匀分布.低频考点：二项分布、泊松分布、0－1分布、几何分布.

1. 下列五个函数中，能作为某个随机变量的分布函数的是（　　）.

(A) $F(x)=\begin{cases}0, & x\leqslant 0,\\ \dfrac{x+2}{4}, & 0<x\leqslant 2,\\ 1, & x>2\end{cases}$　　(B) $F(x)=\begin{cases}0, & x<0,\\ \sin x, & 0\leqslant x<\dfrac{\pi}{2},\\ 1, & x\geqslant\dfrac{\pi}{2}\end{cases}$

(C) $F(x)=\begin{cases}0, & x\leqslant 0,\\ \dfrac{x^2}{2}, & 0<x\leqslant 1,\\ -\dfrac{3}{2}+2x-\dfrac{x^2}{2}, & 1<x\leqslant 2,\\ 0, & x>2\end{cases}$　　(D) $F(x)=\begin{cases}0, & x\leqslant 0,\\ \sin x, & 0<x<\pi,\\ 1, & x\geqslant\pi\end{cases}$

(E) $F(x)=\begin{cases}0, & x\leqslant 0,\\ \dfrac{x^2}{2}, & 0<x\leqslant 2,\\ 1, & x>2\end{cases}$

2. 设随机变量 X 的分布函数为 $F(x)$，则下列概率中，可表示为 $F(a)-F(a-0)$ 的是（　　）.

(A) $P\{X\leqslant a\}$　　(B) $P\{X\geqslant a\}$　　(C) $P\{X<a\}$

(D) $P\{X>a\}$　　(E) $P\{X=a\}$

3. 设 $F_1(x)$，$F_2(x)$ 分别为随机变量 X_1，X_2 的分布函数，则以下函数中不能作为某个随机变量的分布函数的是（　　）.

(A) $F_1(2x)$

(B) $F_1(x)\cdot F_2(x)$

(C) $aF_1(x)+bF_2(x)$，其中 $a,b>0,a+b=1$

(D) $F_1(x^2)$

(E) $F_1(x+2)$

4. 设随机变量 X 的分布函数为 $F(x)=\begin{cases}0, & x<0,\\ \dfrac{1}{2}, & 0\leqslant x<1,\\ 1-\mathrm{e}^{-x}, & x\geqslant 1,\end{cases}$ 则 $P\{X=1\}=$（　　）.

(A)0　　(B) $\frac{1}{2}$　　(C) $\frac{1}{2}-e^{-1}$

(D)$1-e^{-1}$　　(E)e^{-1}

5. 设随机变量 X 的概率密度是 $f(x)$，则随机变量 $|X|$ 的概率密度为(　　).

(A)$f_1(x)=\frac{f(x)+f(-x)}{2}$

(B)$f_1(x)=f(x)+f(-x)$

(C)$f_1(x)=\begin{cases}\frac{f(x)+f(-x)}{2}, & x>0,\\ 0, & x\leqslant 0\end{cases}$

(D)$f_1(x)=\begin{cases}f(x)-f(-x), & x>0,\\ 0, & x\leqslant 0\end{cases}$

(E)$f_1(x)=\begin{cases}f(x)+f(-x), & x>0,\\ 0, & x\leqslant 0\end{cases}$

6. 设 $f(x)$ 为连续型随机变量 X 的密度函数，则(　　).

(A)$f(x)$可以是奇函数　　(B)$f(x)$可以是偶函数

(C)$f(x)$是连续函数　　(D)$f(x)$可以是单调增加函数

(E) 以上都不正确

7. 设连续型随机变量 X 的密度函数为 $f(x)$，且 $f(x)=f(-x)$，$F(x)$是 X 的分布函数，则对于任意实数 α，有(　　).

(A)$F(-\alpha)=1-\int_0^{\alpha}f(x)\mathrm{d}x$　　(B)$F(-\alpha)=-F(\alpha)$

(C)$F(-\alpha)=F(\alpha)$　　(D)$F(-\alpha)=2F(\alpha)-1$

(E)$F(-\alpha)=\int_{\alpha}^{+\infty}f(x)\mathrm{d}x$

8. 设连续型随机变量 X 的密度函数和分布函数分别为 $f(x)$ 与 $F(x)$，若 X 与 $-X$ 有相同的分布函数，则(　　).

(A)$F(x)=F(-x)$　　(B)$F(x)=-F(-x)$

(C)$f(x)=f(-x)$　　(D)$f(x)=-f(-x)$

(E) 以上都不正确

9. 设随机变量 X 和 $-X$ 具有相同的概率密度 $f(x)$，则 $f(x)-f(-x)=$(　　).

(A)$2f(x)$　　(B)$2f(-x)$　　(C)1

(D) $\frac{1}{2}$　　(E)0

10. 下列函数中能成为某连续型随机变量分布函数的是(　　).

(A)$F(x)=\begin{cases}-\frac{1}{x}, & x\leqslant -1,\\ 1, & x>-1\end{cases}$　　(B)$F(x)=\begin{cases}-\frac{1}{x-2}, & x\leqslant 0,\\ 1, & x>0\end{cases}$

(C)$F(x)=\begin{cases}e^{x}, & x\leqslant 0,\\ 1-e^{-x}, & x>0\end{cases}$　　(D)$F(x)=\begin{cases}0, & x\leqslant 1,\\ 1-e^{-x}, & x>1\end{cases}$

(E)$F(x)=\begin{cases}1-e^{x}, & x\leqslant 0,\\ \frac{1}{x}, & x>0\end{cases}$

11. 若 $P\{X<x_2\}=1-\beta, P\{X\leqslant x_1\}=1-\alpha$,其中 $x_1<x_2$,则 $P\{x_1<X\leqslant x_2\}=(\quad)$.

(A) $2-(\beta+\alpha)$　　(B) $\beta-\alpha$　　(C) $\alpha-\beta$

(D) $2\beta-\alpha$　　(E) 不能确定

12. 已知离散型随机变量 X 的分布列为

X	-1	1	2
P	$\frac{1}{3}$	$\frac{1}{2}$	$\frac{1}{6}$

且随机变量 Y 与 X 相互独立且同分布,则 $P\{X=Y\}=(\quad)$.

(A) 1　　(B) $\frac{1}{2}$　　(C) $\frac{7}{18}$

(D) 0　　(E) $\frac{11}{18}$

13. 设 $F(x)=\begin{cases}0, & x<-1,\\ \frac{1}{2}, & -1\leqslant x<0,\\ 1-a\mathrm{e}^{-x}, & x\geqslant 0\end{cases}$ 为随机变量 X 的分布函数,则(　　).

(A) $a>\frac{1}{2}$　　(B) $a<\frac{1}{2}$

(C) $0\leqslant a\leqslant\frac{1}{2}$　　(D) X 为离散型随机变量

(E) X 为连续型随机变量

14. 设随机变量 X 的分布函数为 $F(x)=\begin{cases}0, & x<0,\\ \sin x, & 0\leqslant x<\frac{\pi}{2},\\ 1, & x\geqslant\frac{\pi}{2},\end{cases}$ 则 $P\left\{|X|<\frac{\pi}{6}\right\}=(\quad)$.

(A) 0　　(B) $\frac{1}{3}$　　(C) $\frac{1}{2}$

(D) $\frac{2}{3}$　　(E) $\frac{1}{6}$

15. 已知连续型随机变量 X 的概率密度为

$$f(x)=\begin{cases}\frac{1}{3}, & 0\leqslant x\leqslant 1,\\ \frac{2}{9}, & 3\leqslant x\leqslant 6,\\ 0, & \text{其他},\end{cases}$$

若存在 k 使得 $P\{X\geqslant k\}=\frac{2}{3}$,则 k 的取值范围是(　　).

(A) $[1,2]$　　(B) $[1,3]$　　(C) $[1,4]$

(D) $[1,5]$　　(E) $[1,6]$

16. 设随机变量 X 的概率密度是 $f(x)$,则可以作为概率密度的是(　　).

(A) $f(2x)$　　(B) $2f(x)$　　(C) $|f(-x)|$

(D) $f(|x|)$　　(E) $f(x^2)$

17. 以下函数中,不能作为连续型随机变量密度函数的是(　　).

(A) $f(x)=\begin{cases}2x, & 0\leqslant x<1,\\ 0, & \text{其他}\end{cases}$　　(B) $f(x)=\begin{cases}2x, & -1\leqslant x<0,\\ 0, & \text{其他}\end{cases}$

(C) $f(x)=\begin{cases}\cos x, & -\frac{\pi}{2}\leqslant x<0,\\ 0, & \text{其他}\end{cases}$　　(D) $f(x)=\begin{cases}\cos x, & 0\leqslant x<\frac{\pi}{2},\\ 0, & \text{其他}\end{cases}$

(E) $f(x)=\begin{cases}\sin x, & 0<x\leqslant\frac{\pi}{2},\\ 0, & \text{其他}\end{cases}$

18. 设随机变量 X 的分布函数为 $F(x)$,概率密度为 $f(x)$,a 为常数,则不能作为概率密度的是(　　).

(A) $f(x+a)$　　(B) $\frac{1}{2}f\left(\frac{1}{2}x\right)$　　(C) $f(-x)$

(D) $2f(x)F(x)$　　(E) $af(ax)$

19. 设 $f_1(x)$,$f_2(x)$ 分别为区间$[-1,2]$和$[2,4]$上均匀分布的概率密度,若

$$f(x)=\begin{cases}af_1(x), & x\leqslant 0,\\ bf_2(x), & x>0\end{cases}\ (a>0,b>0)$$

为概率密度,则 a,b 应满足(　　).

(A) $2a+3b=1$　　(B) $a+b=1$　　(C) $3a+b=3$

(D) $3a+2b=1$　　(E) $a+3b=3$

20. 设连续型随机变量 X 的密度函数为

$$f(x)=\begin{cases}ke^{-\frac{x}{2}}, & x>0,\\ 0, & x\leqslant 0,\end{cases}$$

则 $k=$(　　).

(A) $\frac{2}{3}$　　(B) $\frac{1}{2}$　　(C) $\frac{1}{3}$

(D) $\frac{1}{4}$　　(E) $\frac{1}{5}$

21. 设连续型随机变量 X 的密度函数为 $f(x)=ae^{-\frac{1}{2}x^2+x}$,则 $a=$(　　).

(A) $e^{-\frac{1}{4}}$　　(B) $e^{-\frac{1}{2}}$　　(C) $\frac{1}{\sqrt{2\pi}}e^{-\frac{1}{2}}$

(D) $\frac{1}{\sqrt{2\pi}}e^{-\frac{1}{4}}$　　(E) $\frac{1}{\sqrt{\pi}}e^{-\frac{1}{4}}$

22. 已知离散型随机变量 X 的分布律为 $P\{X=k\}=\frac{1}{3}p^k(k=0,1,\cdots)$,则 $p=$(　　).

(A) $\frac{2}{3}$　　(B) $\frac{1}{2}$　　(C) $\frac{1}{3}$

(D) $\frac{1}{4}$　　(E) $\frac{1}{5}$

23. 设随机变量 X 服从正态分布，其概率密度 $f(x)$ 在 $x=1$ 处有驻点，且 $f(1)=1$，则 X 服从分布(　　).

(A)$N(1,1)$　　(B)$N(0,1)$　　(C)$N\left(1,\frac{1}{\sqrt{2\pi}}\right)$

(D)$N\left(0,\frac{1}{2\pi}\right)$　　(E)$N\left(1,\frac{1}{2\pi}\right)$

24. 已知离散型随机变量 X 的可能取值为 $-\frac{1}{3},0,\frac{1}{2},1$，其概率分布为

$$X\sim\begin{pmatrix}-\frac{1}{3} & 0 & \frac{1}{2} & 1\\ \frac{2}{9a} & \frac{1}{3a} & \frac{4}{27a} & \frac{1}{27a}\end{pmatrix},$$

则 $P\left\{|X|\geqslant\frac{1}{2}\right\}=$(　　).

(A) $\frac{2}{3}$　　(B) $\frac{1}{2}$　　(C) $\frac{1}{3}$

(D) $\frac{1}{4}$　　(E) $\frac{1}{5}$

25. 离散型随机变量 X 的分布函数为

$$F(x)=\begin{cases}0, & x<-2,\\ 0.3, & -2\leqslant x<0,\\ 0.7, & 0\leqslant x<4,\\ 1, & x\geqslant 4.\end{cases}$$

则 X 的分布阵为(　　).

(A)$\begin{pmatrix}-2 & 0 & 4\\ 0.3 & 0.4 & 0.3\end{pmatrix}$　　(B)$\begin{pmatrix}-2 & 0 & 4\\ 0.3 & 0.7 & 1\end{pmatrix}$

(C)$\begin{pmatrix}-2 & 4\\ 0.3 & 0.7\end{pmatrix}$　　(D)$\begin{pmatrix}0 & 4\\ 0.7 & 0.3\end{pmatrix}$

(E)$\begin{pmatrix}-2 & 0\\ 0.3 & 0.7\end{pmatrix}$

26. 设随机变量 X 的分布律为

$$P\{X=-1\}=\frac{1}{2},P\{X=0\}=\frac{1}{3},P\{X=1\}=\frac{1}{6},$$

则 $Y=X^2-1$ 的分布阵为(　　).

(A)$\begin{pmatrix}-1 & 0\\ \frac{2}{3} & \frac{1}{3}\end{pmatrix}$　　(B)$\begin{pmatrix}-1 & 0\\ \frac{1}{3} & \frac{2}{3}\end{pmatrix}$

(C)$\begin{pmatrix}-1 & 0\\ \frac{1}{2} & \frac{1}{2}\end{pmatrix}$　　(D)$\begin{pmatrix}-1 & 0\\ \frac{1}{6} & \frac{5}{6}\end{pmatrix}$

(E)$\begin{pmatrix}-1 & 0\\ \frac{5}{6} & \frac{1}{6}\end{pmatrix}$

27. 离散型随机变量 X 的分布函数为

$$F(x)=\begin{cases}0, & x<-1,\\ 0.4, & -1\leqslant x<1,\\ 0.8, & 1\leqslant x<3,\\ 1, & x\geqslant 3,\end{cases}$$

则（　　）.

(A)$P\{X=1.5\}=0.4$　　(B)$P\{0\leqslant X<1\}=0.4$

(C)$P\{X<3\}=0.4$　　(D)$P\{1\leqslant X<3\}=0.4$

(E)$P\{1\leqslant x\leqslant 3\}=0.4$

28. 离散型随机变量 X 服从参数为 λ 的泊松分布，且 $P\{X=1\}=P\{X=2\}$，则 $\lambda=$（　　）.

(A)1　　(B)2　　(C)3

(D)4　　(E)5

29. 设随机变量 X 的概率分布为 $P\{X=k\}=a\cdot\dfrac{1+\mathrm{e}^{-1}}{k!}$，$k=0,1,2,\cdots$，则常数 $a=$（　　）.

(A) $\dfrac{1}{\mathrm{e}-1}$　　(B) $\dfrac{1}{\mathrm{e}+1}$　　(C) $\dfrac{\mathrm{e}}{\mathrm{e}-1}$

(D) $\dfrac{\mathrm{e}}{\mathrm{e}+1}$　　(E)1

30. 设随机变量 X 的概率分布为 $P\{X=k\}=\theta(1-\theta)^{k-1}$，$k=1,2,\cdots$，其中 $0<\theta<1$，若 $P\{X\leqslant 2\}=\dfrac{5}{9}$，则 $P\{X=3\}=$（　　）.

(A) $\dfrac{5}{9}$　　(B) $\dfrac{1}{3}$　　(C) $\dfrac{5}{27}$

(D) $\dfrac{4}{27}$　　(E) $\dfrac{23}{27}$

31. 随机变量 X 的概率密度为

$$f(x)=\begin{cases}2x, & 0<x<1,\\ 0, & \text{其他},\end{cases}$$

以 Y 表示对 X 进行独立重复观察 4 次事件 $\left\{X\leqslant\dfrac{1}{2}\right\}$ 出现的次数，则 $P\{Y=2\}=$（　　）.

(A) $\dfrac{9}{64}$　　(B) $\dfrac{27}{64}$　　(C) $\dfrac{29}{64}$

(D) $\dfrac{9}{128}$　　(E) $\dfrac{27}{128}$

32. 设随机变量 X_1,X_2 相互独立且服从参数分别为 2,3 的指数分布，则 X_1+X_2（　　）.

(A) 服从参数为 5 的指数分布　　(B) 服从参数为 $\dfrac{5}{6}$ 的指数分布

(C) 服从参数为 $\dfrac{6}{5}$ 的指数分布　　(D) 服从参数为 $\dfrac{1}{5}$ 的指数分布

(E) 未必服从指数分布

33. 一电路并联装有三个同种电气元件，其工作状态相互独立，且无故障工作时间服从参数为 $\lambda>0$ 的指数分布. 若在 $(0,1]$ 的时间区间内，线路能够以 90% 的概率正常工作，则 $\lambda=$（　　）.

(A) $\frac{1}{2}$　　(B) $\frac{1}{3}$　　(C) $\frac{1}{2}\ln 10$

(D) $\frac{1}{3}\ln 10$　　(E) $\ln 10$

34. 设 $X \sim B(2,p)$，$Y \sim B(4,p)$，且 $P\{X \geqslant 1\} = \frac{5}{9}$，则 $P\{Y \geqslant 1\} =$（　　）.

(A)1　　(B) $\frac{3}{7}$　　(C) $\frac{4}{7}$

(D) $\frac{16}{81}$　　(E) $\frac{65}{81}$

35. 若 $X \sim N(\mu,\sigma^2)$，且密度函数为

$$f(x) = \frac{1}{\sqrt{4\pi}} e^{-\frac{x^2-6x+9}{4}}, x \in (-\infty, +\infty),$$

则 μ,σ^2 分别为（　　）.

(A)4,2　　(B)3,2　　(C)2,3

(D)2,2　　(E)1,2

36. 设随机变量 X 服从正态分布 $N(2,2^2)$，且 $aX+b \sim N(0,1)$，则 a,b 取值为（　　）.

(A) $a=-\frac{1}{2}, b=1$

(B) $a=\frac{1}{2}, b=-1$

(C) $a=-\frac{1}{2}, b=\frac{1}{4}$

(D) $a=\frac{1}{2}, b=\frac{1}{4}$

(E) $a=\frac{1}{2}, b=-1$ 或 $a=-\frac{1}{2}, b=1$

37. 设随机变量 X,Y 分别服从正态分布 $N(\mu,4^2)$，$N(\mu,5^2)$，记 $p_1 = P\{X \leqslant \mu-4\}$，$p_2 = P\{Y \geqslant \mu+5\}$，则（　　）.

(A) 对于任何实数 μ，都有 $p_1 = p_2$　　(B) 对于任何实数 μ，都有 $p_1 < p_2$

(C) 对于任何实数 μ，都有 $p_1 > p_2$　　(D) 对于 μ 的个别值，有 $p_1 = p_2$

(E) 无法确定

38. 设随机变量 X 服从正态分布 $N(0,1)$，对给定的 $\alpha \in (0,1)$，数 u_α 满足 $P\{X > u_\alpha\} = \alpha$，若 $P\{|X| < x\} = \alpha$，则 x 等于（　　）.

(A) $u_{\frac{\alpha}{2}}$　　(B) $u_{1-\frac{\alpha}{2}}$　　(C) $u_{\frac{1-\alpha}{2}}$

(D) $u_{1-\alpha}$　　(E) $u_{\frac{1+\alpha}{2}}$

39. 设随机变量 X 服从正态分布 $N(\mu,\sigma^2)(\sigma > 0)$，且一元二次方程 $y^2+4y+2X=0$ 无实根的概率为 $\frac{1}{2}$，则 $\mu =$（　　）.

(A)1　　(B)2　　(C)3

(D)4　　(E)5

40. 若随机变量 X 服从正态分布 $N(2,\sigma^2)$，且 $P\{2<X<4\}=0.3$，则 $P\{X<0\}=$(　　).

(A)0.7　　(B)0.6　　(C)0.5

(D)0.3　　(E)0.2

41. 二维随机变量 (X,Y) 的概率分布为

X \ Y	0	1
0	0.4	a
1	b	0.1

若随机事件 $\{X=0\}$ 与 $\{X+Y=1\}$ 相互独立，则(　　).

(A)$a=0.2,b=0.3$　　(B)$a=0.1,b=0.4$

(C)$a=0.3,b=0.2$　　(D)$a=0.4,b=0.1$

(E)$a=b=0.5$

42. 设随机变量 X,Y 相互独立，其分布函数分别为 $F_X(x),F_Y(y)$，记 $Z=\max\{X,Y\}$，则 Z 的分布函数为(　　).

(A)$[1-F_X(z)][1-F_Y(z)]$　　(B)$1-F_X(z)F_Y(z)$

(C)$[1-F_X(z)]\cdot F_Y(z)$　　(D)$F_X(z)\cdot F_Y(z)$

(E)$F_X(z)[1-F_Y(z)]$

第七章　数字特征

概述

本章是概率论的重要考查内容,包括数学期望和方差的概念以及它们的性质,常见的随机变量的数学期望和方差.本章常见的考点:根据概念直接利用基本计算公式求随机变量的数学期望和方差,会求常见分布的期望与方差,并会运用数学期望和方差的性质.

1. 设离散型随机变量 X 的分布函数为

$$F(x)=\begin{cases}0, & x<-1,\\ 0.2, & -1\leqslant x<2,\\ 0.5, & 2\leqslant x<5,\\ 1, & x\geqslant 5.\end{cases}$$

则 $EX=($　　$)$.

(A)2.9　　(B)1.7　　(C)1.2

(D)0.8　　(E)1.5

2. 设 X 为做一次某项随机试验 A 成功的次数,若 $P(A)=p$,则 $EX=($　　$)$.

(A)$1-p$　　(B)p　　(C)$(1-p)p$

(D)0　　(E)p^2

3. 设随机变量 X 的分布阵为

$$X\sim\begin{pmatrix}2 & 4 & \cdots & 2^k & \cdots\\ \frac{2}{3} & \frac{2}{3^2} & \cdots & \frac{2}{3^k} & \cdots\end{pmatrix},$$

则 EX(　　).

(A) 不存在　　(B) 等于 2　　(C) 等于 3

(D) 等于 4　　(E) 等于 5

4. 已知随机变量 X 服从参数为(n,p)的二项分布,且 $EX=2.4$,$DX=1.44$,则 n,p 的值为(　　).

(A)$n=6,p=0.4$　　(B)$n=4,p=0.6$　　(C)$n=8,p=0.3$

(D)$n=24,p=0.1$　　(E)$n=10,p=0.24$

5. 已知随机变量 X 服从区间$[-1,2]$上的均匀分布,若对事件$\{X\geqslant 1\}$独立观察 10 次,则该事件发生次数 Y 的期望 $EY=($　　$)$.

(A) $\frac{1}{3}$　　(B) $\frac{5}{3}$　　(C) $\frac{10}{3}$

(D) $\frac{14}{3}$　　(E) $\frac{8}{3}$

6. 设一次试验成功的概率为 $p(0<p<1)$，进行 100 次独立重复试验，则当成功次数的标准差最大时，$p=$（　　）.

(A)1　　(B) $\frac{1}{2}$　　(C) $\frac{1}{3}$

(D) $\frac{1}{4}$　　(E) $\frac{1}{5}$

7. 已知某项试验成功的概率为 $p(0<p<1)$，设随机变量 X 为独立重复进行该项试验直到成功所需要的次数，则 $EX=$（　　）.

(A) p　　(B) $1-p$　　(C) $\frac{1}{1-p}$

(D) $\frac{1}{p(1-p)}$　　(E) $\frac{1}{p}$

8. 设随机变量 X 服从参数为 λ 的泊松分布，且 $P\{X\leqslant 1\}=4P\{X=2\}$，则 $P\{X=3\}=$（　　）.

(A) $\frac{1}{6e}$　　(B) $\frac{1}{3e}$　　(C) $\frac{2}{3e}$

(D) $\frac{1}{2e}$　　(E) $\frac{1}{5e}$

9. 设随机变量 X 的概率分布为 $P\{X=k\}=\frac{C}{k!}, k=0,1,2,\cdots$，则 $E(X^2)=$（　　）.

(A)2　　(B)3　　(C)4

(D)5　　(E)6

10. 随机变量 X 服从参数为 λ 的泊松分布，且已知 $E[(X-1)(X-2)]=2$，则 $\lambda=$（　　）.

(A)0　　(B)1　　(C)2

(D)4　　(E)5

11. 已知随机变量 X,Y 相互独立，且都服从泊松分布，又知 $EX=2, EY=3$，则随机变量 $X+Y$（　　）.

(A) 服从参数为 5 的泊松分布　　(B) 服从参数为 3 的泊松分布

(C) 服从参数为 2 的泊松分布　　(D) 服从参数为 6 的泊松分布

(E) 未必服从泊松分布

12. 若一个圆的直径 X 服从区间 $[2,3]$ 上的均匀分布，则该圆面积的数学期望为（　　）.

(A) $\frac{19}{3}\pi$　　(B) $\frac{19}{6}\pi$　　(C) $\frac{19}{12}\pi$

(D) $\frac{19}{48}\pi$　　(E) $\frac{31}{48}\pi$

13. 设随机变量 X 服从参数为 1 的泊松分布，则 $P\{X=E(X^2)\}=$（　　）.

(A) $\frac{1}{e}$　　(B) $\frac{1}{2e}$　　(C) $\frac{1}{3e}$

(D) $\frac{2}{3e}$　　(E) $\frac{1}{4e}$

14. 设随机变量 X 服从参数为 (n,p) 的二项分布，则（　　）.

(A) $E(2X-1)=2np$　　(B) $E(2X+1)=4np$

(C) $D(2X-1)=2np(1-p)$　　(D) $D(2X+1)=4np(1-p)$

(E) 以上都不正确

15. 设随机变量 X 服从参数为 1 的指数分布,记 $Y=\max\{X,1\}$,则 $EY=$(　　).

(A) 1　　(B) $1+\mathrm{e}$　　(C) $1-\mathrm{e}^{-1}$

(D) e^{-1}　　(E) $1+\mathrm{e}^{-1}$

16. 已知离散型随机变量 X 的分布函数为

$$F(x)=\begin{cases}0, & x<-1,\\ \dfrac{1}{3}, & -1\leqslant x<0,\\ a, & 0\leqslant x<1,\\ \dfrac{2}{3}, & 1\leqslant x<2,\\ 1, & x\geqslant 2,\end{cases}$$

且 $F\left(\dfrac{1}{2}\right)=\dfrac{1}{2}$,则 $EX=$(　　).

(A) $\dfrac{1}{2}$　　(B) $\dfrac{1}{3}$　　(C) $\dfrac{1}{4}$

(D) $\dfrac{1}{5}$　　(E) $\dfrac{1}{6}$

17. 已知离散型随机变量 X 服从参数为 λ 的泊松分布,且 $P\{X\geqslant 1\}=1-\mathrm{e}^{-2}$,则 $P\{X=DX\}=$(　　).

(A) $\dfrac{1}{2}\mathrm{e}^{-2}$　　(B) e^{-2}　　(C) $2\mathrm{e}^{-2}$

(D) $3\mathrm{e}^{-2}$　　(E) $5\mathrm{e}^{-2}$

18. 已知随机变量 $X\sim N(-1,1)$,$Y\sim N(1,3)$,且 X,Y 相互独立,则随机变量 $Z=2X-Y+3$ 的概率分布为(　　).

(A) $N(0,1)$　　(B) $N(0,3)$　　(C) $N(0,5)$

(D) $N(0,6)$　　(E) $N(0,7)$

19. 设随机变量 X,Y 独立,且 $X\sim N(1,2)$,$Y\sim N(1,4)$,则 $D(XY)=$(　　).

(A) 6　　(B) 8　　(C) 14

(D) 15　　(E) 16

20. 设随机变量 X 服从正态分布 $N(\mu,\sigma^2)$,且二次方程 $y^2+8y+4X=0$ 无实根的概率为$\dfrac{1}{2}$,则 $\mu=$(　　).

(A) 2　　(B) 4　　(C) 8

(D) 10　　(E) 16

21. 已知随机变量 X 的期望 EX、方差 DX 均存在,设 $Y=\dfrac{X-EX}{\sqrt{DX}}$,则有(　　).

(A) $EY=EX,DY=1$　　(B) $EY=0,DY=1$

(C) $EY=EX,DY=DX$　　(D) $EY=0,DY=DX$

(E)$EY=1,DY=1$

22. 设连续型随机变量 X 的分布函数为

$$F(x)=\begin{cases}0, & x<0,\\ \frac{1}{2}x^2, & 0\leqslant x<1,\\ 2x-\frac{1}{2}x^2-1, & 1\leqslant x<2,\\ 1, & x\geqslant 2.\end{cases}$$

则 $EX=$(　　).

(A)1　　(B)2　　(C)3

(D)4　　(E)5

23. 设随机变量 X 的密度函数为

$$f(x)=\begin{cases}ax+b, & 0\leqslant x<1,\\ 0, & \text{其他},\end{cases}$$

且 $EX=1$,则 a,b 分别为(　　).

(A)3,1　　(B)4,2　　(C)3,2

(D)6,-4　　(E)6,-2

24. 设随机变量 X 的密度函数为

$$f(x)=\begin{cases}kx^{\alpha}, & 0<x<1,\\ 0, & \text{其他}\end{cases}(k,\alpha>0),$$

又知 $EX=\frac{3}{4}$,则 k,α 分别为(　　).

(A)2,3　　(B)3,2　　(C)3,4

(D)4,3　　(E)5,4

25. 已知连续型随机变量 X 与 Y 有相同的密度函数,且 X 的密度函数为

$$f(x)=\begin{cases}2x\theta^2, & 0<x<\frac{1}{\theta},\\ 0, & \text{其他}\end{cases}(\theta>0),$$

$E[a(X+2Y)]=\frac{1}{\theta}$,则 $a=$(　　).

(A) $\frac{2}{3}$　　(B) $\frac{1}{2}$　　(C) $\frac{1}{3}$

(D) $\frac{1}{6}$　　(E) $\frac{1}{4}$

26. 设 X 表示 10 次独立重复射击命中目标的次数,每次命中目标的概率为 0.4,则 X^2 的数学期望 $E(X^2)=$(　　).

(A)18.4　　(B)16.4　　(C)4

(D)2.4　　(E)6.4

27. 设 EX,DX,EY,DY 分别表示随机变量 X,Y 的数学期望和方差,下列结论正确的是(　　).

(A) 若连续型随机变量 X 的密度函数关于 y 轴对称,则 $EX=0$

(B) 若 X,Y 同分布,则 $D(X+Y)=DX+DY$

(C) $E(XY)=EX\cdot EY$

(D) $E(X\cdot EY)=EX\cdot EY$

(E) $E(X+EY)=EX$

28. 设随机变量 X 的概率密度为

$$f(x)=\frac{1}{2}e^{-|x|}\ (-\infty<x<+\infty),$$

则方差 $DX=$(　　).

(A) 4　　(B) 3　　(C) 2

(D) 1　　(E) 0

29. 设随机变量 X 的密度函数为

$$f(x)=\begin{cases}1+x, & -1\leqslant x\leqslant 0,\\ 1-x, & 0<x<1,\\ 0, & \text{其他},\end{cases}$$

则方差 $DX=$(　　).

(A) 1　　(B) $\frac{1}{2}$　　(C) $\frac{1}{3}$

(D) $\frac{1}{5}$　　(E) $\frac{1}{6}$

30. 设随机变量 $X\sim N(0,1)$, $Y=2X+1$,则 Y 服从的分布是(　　).

(A) $N(1,4)$　　(B) $N(0,1)$　　(C) $N(1,1)$

(D) $N(0,2)$　　(E) $N(1,2)$

31. 设随机变量 $X\sim N(-1,2)$, $Y=2X+3$,则 $P\{Y\geqslant 1\}$(　　).

(A) 大于$\frac{1}{2}$　　(B) 等于$\frac{1}{2}$　　(C) 小于$\frac{1}{2}$

(D) 等于$\frac{1}{4}$　　(E) 大小不能确定

32. 已知随机变量 X 的密度函数为 $f(x)=\frac{1}{\sqrt{\pi}}e^{-x^2+2x-1}\ (-\infty<x<+\infty)$,则 EX,DX 分别为(　　).

(A) $1,\frac{1}{2}$　　(B) $1,\frac{1}{4}$　　(C) $2,1$

(D) $2,2$　　(E) $3,3$

33. 设随机变量 X 服从正态分布 $N(5,4)$,若 $aX-b\sim N(0,1)$,则 a,b 分别为(　　).

(A) $\frac{1}{2},\frac{5}{2}$　　(B) $-\frac{1}{2},\frac{5}{2}$　　(C) $\frac{1}{2},-\frac{5}{2}$

(D) $\frac{1}{2},-\frac{5}{2}$ 或 $-\frac{1}{2},\frac{5}{2}$　　(E) $\frac{1}{2},\frac{5}{2}$ 或 $-\frac{1}{2},-\frac{5}{2}$

34. 设随机变量 X 服从正态分布 $N(1,4)$, $Y=1-2X$,则 Y 的密度函数 $f_Y(y)=$(　　).

(A) $\frac{1}{2\sqrt{2\pi}}e^{-\frac{(y+1)^2}{8}}$　　(B) $\frac{1}{4\sqrt{2\pi}}e^{-\frac{(y+1)^2}{32}}$　　(C) $\frac{1}{5\sqrt{2\pi}}e^{-\frac{(y+1)^2}{50}}$

(D) $\frac{1}{6\sqrt{2\pi}}e^{-\frac{(y+1)^2}{72}}$　　(E) $\frac{1}{\sqrt{2\pi}}e^{-\frac{(y+1)^2}{3\pi}}$

35. 设随机变量 X,Y 相互独立，且 $X\sim N(1,2),Y\sim N(-1,3)$，则 $X+Y$ 服从的分布为(　　).

(A)$N(1,5)$　　(B)$N(0,5)$　　(C)$N(0,13)$

(D)$N(1,13)$　　(E) 不确定

36. 设随机变量 X 的分布函数为 $F(x)=0.3\Phi(x)+0.7\Phi\left(\frac{x-1}{2}\right)$，其中 $\Phi(x)$ 为标准正态分布函数，则 $EX=$(　　).

(A)0　　(B)0.3　　(C)0.2

(D)1　　(E)0.7

37. 设一批电子产品使用寿命 X 服从指数分布，若该产品的平均寿命为1 000小时，则 X 的标准差 $\sqrt{DX}=$(　　).

(A)10　　(B)100　　(C)1 000

(D)10 000　　(E)0

38. 设随机变量 X 服从参数为 λ 的指数分布，则 $P\{X>\sqrt{DX}\}=$(　　).

(A) $\frac{1}{2e}$　　(B) $\frac{1}{e}$　　(C) $\frac{2}{e}$

(D)1　　(E) $\frac{5}{e}$

39. 设随机变量 X_1,X_2 相互独立，且分别服从参数为 λ_1,λ_2 的指数分布，则下列结论正确的是(　　).

(A)$E(X_1+X_2)=\lambda_1+\lambda_2$　　(B)$D(X_1+X_2)=\lambda_1+\lambda_2$

(C)$D(X_1+X_2)=\frac{1}{\lambda_1^2}+\frac{1}{\lambda_2^2}$　　(D)$D(X_1+X_2)=\frac{1}{\lambda_1}+\frac{1}{\lambda_2}$

(E)X_1+X_2 服从参数为 $\lambda_1+\lambda_2$ 的指数分布

40. 设随机变量 X 服从区间 $[a,b]$ 上的均匀分布，且 $EX=0,DX=1$，则 $[a,b]=$(　　).

(A)$[-1,1]$　　(B)$[-\sqrt{3},\sqrt{3}]$　　(C)$[1-\sqrt{3},1+\sqrt{3}]$

(D)$[-3,3]$　　(E)$[2-\sqrt{3},2+\sqrt{3}]$

41. 设 X 是随机变量，$EX=\mu,DX=\sigma^2$($\mu,\sigma>0$，为常数)，则对任意常数 C，必有(　　).

(A)$E[(X-C)^2]=EX-C^2$

(B)$E[(X-C)^2]=E[(X-\mu)^2]$

(C)$E[(X-C)^2]\leqslant E[(X-\mu)^2]$

(D)$E[(X-C)^2]\geqslant E[(X-\mu)^2]$

(E) 以上结论都不正确

42. 已知 $EX=-1,DX=3$，则 $E[3(X^2-2)]=$(　　).

(A)9　　(B)12　　(C)30

(D)36　　(E)6

43. 设随机变量 $X_{ij}\,(i,j=1,2)$ 独立同分布，$EX_{ij}=2$，$Y=\begin{vmatrix} X_{11} & X_{12} \\ X_{21} & X_{22} \end{vmatrix}$，则数学期望 $EY=$（　　）.

(A)0　　(B)1　　(C)2

(D)4　　(E)8

44. 设随机变量 X_1,X_2,X_3 相互独立，其中 X_1 在区间 $[0,6]$ 上服从均匀分布，X_2 服从正态分布 $N(0,2^2)$，X_3 服从参数为 $\lambda=3$ 的泊松分布，记 $Y=X_1-2X_2+3X_3$，则 $DY=$（　　）.

(A)46　　(B)51　　(C)55

(D)64　　(E)72

第三部分

线性代数

XIAN XING DAI SHU

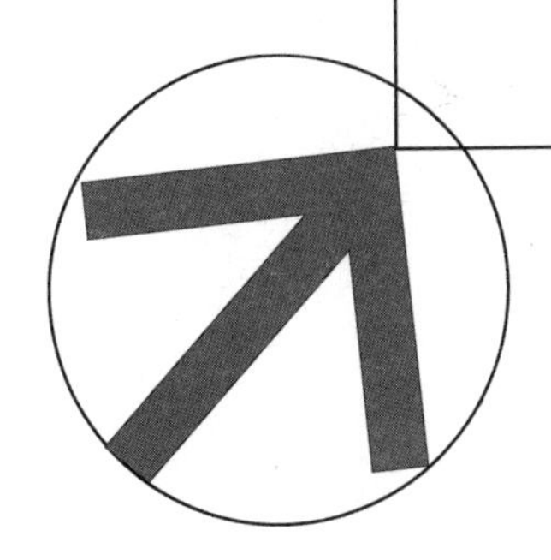

第八章　行列式与矩阵

概述

本章是线性代数的基础，也是与其他章节相互联系的桥梁，内容包括行列式的定义和计算，矩阵的定义和运算，逆矩阵与伴随矩阵，初等变换与初等矩阵. 本章的高频考点：行列式的计算，矩阵的运算，逆矩阵的判定及计算. 低频考点：方阵幂的计算，矩阵方程的求解，伴随矩阵的求解，初等变换等.

1. 设行列式

$$①\begin{vmatrix}0&0&0&1\\0&0&2&0\\0&3&0&0\\4&0&0&0\end{vmatrix},②\begin{vmatrix}0&0&1&0\\0&0&0&2\\0&3&0&0\\4&0&0&0\end{vmatrix},③\begin{vmatrix}0&0&0&4\\1&0&0&0\\0&2&0&0\\0&0&3&0\end{vmatrix},④\begin{vmatrix}0&0&0&3\\0&1&0&0\\0&0&2&0\\4&0&0&0\end{vmatrix},$$

其中等于 $4!$ 的是(　　).

(A)①　　(B)①②　　(C)②③

(D)①②③　　(E)①②③④

2. 设 $f(x)=\begin{vmatrix}x&-1&-x&1\\2&1&0&0\\1&0&2x&0\\-2&0&0&2\end{vmatrix}$，则多项式 $f(x)$ 中 x 的最高次幂是(　　).

(A)3　　(B)2　　(C)1

(D)0　　(E)4

3. 设多项式 $f(x)=\begin{vmatrix}x&1&2&3x\\2&-1&x+1&4\\0&x&2&4\\x-1&1&0&5\end{vmatrix}$，则 $f(x)$ 的 4 阶导数 $f^{(4)}(x)=$(　　).

(A)0　　(B)-18　　(C)18

(D)-72　　(E)72

4. 多项式 $f(x)=\begin{vmatrix}x&2x&-x&1\\2&1&0&0\\1&0&-1&0\\-2&0&0&2\end{vmatrix}$ 的常数项是(　　).

(A)-1　　(B)-2　　(C)-3

(D)-4　　(E)2

5. 设$|\boldsymbol{A}|$为4阶行列式,$\boldsymbol{\alpha}_i(i=1,2,3,4)$为其列向量,则下列行列式与$2|\boldsymbol{A}|$等值的是(　　).

(A)$|\boldsymbol{\alpha}_4,\boldsymbol{\alpha}_3,\boldsymbol{\alpha}_2,\boldsymbol{\alpha}_1|+|\boldsymbol{\alpha}_3,\boldsymbol{\alpha}_4,\boldsymbol{\alpha}_1,\boldsymbol{\alpha}_2|$　　(B)$|2\boldsymbol{\alpha}_1,\boldsymbol{\alpha}_2,\boldsymbol{\alpha}_3,\boldsymbol{\alpha}_3|$

(C)$|\boldsymbol{\alpha}_1,\boldsymbol{\alpha}_2,\boldsymbol{\alpha}_3,\boldsymbol{\alpha}_4|+|\boldsymbol{\alpha}_1,\boldsymbol{\alpha}_4,\boldsymbol{\alpha}_3,\boldsymbol{\alpha}_2|$　　(D)$|\boldsymbol{\alpha}_1,\boldsymbol{\alpha}_2,\boldsymbol{\alpha}_3+\boldsymbol{\alpha}_1,\boldsymbol{\alpha}_4|$

(E)$|2\boldsymbol{\alpha}_1,2\boldsymbol{\alpha}_2,2\boldsymbol{\alpha}_3,2\boldsymbol{\alpha}_4|$

6. 设$\boldsymbol{\alpha}_1,\boldsymbol{\alpha}_2,\boldsymbol{\alpha}_3,\boldsymbol{\beta}_1,\boldsymbol{\beta}_2$均为4维列向量,且$|\boldsymbol{A}|=|\boldsymbol{\alpha}_1,\boldsymbol{\alpha}_2,\boldsymbol{\alpha}_3,\boldsymbol{\beta}_1|=m$,$|\boldsymbol{B}|=|\boldsymbol{\alpha}_1,\boldsymbol{\alpha}_2,\boldsymbol{\beta}_2,\boldsymbol{\alpha}_3|=n$,则$|\boldsymbol{\alpha}_3,\boldsymbol{\alpha}_2,\boldsymbol{\alpha}_1,\boldsymbol{\beta}_1+\boldsymbol{\beta}_2|=$(　　).

(A)$m+n$　　(B)$m-n$　　(C)$-(m+n)$

(D)$-m+2n$　　(E)$-m+n$

7. 设$\boldsymbol{\alpha}_1,\boldsymbol{\alpha}_2,\boldsymbol{\alpha}_3$为3维列向量,矩阵$\boldsymbol{A}=(\boldsymbol{\alpha}_1,\boldsymbol{\alpha}_2,\boldsymbol{\alpha}_3)$,$\boldsymbol{B}=(\boldsymbol{\alpha}_2,2\boldsymbol{\alpha}_1+\boldsymbol{\alpha}_2,\boldsymbol{\alpha}_3)$,若行列式$|\boldsymbol{A}|=3$,则行列式$|\boldsymbol{B}|=$(　　).

(A)6　　(B)3　　(C)0

(D)-3　　(E)-6

8. 设$\boldsymbol{A}=(\boldsymbol{\alpha}_1,\boldsymbol{\alpha}_2,\boldsymbol{\alpha}_3)$是3阶矩阵,$|\boldsymbol{A}|=4$,若$\boldsymbol{B}=(\boldsymbol{\alpha}_1-3\boldsymbol{\alpha}_2+2\boldsymbol{\alpha}_3,\boldsymbol{\alpha}_2-2\boldsymbol{\alpha}_3,2\boldsymbol{\alpha}_2+\boldsymbol{\alpha}_3)$,则$|\boldsymbol{B}|=$(　　).

(A)4　　(B)5　　(C)20

(D)0　　(E)-4

9. 记$f(x)=\begin{vmatrix}2-x&2&-2\\2&5-x&-4\\-2&-4&5-x\end{vmatrix}$,则方程$f(x)=0$的根(　　).

(A) 全部为正数　　(B) 全部为负数　　(C) 有正有负

(D) 不是实数　　(E) 只有零解

10. 记$f(x)=\begin{vmatrix}x-2&x-1&x-2&x-3\\2x-2&2x-1&2x-2&2x-3\\3x-3&3x-2&4x-5&3x-5\\4x&4x-3&5x-7&4x-3\end{vmatrix}$,则方程$f(x)=0$的根的个数为(　　).

(A)1　　(B)2　　(C)3

(D)4　　(E)5

11. 设函数$f(x)=\begin{vmatrix}x&1&2+x\\2&2&4\\3&x+2&4-x\end{vmatrix}$,则方程$f'(x)=0$(　　).

(A) 有一个大于1的根　　(B) 有小于1的正根

(C) 有一个负根　　(D) 只有一个为0的根

(E) 无实根

12. 设M_{ij},A_{ij}分别为n阶行列式D中元素a_{ij}的余子式和代数余子式,则下列各式中必定等于零的是(　　).

(A)$a_{11}M_{11}+a_{12}M_{12}+\cdots+a_{1n}M_{1n}$　　(B)$a_{11}A_{11}+a_{12}A_{12}+\cdots+a_{1n}A_{1n}$

(C)$a_{11}M_{12}+a_{21}M_{22}+\cdots+a_{n1}M_{n2}$　　(D)$a_{11}A_{12}+a_{21}A_{22}+\cdots+a_{n1}A_{n2}$

(E) 以上结论都不正确

13. 设$D=\begin{vmatrix} a_{11} & a_{12} & a_{13} \\ a_{21} & a_{22} & a_{23} \\ a_{31} & a_{32} & a_{33} \end{vmatrix}$,$A_{ij}$ 为 D 中元素 a_{ij} 的代数余子式，则 $A_{13}+2A_{23}+3A_{33}=$(　　).

(A)$\begin{vmatrix} a_{11} & a_{12} & a_{13} \\ a_{21} & a_{22} & a_{23} \\ 1 & 2 & 3 \end{vmatrix}$　(B)$\begin{vmatrix} a_{11} & a_{12} & a_{13} \\ a_{21} & a_{22} & a_{23} \\ 1 & -2 & 3 \end{vmatrix}$　(C)$\begin{vmatrix} a_{11} & a_{12} & 1 \\ a_{21} & a_{22} & -2 \\ a_{31} & a_{32} & 3 \end{vmatrix}$

(D)$\begin{vmatrix} a_{11} & a_{12} & -1 \\ a_{21} & a_{22} & 2 \\ a_{31} & a_{32} & 3 \end{vmatrix}$　(E)$\begin{vmatrix} a_{11} & a_{12} & 1 \\ a_{21} & a_{22} & 2 \\ a_{31} & a_{32} & 3 \end{vmatrix}$

14. 设行列式 $D=\begin{vmatrix} 3 & 0 & 4 & 0 \\ 2 & 2 & 2 & 2 \\ 0 & -7 & 0 & 0 \\ 5 & 3 & -2 & 2 \end{vmatrix}$,则第四行各元素余子式之和为(　　).

(A)-28　(B)28　(C)26

(D)-26　(E)0

15. 4 阶行列式$\begin{vmatrix} a_1 & 0 & 0 & b_1 \\ 0 & a_2 & b_2 & 0 \\ 0 & b_3 & a_3 & 0 \\ b_4 & 0 & 0 & a_4 \end{vmatrix}$的值等于(　　).

(A)$a_1a_2a_3a_4-b_1b_2b_3b_4$　(B)$a_1a_2a_3a_4+b_1b_2b_3b_4$

(C)$(a_1a_2-b_1b_2)(a_3a_4-b_3b_4)$　(D)$(a_2a_3-b_2b_3)(a_1a_4-b_1b_4)$

(E)$(a_1a_3-b_1b_3)(a_2a_4-b_2b_4)$

16. 行列式$\begin{vmatrix} 0 & a & b & 0 \\ a & 0 & 0 & b \\ 0 & c & d & 0 \\ c & 0 & 0 & d \end{vmatrix}=$(　　).

(A)$(ad-bc)^2$　(B)$-(ad-bc)^2$　(C)$a^2d^2-b^2c^2$

(D)$b^2c^2-a^2d^2$　(E)$bc-ad$

17. $\begin{vmatrix} y & x & x+y \\ x & x+y & y \\ x+y & y & x \end{vmatrix}=$(　　).

(A)$2(x^3-y^3)$　(B)$-2(x^3-y^3)$　(C)$-2(x^3+y^3)$

(D)$2(x^3+y^3)$　(E)$2x^3-y^3$

18. 设 x_1,x_2,x_3,x_4 是方程 $x^4+px^2+qx+r=0$ 的四个根，则$\begin{vmatrix} x_1 & x_3 & x_4 & x_2 \\ x_4 & x_2 & x_1 & x_3 \\ x_3 & x_1 & x_2 & x_4 \\ x_2 & x_4 & x_3 & x_1 \end{vmatrix}=$(　　).

(A)3　(B)-3　(C)2

(D)-2　(E)0

19. 设$A=\begin{pmatrix}1&0&2&0\\0&-2&0&0\\-1&0&1&0\\0&0&0&1\end{pmatrix}$,矩阵$B$满足$AB+B+A+2E=O$,则$|B+E|=$(　　).

(A)12　(B)-12　(C)$\frac{1}{12}$

(D)$-\frac{1}{12}$　(E)0

20. 设A,B均为n阶矩阵,且A可逆,下列结论一定正确的是(　　).

(A) 若$A=2B$,则$|A|=2|B|$　(B)$|B|=|A^{-1}BA|$

(C)$|A-B|=|B-A|$　(D)$|AB|=-|BA|$

(E) $|A+B|=|A|+|B|$

21. 设3阶矩阵A的伴随矩阵为A^*,且$|A|=\frac{1}{2}$,则$|A^{-1}+2A^*|=$(　　).

(A)16　(B)8　(C)2

(D)1　(E)-4

22. 已知A为3阶矩阵,且$|A|=-2$,则$|2(A^*)^{-1}+(A^*)^*|=$(　　).

(A)6　(B)-6　(C)54

(D)-54　(E)12

23. 设A,B均为3阶矩阵,且$|A|=3$,$|B|=2$,$|A^{-1}-B|=2$,则$|A-B^{-1}|=$(　　).

(A)0　(B)3　(C)2

(D)-2　(E)-3

24. 设A为$m\times n$矩阵,B为$n\times m$矩阵,则(　　).

(A) 当$m>n$时,必有行列式$|AB|\neq 0$　(B) 当$m>n$时,必有行列式$|AB|=0$

(C) 当$m<n$时,必有行列式$|AB|\neq 0$　(D) 当$m<n$时,必有行列式$|AB|=0$

(E) $|AB|$是否等于0与m,n的大小无关

25. 设A,B为n阶方阵,满足等式$AB=O$,则必有(　　).

(A)$A=O$或$B=O$　(B)$A+B=O$　(C) $A-B=O$

(D) $|A|+|B|=0$　(E) $|A|=0$或$|B|=0$

26. 设A,B为n阶矩阵,若$AB=O$,则(　　).

(A)$B^2A^2=O$　(B)$(A+B)^2=A^2+B^2$　(C)A,B中至少有一个为零矩阵

(D)A,B可能都为非零矩阵　(E) $A+B=O$

27. 已知A,B为n阶矩阵,且$AB=E$,则下列结论**不正确**的是(　　).

(A)$A+B$可逆　(B)$(AB)^2=A^2B^2$　(C)$(AB)^{-1}=A^{-1}B^{-1}$

(D)$(AB)^T=A^TB^T$　(E)$A^*B^*=B^*A^*$

28. 设A为$m\times n$矩阵,E为m阶单位矩阵,则下列结论**不正确**的是(　　).

(A)$\boldsymbol{A}^{\mathrm{T}}\boldsymbol{A}$ 是对称矩阵
(B)$\boldsymbol{A}\boldsymbol{A}^{\mathrm{T}}$ 是对称矩阵
(C)$\boldsymbol{A}^{\mathrm{T}}\boldsymbol{A}+\boldsymbol{A}\boldsymbol{A}^{\mathrm{T}}$ 是对称矩阵
(D)$\boldsymbol{E}+\boldsymbol{A}\boldsymbol{A}^{\mathrm{T}}$ 是对称矩阵
(E) 当 $m=n$ 时,$\boldsymbol{E}+\boldsymbol{A}^{\mathrm{T}}\boldsymbol{A}$ 是对称矩阵

29. 设 $\boldsymbol{A}$ 为 $n(n\geqslant 2)$ 阶可逆方阵,k 为非零常数,则有(　　).

(A)$(k\boldsymbol{A})^{-1}=k\boldsymbol{A}^{-1}$
(B)$(k\boldsymbol{A})^{\mathrm{T}}=k\boldsymbol{A}^{\mathrm{T}}$
(C)$|k\boldsymbol{A}|=k|\boldsymbol{A}|$
(D)$(k\boldsymbol{A})^{*}=k\boldsymbol{A}^{*}$
(E)$((k\boldsymbol{A})^{\mathrm{T}})^{\mathrm{T}}=\frac{1}{k}\boldsymbol{A}$

30. 设 $\boldsymbol{\alpha}_j$ 与 $\boldsymbol{\beta}_j$ 分别是 n 阶矩阵 $\boldsymbol{A}$ 的第 j 行元素构成的行向量和第 j 列元素构成的列向量,$\boldsymbol{e}_j$ 是 n 阶单位矩阵 $\boldsymbol{E}$ 的第 j 列元素构成的列向量,则(　　).

(A)$\boldsymbol{A}\boldsymbol{e}_j=\boldsymbol{\alpha}_j$
(B)$\boldsymbol{e}_j\boldsymbol{A}=\boldsymbol{\alpha}_j$
(C)$\boldsymbol{A}\boldsymbol{e}_j=\boldsymbol{\beta}_j$
(D)$\boldsymbol{e}_j\boldsymbol{A}=\boldsymbol{\beta}_j$
(E)$\boldsymbol{\alpha}_j\boldsymbol{e}_j=\boldsymbol{\beta}_j$

31. 设 3 阶矩阵 $\boldsymbol{A}=\begin{pmatrix}3&1&0\\0&0&1\\0&-1&3\end{pmatrix}$,则 $|(\boldsymbol{A}^{*})^{-1}+\boldsymbol{A}|=$(　　).

(A)4
(B)$\frac{16}{3}$
(C)$\frac{64}{3}$
(D)$\frac{64}{9}$
(E)$\frac{64}{27}$

32. 设 $\boldsymbol{A},\boldsymbol{B},\boldsymbol{C}$ 为 3 阶矩阵,$\boldsymbol{E}$ 为 3 阶单位矩阵,且 $\boldsymbol{AB}=\boldsymbol{BC}=\boldsymbol{CA}=\boldsymbol{E}$,则 $\boldsymbol{A}^2+\boldsymbol{B}^2+\boldsymbol{C}^2=$(　　).

(A)$6\boldsymbol{E}$
(B)$4\boldsymbol{E}$
(C)$3\boldsymbol{E}$
(D)$2\boldsymbol{E}$
(E)$\boldsymbol{E}$

33. 设 $\boldsymbol{A}=\begin{pmatrix}3&1\\1&3\end{pmatrix}$,则 $(\boldsymbol{A}+3\boldsymbol{E})^{-1}(\boldsymbol{A}^2-9\boldsymbol{E})=$(　　).

(A)$\begin{pmatrix}0&1\\1&0\end{pmatrix}$
(B)$\begin{pmatrix}6&1\\1&6\end{pmatrix}$
(C)$\begin{pmatrix}3&1\\1&3\end{pmatrix}$
(D)$\begin{pmatrix}0&-1\\-1&0\end{pmatrix}$
(E)$\begin{pmatrix}6&-1\\-1&6\end{pmatrix}$

34. 设 3 阶矩阵 $\boldsymbol{A}=\begin{pmatrix}3&1&0\\-1&0&1\\0&-1&3\end{pmatrix}$,则 $\boldsymbol{A}^{*}\boldsymbol{A}^2=$(　　).

(A)$-6\boldsymbol{A}$
(B)$-3\boldsymbol{A}$
(C)$\boldsymbol{O}$
(D)$3\boldsymbol{A}$
(E)$6\boldsymbol{A}$

35. 设 $\boldsymbol{A}$ 为 3 阶矩阵且满足等式 $\boldsymbol{A}^2+\boldsymbol{A}-3\boldsymbol{E}=\boldsymbol{O}$,则 $(\boldsymbol{A}+2\boldsymbol{E})^{-1}=$(　　).

(A)$\boldsymbol{A}-\boldsymbol{E}$
(B)$\boldsymbol{A}+\boldsymbol{E}$
(C)$\boldsymbol{A}+2\boldsymbol{E}$
(D)$\boldsymbol{A}+3\boldsymbol{E}$
(E)$\boldsymbol{A}-2\boldsymbol{E}$

36. 设 $\boldsymbol{A}=\begin{pmatrix}1&0&0\\2&2&0\\3&4&5\end{pmatrix}$,$\boldsymbol{A}^{*}$ 为 $\boldsymbol{A}$ 的伴随矩阵,则 $(\boldsymbol{A}^{*})^{-1}=$(　　).

(A) $\begin{pmatrix} \frac{1}{10} & 0 & 0 \\ \frac{1}{5} & \frac{1}{10} & 0 \\ \frac{3}{10} & \frac{2}{5} & \frac{1}{2} \end{pmatrix}$　　(B) $\begin{pmatrix} \frac{1}{10} & 0 & 0 \\ \frac{1}{5} & \frac{1}{5} & 0 \\ \frac{3}{10} & \frac{2}{5} & \frac{1}{2} \end{pmatrix}$　　(C) $\begin{pmatrix} \frac{1}{10} & 0 & 0 \\ \frac{1}{5} & \frac{1}{5} & 0 \\ \frac{3}{10} & \frac{2}{5} & \frac{1}{5} \end{pmatrix}$

(D) $\begin{pmatrix} \frac{1}{10} & 0 & 0 \\ \frac{1}{5} & \frac{1}{5} & 0 \\ \frac{3}{10} & \frac{1}{5} & \frac{1}{2} \end{pmatrix}$　　(E) $\begin{pmatrix} \frac{1}{10} & 0 & 0 \\ \frac{1}{5} & \frac{1}{5} & 0 \\ \frac{1}{10} & \frac{1}{5} & \frac{1}{2} \end{pmatrix}$

37. 设$\boldsymbol{\alpha}$为3维列向量,$\boldsymbol{\alpha}^{\mathrm{T}}$是$\boldsymbol{\alpha}$的转置.若$\boldsymbol{A}=\boldsymbol{\alpha}\boldsymbol{\alpha}^{\mathrm{T}}=\begin{pmatrix} 1 & -1 & 1 \\ -1 & 1 & -1 \\ 1 & -1 & 1 \end{pmatrix}$,则$\boldsymbol{\alpha}^{\mathrm{T}}\boldsymbol{\alpha}=$(　　).

(A)0　　(B)1　　(C)2

(D)3　　(E)4

38. 设$\boldsymbol{\alpha},\boldsymbol{\beta}$为两个$n$维非零列向量,矩阵$\boldsymbol{A}=\boldsymbol{E}-\boldsymbol{\alpha}\boldsymbol{\beta}^{\mathrm{T}}$,且满足$\boldsymbol{A}^2=3\boldsymbol{A}-2\boldsymbol{E}$,则$\boldsymbol{\alpha}^{\mathrm{T}}\boldsymbol{\beta}=$(　　).

(A)-2　　(B)-1　　(C)1

(D)2　　(E)0

39. 设6维列向量$\boldsymbol{\alpha}=(a,\cdots,a)^{\mathrm{T}}$,$a>0$,矩阵$\boldsymbol{A}=\boldsymbol{E}-\boldsymbol{\alpha}\boldsymbol{\alpha}^{\mathrm{T}}$与$\boldsymbol{B}=\boldsymbol{E}-\frac{1}{a}\boldsymbol{\alpha}\boldsymbol{\alpha}^{\mathrm{T}}$为互逆矩阵,则$a=$(　　).

(A)$\frac{1}{4}$　　(B)$\frac{1}{3}$　　(C)$\frac{1}{2}$

(D)1　　(E)2

40. 设$\boldsymbol{A}=\begin{pmatrix} 1 & 2 & -1 \\ -2 & -4 & 2 \\ 3 & 6 & -3 \end{pmatrix}$,则$\boldsymbol{A}^{20}=$(　　).

(A)$6^{19}\boldsymbol{A}$　　(B)$3^{19}\boldsymbol{A}$　　(C)$\boldsymbol{E}$

(D)$-3^{19}\boldsymbol{A}$　　(E)$-6^{19}\boldsymbol{A}$

41. 设$\boldsymbol{A}$为对角矩阵,$\boldsymbol{B},\boldsymbol{P}$为$\boldsymbol{A}$的同阶矩阵,且$\boldsymbol{P}$可逆,下列结论正确的是(　　).

(A)若$\boldsymbol{A}\neq\boldsymbol{O}$,则$\boldsymbol{A}^m\neq\boldsymbol{O}$　　(B)若$\boldsymbol{B}\neq\boldsymbol{O}$,则$\boldsymbol{B}^m\neq\boldsymbol{O}$

(C)$\boldsymbol{AB}=\boldsymbol{BA}$　　(D)若$\boldsymbol{A}=\boldsymbol{P}^{-1}\boldsymbol{BP}$,则$|\boldsymbol{A}|>0$时,$|\boldsymbol{B}|<0$

(E)若$\boldsymbol{A}=\boldsymbol{P}^{\mathrm{T}}\boldsymbol{BP}$,则$|\boldsymbol{A}|>0$时,$|\boldsymbol{B}|<0$

42. 设$\boldsymbol{A}=\begin{pmatrix} 0 & -1 & 0 \\ 1 & 0 & 0 \\ 0 & 0 & -1 \end{pmatrix}$,$\boldsymbol{B}=\boldsymbol{P}^{-1}\boldsymbol{AP}$,其中$\boldsymbol{P}$为3阶可逆矩阵,则$\boldsymbol{B}^{2\,004}-2\boldsymbol{A}^2=$(　　).

(A)$\begin{pmatrix}3&0&0\\0&3&0\\0&0&-1\end{pmatrix}$　(B)$\begin{pmatrix}3&0&0\\0&-1&0\\0&0&3\end{pmatrix}$　(C)$\begin{pmatrix}-1&0&0\\0&-1&0\\0&0&3\end{pmatrix}$

(D)$\begin{pmatrix}3&0&0\\0&-1&0\\0&0&-1\end{pmatrix}$　(E)$\begin{pmatrix}3&0&0\\0&3&0\\0&0&1\end{pmatrix}$

43. 设矩阵 $\boldsymbol{A}=\begin{pmatrix}0&1&0&0\\0&0&1&0\\0&0&0&1\\0&0&0&0\end{pmatrix}$,则 $\boldsymbol{A}^3$ 的秩为(　　).

(A)0　(B)1　(C)2

(D)3　(E)4

44. 设 $\boldsymbol{\alpha}=(1,0,-1,2)^{\mathrm{T}}$,$\boldsymbol{\beta}=(0,1,0,2)^{\mathrm{T}}$,$\boldsymbol{A}=\boldsymbol{\alpha}\boldsymbol{\beta}^{\mathrm{T}}$,则 $r(\boldsymbol{A})=$(　　).

(A)0　(B)1　(C)2

(D)3　(E)4

45. 设矩阵 $\boldsymbol{A}=\begin{pmatrix}1&2&1\\2&ab+4&2\\2&4&a+2\end{pmatrix}$ 的秩为 2,则(　　).

(A)$a=0,b=0$　(B)$a=0,b\neq0$　(C)$a\neq0,b=0$

(D)$a\neq0,b\neq0$　(E)a,b 为任意值

46. 若 n 阶矩阵 $\boldsymbol{A}$ 满足方程 $\boldsymbol{A}^2-2\boldsymbol{A}+\boldsymbol{E}=\boldsymbol{O}$,则下列结论不正确的是(　　).

(A)$\boldsymbol{A}$ 可逆　(B)$\boldsymbol{A}-2\boldsymbol{E}$ 可逆　(C)$\boldsymbol{A}+\boldsymbol{E}$ 可逆

(D)$\boldsymbol{A}=\boldsymbol{E}$　(E)$\boldsymbol{A}-3\boldsymbol{E}$ 可逆

47. 设 $\boldsymbol{A}$ 为 n 阶矩阵,且满足 $4(\boldsymbol{A}-\boldsymbol{E})^2=(\boldsymbol{A}+2\boldsymbol{E})^2$,则矩阵 $\boldsymbol{A},\boldsymbol{A}-\boldsymbol{E},\boldsymbol{A}-2\boldsymbol{E},\boldsymbol{A}-3\boldsymbol{E}$ 中必定可逆的矩阵个数为(　　).

(A)4　(B)3　(C)2

(D)1　(E)0

48. 设 $\boldsymbol{A}$ 为 n 阶矩阵,$\boldsymbol{E}$ 为 n 阶单位矩阵,若 $\boldsymbol{A}^3=\boldsymbol{O}$,则(　　).

(A)$\boldsymbol{E}-\boldsymbol{A},\boldsymbol{E}+\boldsymbol{A}$ 均不可逆　(B)$\boldsymbol{E}-\boldsymbol{A}$ 不可逆,$\boldsymbol{E}+\boldsymbol{A}$ 可逆

(C)$\boldsymbol{E}-\boldsymbol{A},\boldsymbol{E}+\boldsymbol{A}$ 均可逆　(D)$\boldsymbol{E}-\boldsymbol{A}$ 可逆,$\boldsymbol{E}+\boldsymbol{A}$ 不可逆

(E)$\boldsymbol{E}-\boldsymbol{A}+\boldsymbol{A}^2$ 不可逆,$\boldsymbol{E}+\boldsymbol{A}+\boldsymbol{A}^2$ 可逆

49. 设 $\boldsymbol{A}$ 为 n 阶矩阵,且 $|\boldsymbol{A}|=1$,则 $(\boldsymbol{A}^*)^*=$(　　).

(A)$\boldsymbol{A}^2$　(B)$-\boldsymbol{A}^2$　(C)$\boldsymbol{A}^{-1}$

(D)$-\boldsymbol{A}$　(E)$\boldsymbol{A}$

50. 设 $\boldsymbol{A},\boldsymbol{B}$ 均为 2 阶矩阵,$\boldsymbol{A}^*,\boldsymbol{B}^*$ 分别为 $\boldsymbol{A},\boldsymbol{B}$ 的伴随矩阵,若 $|\boldsymbol{A}|=2$,$|\boldsymbol{B}|=3$,则分块矩阵 $\begin{pmatrix}\boldsymbol{O}&\boldsymbol{A}\\\boldsymbol{B}&\boldsymbol{O}\end{pmatrix}$ 的伴随矩阵为(　　).

(A) $\begin{pmatrix} \boldsymbol{O} & 3\boldsymbol{A}^* \\ 2\boldsymbol{B}^* & \boldsymbol{O} \end{pmatrix}$　　(B) $\begin{pmatrix} \boldsymbol{O} & 2\boldsymbol{A}^* \\ 3\boldsymbol{B}^* & \boldsymbol{O} \end{pmatrix}$　　(C) $\begin{pmatrix} \boldsymbol{O} & 3\boldsymbol{B}^* \\ 2\boldsymbol{A}^* & \boldsymbol{O} \end{pmatrix}$

(D) $\begin{pmatrix} \boldsymbol{O} & 2\boldsymbol{B}^* \\ 3\boldsymbol{A}^* & \boldsymbol{O} \end{pmatrix}$　　(E) $\begin{pmatrix} \boldsymbol{O} & -2\boldsymbol{B}^* \\ -3\boldsymbol{A}^* & \boldsymbol{O} \end{pmatrix}$

51. 设 $\boldsymbol{\alpha},\boldsymbol{\beta}$ 为 n 维非零列向量，且 $\boldsymbol{\alpha}^{\mathrm{T}}\boldsymbol{\beta}=0,\boldsymbol{C}=\boldsymbol{\beta}\boldsymbol{\alpha}^{\mathrm{T}}$，则(　　).

(A)$\boldsymbol{C}=\boldsymbol{O}$　　(B)$\boldsymbol{C}^2=\boldsymbol{O}$　　(C)$\boldsymbol{C}^2\neq\boldsymbol{O}$

(D)$\boldsymbol{C}^2=\boldsymbol{C}$　　(E)$\boldsymbol{C}^2=\boldsymbol{E}$

52. 设 $\boldsymbol{A}$ 为 3 阶非零方阵，A_{ij} 为 a_{ij} 的代数余子式，且 $a_{ij}=A_{ij}(i,j=1,2,3)$，则(　　).

(A) $|\boldsymbol{A}|<0$　　(B) $|\boldsymbol{A}|=-1$　　(C) $|\boldsymbol{A}|=0$

(D)$\boldsymbol{A}=\boldsymbol{E}$　　(E) $|\boldsymbol{A}|=1$

53. 下列矩阵中不是初等矩阵的是(　　).

(A) $\begin{pmatrix} 1 & 0 & 0 \\ 0 & 0 & 1 \\ 0 & 1 & 0 \end{pmatrix}$　　(B) $\begin{pmatrix} 1 & 0 & 0 \\ 0 & -3 & 0 \\ 0 & 0 & 1 \end{pmatrix}$　　(C) $\begin{pmatrix} 1 & 3 & 0 \\ 0 & 0 & 1 \\ 0 & 1 & 0 \end{pmatrix}$

(D) $\begin{pmatrix} 1 & 0 & 3 \\ 0 & 1 & 0 \\ 0 & 0 & 1 \end{pmatrix}$　　(E) $\begin{pmatrix} 0 & 0 & 1 \\ 0 & 1 & 0 \\ 1 & 0 & 0 \end{pmatrix}$

54. 已知 $\boldsymbol{A}=\begin{pmatrix} 3 & 0 & 0 \\ 2 & 1 & 0 \\ -3 & 4 & 6 \end{pmatrix},\boldsymbol{B}=\begin{pmatrix} 2 & -1 & 1 \\ 1 & -2 & 0 \end{pmatrix}$，且 $\boldsymbol{XA}+2\boldsymbol{B}-2\boldsymbol{X}=\boldsymbol{O}$，则 $\boldsymbol{X}=$(　　).

(A) $\begin{pmatrix} -1 & 4 & \frac{1}{2} \\ 6 & -4 & 0 \end{pmatrix}$　　(B) $\begin{pmatrix} \frac{5}{2} & -4 & -\frac{1}{2} \\ 6 & -4 & 0 \end{pmatrix}$　　(C) $\begin{pmatrix} -1 & 4 & \frac{1}{2} \\ 3 & 7 & 2 \end{pmatrix}$

(D) $\begin{pmatrix} \frac{5}{2} & -4 & -\frac{1}{2} \\ 3 & 7 & 2 \end{pmatrix}$　　(E) $\begin{pmatrix} -\frac{5}{2} & 4 & \frac{1}{2} \\ 6 & -4 & 0 \end{pmatrix}$

55. $\boldsymbol{E}^{2\,017}(1,2)\begin{pmatrix} 1 & 2 & 3 \\ 4 & 5 & 6 \\ 7 & 8 & 9 \end{pmatrix}\boldsymbol{E}^{2\,018}(2,3)=$(　　).

(A) $\begin{pmatrix} 1 & 2 & 3 \\ 4 & 5 & 6 \\ 7 & 8 & 9 \end{pmatrix}$　　(B) $\begin{pmatrix} 4 & 5 & 6 \\ 1 & 2 & 3 \\ 7 & 8 & 9 \end{pmatrix}$　　(C) $\begin{pmatrix} 1 & 3 & 2 \\ 4 & 6 & 5 \\ 7 & 9 & 8 \end{pmatrix}$

(D) $\begin{pmatrix} 4 & 6 & 5 \\ 1 & 3 & 2 \\ 7 & 9 & 8 \end{pmatrix}$　　(E) $\begin{pmatrix} 4 & 5 & 6 \\ 7 & 8 & 9 \\ 1 & 2 & 3 \end{pmatrix}$

56. 将 2 阶矩阵 $\boldsymbol{A}$ 的第二列加到第一列得矩阵 $\boldsymbol{B}$，再交换 $\boldsymbol{B}$ 的第一行与第二行得单位矩阵，则 $\boldsymbol{A}=$(　　).

(A) $\begin{pmatrix} 0 & 1 \\ 1 & 1 \end{pmatrix}$　　(B) $\begin{pmatrix} 0 & 1 \\ 1 & -1 \end{pmatrix}$　　(C) $\begin{pmatrix} 1 & 1 \\ 1 & 0 \end{pmatrix}$

(D) $\begin{pmatrix} -1 & 1 \\ 1 & 0 \end{pmatrix}$　　(E) $\begin{pmatrix} -1 & -1 \\ 1 & 0 \end{pmatrix}$

57. 设 $\boldsymbol{A}=\begin{pmatrix} a_{11} & a_{12} & a_{13} & a_{14} \\ a_{21} & a_{22} & a_{23} & a_{24} \\ a_{31} & a_{32} & a_{33} & a_{34} \\ a_{41} & a_{42} & a_{43} & a_{44} \end{pmatrix}$，$\boldsymbol{B}=\begin{pmatrix} a_{14} & a_{13} & a_{12} & a_{11} \\ a_{24} & a_{23} & a_{22} & a_{21} \\ a_{34} & a_{33} & a_{32} & a_{31} \\ a_{44} & a_{43} & a_{42} & a_{41} \end{pmatrix}$，$\boldsymbol{P}_1=\begin{pmatrix} 0 & 0 & 0 & 1 \\ 0 & 1 & 0 & 0 \\ 0 & 0 & 1 & 0 \\ 1 & 0 & 0 & 0 \end{pmatrix}$，

$\boldsymbol{P}_2=\begin{pmatrix} 1 & 0 & 0 & 0 \\ 0 & 0 & 1 & 0 \\ 0 & 1 & 0 & 0 \\ 0 & 0 & 0 & 1 \end{pmatrix}$，其中 $\boldsymbol{A}$ 可逆，则 $\boldsymbol{B}^{-1}=$(　　).

(A) $\boldsymbol{P}_1\boldsymbol{A}^{-1}\boldsymbol{P}_2$　　(B) $\boldsymbol{P}_2\boldsymbol{A}^{-1}\boldsymbol{P}_1$　　(C) $\boldsymbol{A}^{-1}\boldsymbol{P}_1\boldsymbol{P}_2$

(D) $\boldsymbol{A}^{-1}\boldsymbol{P}_2\boldsymbol{P}_1$　　(E) $\boldsymbol{P}_1\boldsymbol{P}_2\boldsymbol{A}^{-1}$

58. 设 $\boldsymbol{A}$ 为 $n(n\geqslant 2)$ 阶可逆矩阵，交换 $\boldsymbol{A}$ 的第一行与第二行得到矩阵 $\boldsymbol{B}$，$\boldsymbol{A}^*$，$\boldsymbol{B}^*$ 分别为 $\boldsymbol{A}$，$\boldsymbol{B}$ 的伴随矩阵，则(　　).

(A) 交换 $\boldsymbol{A}^*$ 的第一列与第二列得到 $\boldsymbol{B}^*$

(B) 交换 $\boldsymbol{A}^*$ 的第一列与第二列得到 $-\boldsymbol{B}^*$

(C) 交换 $\boldsymbol{A}^*$ 的第一行与第二行得到 $\boldsymbol{B}^*$

(D) 交换 $\boldsymbol{A}^*$ 的第一行与第二行得到 $-\boldsymbol{B}^*$

(E) 以上结论均不正确

第九章　向量组与线性方程组

概述

线性方程组是线性代数的核心内容，要正确理解这部分内容就需要综合运用矩阵、向量、秩的基本概念及重要定理. 本章的内容包括：向量组的线性相关性及线性表出，秩的定义，线性方程组解的判定及解的结构. 本章的高频考点：数值型向量组的线性相关性与线性表出，数值型线性方程组解的判定及数值型线性方程组的通解. 低频考点：抽象型向量组的线性相关性与线性表出，抽象型线性方程组的通解.

1. 设 $\boldsymbol{A}$ 为 4 阶方阵，且 $|\boldsymbol{A}|=0$，则（　　）.

(A) $\boldsymbol{A}$ 中至少有两个行(列) 向量线性相关

(B) $\boldsymbol{A}$ 中任意一行(列) 向量都可以表示为其余行(列) 向量的线性组合

(C) $\boldsymbol{A}$ 必有一行(列) 向量可以表示为其余行(列) 向量的线性组合

(D) $\boldsymbol{A}$ 的行(列) 向量组不存在部分无关行(列) 向量组

(E) $\boldsymbol{A}$ 中至少有一行(列) 全为零

2. 设 $\boldsymbol{\alpha}_1,\boldsymbol{\alpha}_2,\boldsymbol{\alpha}_3$ 为同维向量，则下列结论不正确的是（　　）.

(A) $\boldsymbol{\alpha}_1,\boldsymbol{\alpha}_2,\boldsymbol{\alpha}_3$ 中任意一个向量均可被向量组 $\boldsymbol{\alpha}_1,\boldsymbol{\alpha}_2,\boldsymbol{\alpha}_3$ 线性表示

(B) 若存在一组数 k_1,k_2,k_3，使得 $k_1\boldsymbol{\alpha}_1+k_2\boldsymbol{\alpha}_2+k_3\boldsymbol{\alpha}_3=\boldsymbol{0}$，则 $\boldsymbol{\alpha}_1,\boldsymbol{\alpha}_2,\boldsymbol{\alpha}_3$ 必线性相关

(C) 若 $\boldsymbol{\alpha}_1=2\boldsymbol{\alpha}_2$，则 $\boldsymbol{\alpha}_1,\boldsymbol{\alpha}_2,\boldsymbol{\alpha}_3$ 必线性相关

(D) 若 $\boldsymbol{\alpha}_1,\boldsymbol{\alpha}_2,\boldsymbol{\alpha}_3$ 中有一个零向量，则 $\boldsymbol{\alpha}_1,\boldsymbol{\alpha}_2,\boldsymbol{\alpha}_3$ 必线性相关

(E) 若 $|\boldsymbol{\alpha}_1,\boldsymbol{\alpha}_2,\boldsymbol{\alpha}_3|\neq 0$，要使 $k_1\boldsymbol{\alpha}_1+k_2\boldsymbol{\alpha}_2+k_3\boldsymbol{\alpha}_3=\boldsymbol{0}$，必有 $k_1=k_2=k_3=0$

3. 向量组 $\boldsymbol{\alpha}_1,\boldsymbol{\alpha}_2,\cdots,\boldsymbol{\alpha}_s$ 线性无关的充分条件是（　　）.

(A) $\boldsymbol{\alpha}_1,\boldsymbol{\alpha}_2,\cdots,\boldsymbol{\alpha}_s$ 均不为零向量

(B) $\boldsymbol{\alpha}_1,\boldsymbol{\alpha}_2,\cdots,\boldsymbol{\alpha}_s$ 中任意两个向量的分量不成比例

(C) $\boldsymbol{\alpha}_1,\boldsymbol{\alpha}_2,\cdots,\boldsymbol{\alpha}_s$ 中任意一个向量均不能由其余 $s-1$ 个向量线性表示

(D) $\boldsymbol{\alpha}_1,\boldsymbol{\alpha}_2,\cdots,\boldsymbol{\alpha}_s$ 中有一部分向量线性无关

(E) $\boldsymbol{\alpha}_s$ 不能由 $\boldsymbol{\alpha}_1,\boldsymbol{\alpha}_2,\cdots,\boldsymbol{\alpha}_{s-1}$ 线性表出

4. 已知向量组 $\boldsymbol{\alpha}_1,\boldsymbol{\alpha}_2,\boldsymbol{\alpha}_3$ 可由向量组 $\boldsymbol{\beta}_1,\boldsymbol{\beta}_2$ 线性表示，则（　　）.

(A) $\boldsymbol{\alpha}_1,\boldsymbol{\alpha}_2,\boldsymbol{\alpha}_3$ 必线性相关

(B) $\boldsymbol{\alpha}_1,\boldsymbol{\alpha}_2,\boldsymbol{\alpha}_3$ 必线性无关

(C) $\boldsymbol{\beta}_1,\boldsymbol{\beta}_2$ 也可由 $\boldsymbol{\alpha}_1,\boldsymbol{\alpha}_2,\boldsymbol{\alpha}_3$ 线性表示

(D) 若 $\boldsymbol{\beta}_1,\boldsymbol{\beta}_2$ 线性无关，则 $\boldsymbol{\alpha}_1,\boldsymbol{\alpha}_2,\boldsymbol{\alpha}_3$ 也必线性无关

(E) 无法判断 $\boldsymbol{\alpha}_1,\boldsymbol{\alpha}_2,\boldsymbol{\alpha}_3$ 的线性相关性

5. 设向量组 $\boldsymbol{\alpha}_1,\boldsymbol{\alpha}_2,\boldsymbol{\alpha}_3$ 线性无关，则下列向量组线性相关的是(　　).

(A)$\boldsymbol{\alpha}_1+\boldsymbol{\alpha}_2,\boldsymbol{\alpha}_2+\boldsymbol{\alpha}_3,\boldsymbol{\alpha}_3+\boldsymbol{\alpha}_1$　　(B)$\boldsymbol{\alpha}_1,\boldsymbol{\alpha}_1+\boldsymbol{\alpha}_2,\boldsymbol{\alpha}_1+\boldsymbol{\alpha}_2+\boldsymbol{\alpha}_3$

(C)$\boldsymbol{\alpha}_1-\boldsymbol{\alpha}_2,\boldsymbol{\alpha}_2-\boldsymbol{\alpha}_3,\boldsymbol{\alpha}_3-\boldsymbol{\alpha}_1$　　(D)$\boldsymbol{\alpha}_1+\boldsymbol{\alpha}_2,2\boldsymbol{\alpha}_2+\boldsymbol{\alpha}_3,3\boldsymbol{\alpha}_3+\boldsymbol{\alpha}_1$

(E)$\boldsymbol{\alpha}_1-\boldsymbol{\alpha}_2+\boldsymbol{\alpha}_3,\boldsymbol{\alpha}_1-\boldsymbol{\alpha}_2+2\boldsymbol{\alpha}_3,\boldsymbol{\alpha}_1+3\boldsymbol{\alpha}_2+\boldsymbol{\alpha}_3$

6. 设 $\boldsymbol{\alpha}_1=\begin{pmatrix}0\\0\\c_1\end{pmatrix},\boldsymbol{\alpha}_2=\begin{pmatrix}0\\1\\c_2\end{pmatrix},\boldsymbol{\alpha}_3=\begin{pmatrix}1\\-1\\c_3\end{pmatrix},\boldsymbol{\alpha}_4=\begin{pmatrix}-1\\1\\c_4\end{pmatrix}$，其中 c_1,c_2,c_3,c_4 为任意非零常数，则下列向量组一定线性相关的为(　　).

(A)$\boldsymbol{\alpha}_1,\boldsymbol{\alpha}_2,\boldsymbol{\alpha}_3$　　(B)$\boldsymbol{\alpha}_1,\boldsymbol{\alpha}_2,\boldsymbol{\alpha}_4$　　(C)$\boldsymbol{\alpha}_1,\boldsymbol{\alpha}_3,\boldsymbol{\alpha}_4$

(D)$\boldsymbol{\alpha}_2,\boldsymbol{\alpha}_3,\boldsymbol{\alpha}_4$　　(E)$\boldsymbol{\alpha}_1,\boldsymbol{\alpha}_2$

7. 设 $\boldsymbol{\alpha}_1,\boldsymbol{\alpha}_2,\cdots,\boldsymbol{\alpha}_s$ 均为 n 维向量，则下列结论不正确的是(　　).

(A) 若对于任意一组不全为零的数 $k_1,k_2,\cdots,k_s$，都有 $k_1\boldsymbol{\alpha}_1+k_2\boldsymbol{\alpha}_2+\cdots+k_s\boldsymbol{\alpha}_s\neq\mathbf{0}$，则 $\boldsymbol{\alpha}_1,\boldsymbol{\alpha}_2,\cdots,\boldsymbol{\alpha}_s$ 线性无关

(B) 若 $\boldsymbol{\alpha}_1,\boldsymbol{\alpha}_2,\cdots,\boldsymbol{\alpha}_s$ 线性相关，则对于任意一组不全为零的数 $k_1,k_2,\cdots,k_s$，都有 $k_1\boldsymbol{\alpha}_1+k_2\boldsymbol{\alpha}_2+\cdots+k_s\boldsymbol{\alpha}_s=\mathbf{0}$

(C) $\boldsymbol{\alpha}_1,\boldsymbol{\alpha}_2,\cdots,\boldsymbol{\alpha}_s$ 线性无关的充分必要条件是此向量组的秩为 s

(D) $\boldsymbol{\alpha}_1,\boldsymbol{\alpha}_2,\cdots,\boldsymbol{\alpha}_s$ 线性无关的必要条件是其中任意两个向量线性无关

(E) 若 $\boldsymbol{\alpha}_1,\boldsymbol{\alpha}_2,\cdots,\boldsymbol{\alpha}_t(t<s)$ 线性相关，则 $\boldsymbol{\alpha}_1,\boldsymbol{\alpha}_2,\cdots,\boldsymbol{\alpha}_s$ 线性相关

8. 设 $\boldsymbol{\alpha}_1=(1,1,-2)^{\mathrm{T}},\boldsymbol{\alpha}_2=(2,1,-1)^{\mathrm{T}},\boldsymbol{\alpha}_3=(0,a,6)^{\mathrm{T}}$，若向量组 $\boldsymbol{\alpha}_1,\boldsymbol{\alpha}_2,\boldsymbol{\alpha}_3$ 的秩为 2，则 $a=$(　　).

(A)2　　(B)1　　(C)0

(D)-1　　(E)-2

9. 设 $\boldsymbol{\alpha}_1=(1,2,-1,0)^{\mathrm{T}},\boldsymbol{\alpha}_2=(1,1,0,2)^{\mathrm{T}},\boldsymbol{\alpha}_3=(2,1,1,a)^{\mathrm{T}}$，若 $\boldsymbol{\alpha}_1,\boldsymbol{\alpha}_2,\boldsymbol{\alpha}_3$ 的最大无关组由两个线性无关的向量组成，则 $a=$(　　).

(A)2　　(B)3　　(C)6

(D)8　　(E)10

10. 设 $\boldsymbol{\alpha}_1=\begin{pmatrix}1\\3\\-2\end{pmatrix},\boldsymbol{\alpha}_2=\begin{pmatrix}0\\1\\3\end{pmatrix},\boldsymbol{\alpha}_3=\begin{pmatrix}1\\-1\\t\end{pmatrix},\boldsymbol{\alpha}_4=\begin{pmatrix}-1\\1\\-2\end{pmatrix}$，若向量组 $\boldsymbol{\alpha}_1,\boldsymbol{\alpha}_2,\boldsymbol{\alpha}_3,\boldsymbol{\alpha}_4$ 线性相关，则 t 必为(　　).

(A)2　　(B)5　　(C)-5

(D)-2　　(E) 任意实数

11. 线性方程组 $\boldsymbol{Ax}=\mathbf{0}$ 与 $\boldsymbol{Bx}=\mathbf{0}$ 同解的充分必要条件是(　　).

(A) 矩阵 $\boldsymbol{A}$ 的行向量组与 $\boldsymbol{B}$ 的行向量组等价

(B) 矩阵 $\boldsymbol{A}$ 的列向量组与 $\boldsymbol{B}$ 的列向量组等价

(C) 矩阵 $\boldsymbol{A}$ 与 $\boldsymbol{B}$ 等价

(D) 矩阵 $\boldsymbol{A}$ 与 $\boldsymbol{B}$ 相似

(E)$r(\boldsymbol{A})=r(\boldsymbol{B})$

12. 设三个向量组 $\boldsymbol{\alpha}_1,\boldsymbol{\alpha}_3$；$\boldsymbol{\alpha}_2,\boldsymbol{\alpha}_4$ 和 $\boldsymbol{\alpha}_1,\boldsymbol{\alpha}_3,\boldsymbol{\alpha}_4$ 都线性无关，且 $\boldsymbol{\alpha}_1,\boldsymbol{\alpha}_2,\boldsymbol{\alpha}_3,\boldsymbol{\alpha}_4$ 线性相关，则下列向量组中，必为向量组 $\boldsymbol{\alpha}_1,\boldsymbol{\alpha}_2,\boldsymbol{\alpha}_3,\boldsymbol{\alpha}_4$ 的最大无关组的是(　　).

(A)$\boldsymbol{\alpha}_1,\boldsymbol{\alpha}_2,\boldsymbol{\alpha}_3$　(B)$\boldsymbol{\alpha}_1,\boldsymbol{\alpha}_2,\boldsymbol{\alpha}_4$　(C)$\boldsymbol{\alpha}_1,\boldsymbol{\alpha}_3,\boldsymbol{\alpha}_4$

(D)$\boldsymbol{\alpha}_2,\boldsymbol{\alpha}_3,\boldsymbol{\alpha}_4$　(E)$\boldsymbol{\alpha}_1,\boldsymbol{\alpha}_3$

13. 设向量 $\boldsymbol{\alpha}_1=(\lambda,1,1)^{\mathrm{T}},\boldsymbol{\alpha}_2=(1,\lambda,1)^{\mathrm{T}},\boldsymbol{\alpha}_3=(1,1,\lambda)^{\mathrm{T}},\boldsymbol{\beta}=(1,\lambda,\lambda^2)^{\mathrm{T}}$，若向量 $\boldsymbol{\beta}$ 可以被向量组 $\boldsymbol{\alpha}_1,\boldsymbol{\alpha}_2,\boldsymbol{\alpha}_3$ 线性表示且表达式唯一，则 λ 应满足(　　).

(A)$\lambda\neq1$　(B)$\lambda\neq-2$　(C)$\lambda\neq-2$ 且 $\lambda\neq1$

(D)$\lambda=1$　(E)$\lambda\neq0$

14. 若五元齐次线性方程组 $\boldsymbol{A}\boldsymbol{x}=\boldsymbol{0}$ 的基础解系有 3 个无关解，$\boldsymbol{A}^*$ 为 $\boldsymbol{A}$ 的伴随矩阵，则齐次线性方程组 $\boldsymbol{A}^*\boldsymbol{x}=\boldsymbol{0}$ 的基础解系含无关解的个数为(　　).

(A)0　(B)2　(C)3

(D)4　(E)5

15. 齐次线性方程组 $\boldsymbol{A}\boldsymbol{x}=\boldsymbol{0}$ 的系数矩阵 $\boldsymbol{A}_{4\times5}=(\boldsymbol{\alpha}_1,\boldsymbol{\alpha}_2,\boldsymbol{\alpha}_3,\boldsymbol{\alpha}_4,\boldsymbol{\alpha}_5)$ 经初等行变换化为下面的阶梯形矩阵

$$\boldsymbol{A}=(\boldsymbol{\alpha}_1,\boldsymbol{\alpha}_2,\boldsymbol{\alpha}_3,\boldsymbol{\alpha}_4,\boldsymbol{\alpha}_5)\to\begin{pmatrix}1&-2&3&0&-2\\0&3&-1&2&1\\0&0&0&3&-1\\0&0&0&0&0\end{pmatrix},$$

则(　　).

(A)$\boldsymbol{\alpha}_1$ 不能被 $\boldsymbol{\alpha}_2,\boldsymbol{\alpha}_3,\boldsymbol{\alpha}_4$ 线性表示　(B)$\boldsymbol{\alpha}_2$ 不能被 $\boldsymbol{\alpha}_3,\boldsymbol{\alpha}_4,\boldsymbol{\alpha}_5$ 线性表示

(C)$\boldsymbol{\alpha}_3$ 不能被 $\boldsymbol{\alpha}_1,\boldsymbol{\alpha}_2,\boldsymbol{\alpha}_4$ 线性表示　(D)$\boldsymbol{\alpha}_4$ 不能被 $\boldsymbol{\alpha}_1,\boldsymbol{\alpha}_2,\boldsymbol{\alpha}_3$ 线性表示

(E)$\boldsymbol{\alpha}_5$ 不能被 $\boldsymbol{\alpha}_2,\boldsymbol{\alpha}_3,\boldsymbol{\alpha}_4$ 线性表示

16. 设 3 阶矩阵 $\boldsymbol{A}$ 经初等列变换化为矩阵 $\boldsymbol{B}$，则(　　).

(A)$\boldsymbol{B}$ 的行向量组可以被 $\boldsymbol{A}$ 的行向量组线性表示

(B)$\boldsymbol{B}$ 的列向量组可以被 $\boldsymbol{A}$ 的行向量组线性表示

(C)$\boldsymbol{B}$ 的行向量组可以被 $\boldsymbol{A}$ 的列向量组线性表示

(D)$\boldsymbol{B}$ 的列向量组可以被 $\boldsymbol{A}$ 的列向量组线性表示

(E)$\boldsymbol{B}$ 的行向量组和列向量组均不可被 $\boldsymbol{A}$ 的行向量组和列向量组线性表示

17. 设 $\boldsymbol{\alpha}_1,\boldsymbol{\alpha}_2,\boldsymbol{\alpha}_3$ 均为 n 维列向量，$\boldsymbol{A}$ 是 n 阶可逆矩阵，则下列选项不正确的是(　　).

(A) 若 $\boldsymbol{\alpha}_1,\boldsymbol{\alpha}_2,\boldsymbol{\alpha}_3$ 线性相关，则 $\boldsymbol{A}\boldsymbol{\alpha}_1,\boldsymbol{A}\boldsymbol{\alpha}_2,\boldsymbol{A}\boldsymbol{\alpha}_3$ 线性相关

(B) 若 $\boldsymbol{\alpha}_1,\boldsymbol{\alpha}_2,\boldsymbol{\alpha}_3$ 线性无关，则 $\boldsymbol{A}\boldsymbol{\alpha}_1,\boldsymbol{A}\boldsymbol{\alpha}_2,\boldsymbol{A}\boldsymbol{\alpha}_3$ 线性无关

(C) 若 $\boldsymbol{A}\boldsymbol{\alpha}_1,\boldsymbol{A}\boldsymbol{\alpha}_2,\boldsymbol{A}\boldsymbol{\alpha}_3$ 线性无关，则 $\boldsymbol{\alpha}_1,\boldsymbol{\alpha}_2,\boldsymbol{\alpha}_3$ 线性无关

(D) 若 $\boldsymbol{A}\boldsymbol{\alpha}_1,\boldsymbol{A}\boldsymbol{\alpha}_2,\boldsymbol{A}\boldsymbol{\alpha}_3$ 线性相关，则 $\boldsymbol{\alpha}_1,\boldsymbol{\alpha}_2,\boldsymbol{\alpha}_3$ 线性相关

(E)$\boldsymbol{A}\boldsymbol{\alpha}_1,\boldsymbol{A}\boldsymbol{\alpha}_2,\boldsymbol{A}\boldsymbol{\alpha}_3$ 的线性相关性与 $\boldsymbol{\alpha}_1,\boldsymbol{\alpha}_2,\boldsymbol{\alpha}_3$ 的线性相关性没有关联

18. 设 $\boldsymbol{\alpha}_1,\boldsymbol{\alpha}_2,\cdots,\boldsymbol{\alpha}_s$ 均为 n 维列向量，$\boldsymbol{A}$ 是 $m\times n$ 矩阵，则下列选项正确的是(　　).

(A) 若 $\boldsymbol{\alpha}_1,\boldsymbol{\alpha}_2,\cdots,\boldsymbol{\alpha}_s$ 线性相关，则 $\boldsymbol{A}\boldsymbol{\alpha}_1,\boldsymbol{A}\boldsymbol{\alpha}_2,\cdots,\boldsymbol{A}\boldsymbol{\alpha}_s$ 线性相关

(B) 若 $\boldsymbol{\alpha}_1,\boldsymbol{\alpha}_2,\cdots,\boldsymbol{\alpha}_s$ 线性相关，则 $\boldsymbol{A}\boldsymbol{\alpha}_1,\boldsymbol{A}\boldsymbol{\alpha}_2,\cdots,\boldsymbol{A}\boldsymbol{\alpha}_s$ 线性无关

(C) 若 $\boldsymbol{\alpha}_1,\boldsymbol{\alpha}_2,\cdots,\boldsymbol{\alpha}_s$ 线性无关，则 $\boldsymbol{A}\boldsymbol{\alpha}_1,\boldsymbol{A}\boldsymbol{\alpha}_2,\cdots,\boldsymbol{A}\boldsymbol{\alpha}_s$ 线性相关

(D) 若 $\boldsymbol{\alpha}_1,\boldsymbol{\alpha}_2,\cdots,\boldsymbol{\alpha}_s$ 线性无关，则 $\boldsymbol{A}\boldsymbol{\alpha}_1,\boldsymbol{A}\boldsymbol{\alpha}_2,\cdots,\boldsymbol{A}\boldsymbol{\alpha}_s$ 线性无关

(E) $\boldsymbol{A}\boldsymbol{\alpha}_1,\boldsymbol{A}\boldsymbol{\alpha}_2,\cdots,\boldsymbol{A}\boldsymbol{\alpha}_s$ 的线性相关性与 $\boldsymbol{\alpha}_1,\boldsymbol{\alpha}_2,\boldsymbol{\alpha}_3,\cdots,\boldsymbol{\alpha}_s$ 的线性相关性没有关联

19. 设向量组 $\boldsymbol{\alpha}_1,\boldsymbol{\alpha}_2,\boldsymbol{\alpha}_3$ 线性无关，向量 $\boldsymbol{\beta}_1$ 可由 $\boldsymbol{\alpha}_1,\boldsymbol{\alpha}_2,\boldsymbol{\alpha}_3$ 线性表示，而向量 $\boldsymbol{\beta}_2$ 不能由 $\boldsymbol{\alpha}_1,\boldsymbol{\alpha}_2,\boldsymbol{\alpha}_3$ 线性表示，则对于任意常数 k，必有(　　).

(A) $\boldsymbol{\alpha}_1,\boldsymbol{\alpha}_2,\boldsymbol{\alpha}_3,k\boldsymbol{\beta}_1+\boldsymbol{\beta}_2$ 线性无关

(B) $\boldsymbol{\alpha}_1,\boldsymbol{\alpha}_2,\boldsymbol{\alpha}_3,k\boldsymbol{\beta}_1+\boldsymbol{\beta}_2$ 线性相关

(C) $\boldsymbol{\alpha}_1,\boldsymbol{\alpha}_2,\boldsymbol{\alpha}_3,\boldsymbol{\beta}_1+k\boldsymbol{\beta}_2$ 线性无关

(D) $\boldsymbol{\alpha}_1,\boldsymbol{\alpha}_2,\boldsymbol{\alpha}_3,\boldsymbol{\beta}_1+k\boldsymbol{\beta}_2$ 线性相关

(E) $\boldsymbol{\alpha}_1,\boldsymbol{\alpha}_2,\boldsymbol{\alpha}_3,k\boldsymbol{\beta}_1-\boldsymbol{\beta}_2$ 线性相关

20. 设 $\boldsymbol{\alpha}_1,\boldsymbol{\alpha}_2,\cdots,\boldsymbol{\alpha}_s$ 与 $\boldsymbol{\beta}_1,\boldsymbol{\beta}_2,\cdots,\boldsymbol{\beta}_t$ 是 n 维列向量组，秩分别为 r_1,r_2，于是(　　).

(A) 若 $\boldsymbol{\alpha}_1,\boldsymbol{\alpha}_2,\cdots,\boldsymbol{\alpha}_s$ 可以被 $\boldsymbol{\beta}_1,\boldsymbol{\beta}_2,\cdots,\boldsymbol{\beta}_t$ 线性表示，则 $s\geqslant t$

(B) 若 $\boldsymbol{\alpha}_1,\boldsymbol{\alpha}_2,\cdots,\boldsymbol{\alpha}_s$ 可以被 $\boldsymbol{\beta}_1,\boldsymbol{\beta}_2,\cdots,\boldsymbol{\beta}_t$ 线性表示，则 $s\leqslant t$

(C) 若 $\boldsymbol{\alpha}_1,\boldsymbol{\alpha}_2,\cdots,\boldsymbol{\alpha}_s$ 可以被 $\boldsymbol{\beta}_1,\boldsymbol{\beta}_2,\cdots,\boldsymbol{\beta}_t$ 线性表示，则 $r_1\geqslant r_2$

(D) 若 $\boldsymbol{\alpha}_1,\boldsymbol{\alpha}_2,\cdots,\boldsymbol{\alpha}_s$ 可以被 $\boldsymbol{\beta}_1,\boldsymbol{\beta}_2,\cdots,\boldsymbol{\beta}_t$ 线性表示，则 $r_1\leqslant r_2$

(E) 若 $\boldsymbol{\alpha}_1,\boldsymbol{\alpha}_2,\cdots,\boldsymbol{\alpha}_s$ 可以被 $\boldsymbol{\beta}_1,\boldsymbol{\beta}_2,\cdots,\boldsymbol{\beta}_t$ 线性表示，并不能确定 r_1,r_2 的大小关系

21. 设向量组(Ⅰ)：$\boldsymbol{\alpha}_1,\boldsymbol{\alpha}_2,\cdots,\boldsymbol{\alpha}_r$ 可由向量组(Ⅱ)：$\boldsymbol{\beta}_1,\boldsymbol{\beta}_2,\cdots,\boldsymbol{\beta}_s$ 线性表示，则(　　).

(A) 当 $r<s$ 时，向量组(Ⅱ)必线性相关

(B) 当 $r>s$ 时，向量组(Ⅱ)必线性相关

(C) 当 $r<s$ 时，向量组(Ⅰ)必线性相关

(D) 当 $r>s$ 时，向量组(Ⅰ)必线性相关

(E) 仅根据 r 和 s 的大小关系，并不能判断向量组(Ⅰ)或向量组(Ⅱ)的线性相关性

22. 设两个列向量组 $\boldsymbol{\alpha}_1,\boldsymbol{\alpha}_2,\boldsymbol{\alpha}_3$；$\boldsymbol{\beta}_1,\boldsymbol{\beta}_2,\boldsymbol{\beta}_3$ 有以下关系式：

$$(\boldsymbol{\alpha}_1,\boldsymbol{\alpha}_2,\boldsymbol{\alpha}_3)=(\boldsymbol{\beta}_1,\boldsymbol{\beta}_2,\boldsymbol{\beta}_3)\boldsymbol{Q},$$

其中 $\boldsymbol{Q}$ 是 3×3 的转换矩阵，则(　　).

(A) 向量组 $\boldsymbol{\alpha}_1,\boldsymbol{\alpha}_2,\boldsymbol{\alpha}_3$ 可以被 $\boldsymbol{\beta}_1,\boldsymbol{\beta}_2,\boldsymbol{\beta}_3$ 线性表示

(B) 向量组 $\boldsymbol{\beta}_1,\boldsymbol{\beta}_2,\boldsymbol{\beta}_3$ 可以被 $\boldsymbol{\alpha}_1,\boldsymbol{\alpha}_2,\boldsymbol{\alpha}_3$ 线性表示

(C) 向量组 $\boldsymbol{\beta}_1,\boldsymbol{\beta}_2,\boldsymbol{\beta}_3$ 与 $\boldsymbol{\alpha}_1,\boldsymbol{\alpha}_2,\boldsymbol{\alpha}_3$ 可以互相线性表示

(D) 两个向量组之间不存在线性关系

(E) 无法确定两个向量组之间是否存在线性关系

23. 设有任意两个 n 维向量组 $\boldsymbol{\alpha}_1,\cdots,\boldsymbol{\alpha}_m$ 和 $\boldsymbol{\beta}_1,\cdots,\boldsymbol{\beta}_m$，若存在两组不全为零的数 $\lambda_1,\cdots,\lambda_m$ 和 $k_1,\cdots,k_m$，使 $(\lambda_1+k_1)\boldsymbol{\alpha}_1+\cdots+(\lambda_m+k_m)\boldsymbol{\alpha}_m+(\lambda_1-k_1)\boldsymbol{\beta}_1+\cdots+(\lambda_m-k_m)\boldsymbol{\beta}_m=\mathbf{0}$，则(　　).

(A) $\boldsymbol{\alpha}_1,\cdots,\boldsymbol{\alpha}_m$ 和 $\boldsymbol{\beta}_1,\cdots,\boldsymbol{\beta}_m$ 都线性相关

(B) $\boldsymbol{\alpha}_1,\cdots,\boldsymbol{\alpha}_m$ 和 $\boldsymbol{\beta}_1,\cdots,\boldsymbol{\beta}_m$ 都线性无关

(C) $\boldsymbol{\alpha}_1+\boldsymbol{\beta}_1,\cdots,\boldsymbol{\alpha}_m+\boldsymbol{\beta}_m,\boldsymbol{\alpha}_1-\boldsymbol{\beta}_1,\cdots,\boldsymbol{\alpha}_m-\boldsymbol{\beta}_m$ 线性无关

(D) $\boldsymbol{\alpha}_1+\boldsymbol{\beta}_1,\cdots,\boldsymbol{\alpha}_m+\boldsymbol{\beta}_m,\boldsymbol{\alpha}_1-\boldsymbol{\beta}_1,\cdots,\boldsymbol{\alpha}_m-\boldsymbol{\beta}_m$ 线性相关

(E) 以上结论均不正确

24. 设 $\boldsymbol{\alpha}_1,\boldsymbol{\alpha}_2,\cdots,\boldsymbol{\alpha}_m$ 均为 n 维列向量，则下列结论正确的是(　　).

(A) 若 $k_1\boldsymbol{\alpha}_1+k_2\boldsymbol{\alpha}_2+\cdots+k_m\boldsymbol{\alpha}_m=\mathbf{0}$，则 $\boldsymbol{\alpha}_1,\boldsymbol{\alpha}_2,\cdots,\boldsymbol{\alpha}_m$ 线性相关

(B) 若对任意一组不全为零的数 $k_1,k_2,\cdots,k_m$，都有 $k_1\boldsymbol{\alpha}_1+k_2\boldsymbol{\alpha}_2+\cdots+k_m\boldsymbol{\alpha}_m\neq\mathbf{0}$，则 $\boldsymbol{\alpha}_1$，

$\boldsymbol{\alpha}_2,\cdots,\boldsymbol{\alpha}_m$ 线性无关

(C) 若 $\boldsymbol{\alpha}_1,\boldsymbol{\alpha}_2,\cdots,\boldsymbol{\alpha}_m$ 线性相关，则对任意一组不全为零的数 $k_1,k_2,\cdots,k_m$，都有 $k_1\boldsymbol{\alpha}_1+k_2\boldsymbol{\alpha}_2+\cdots+k_m\boldsymbol{\alpha}_m=\mathbf{0}$

(D) 若 $0\boldsymbol{\alpha}_1+0\boldsymbol{\alpha}_2+\cdots+0\boldsymbol{\alpha}_m=\mathbf{0}$，则 $\boldsymbol{\alpha}_1,\boldsymbol{\alpha}_2,\cdots,\boldsymbol{\alpha}_m$ 线性无关

(E) 若 $\boldsymbol{\alpha}_1,\boldsymbol{\alpha}_2,\cdots,\boldsymbol{\alpha}_t(t<m)$ 线性无关，必有 $\boldsymbol{\alpha}_1,\boldsymbol{\alpha}_2,\cdots,\boldsymbol{\alpha}_m$ 线性无关

25. 设 $\boldsymbol{A}$ 为 $m\times n$ 矩阵，若齐次线性方程组 $\boldsymbol{Ax}=\mathbf{0}$ 有非零解，则(　　).

(A)$\boldsymbol{A}$ 的列向量组线性无关　　(B)$\boldsymbol{A}$ 的行向量组线性无关

(C)$\boldsymbol{A}$ 的列向量组线性相关　　(D)$\boldsymbol{A}$ 的行向量组线性相关

(E)$\boldsymbol{A}$ 的行向量组和列向量组均线性相关

26. 设 $\boldsymbol{A}$ 为 $m\times n$ 矩阵，若非齐次线性方程组 $\boldsymbol{Ax}=\boldsymbol{b}$ 有唯一解，则 $\boldsymbol{A}$ 的(　　).

(A) 行向量组线性无关　　(B) 行向量组线性相关

(C) 列向量组线性无关　　(D) 列向量组线性相关

(E) 行向量组和列向量组均线性无关

27. 若 $\boldsymbol{\xi}_1=\begin{pmatrix}1\\0\\2\end{pmatrix},\boldsymbol{\xi}_2=\begin{pmatrix}0\\1\\-1\end{pmatrix}$ 是线性方程组 $\boldsymbol{Ax}=\mathbf{0}$ 的解，则系数矩阵 $\boldsymbol{A}$ 可以为(　　).

(A)$(-2,1,1)$　　(B)$\begin{pmatrix}2&0&-1\\0&1&1\end{pmatrix}$　　(C)$\begin{pmatrix}-1&0&2\\0&1&-1\end{pmatrix}$

(D)$\begin{pmatrix}0&1&-1\\4&-2&-2\\0&1&1\end{pmatrix}$　　(E)$(2,1-1)$

28. 设线性方程组 $\begin{cases}x_1+2x_2-x_3=4,\\x_2+2x_3=2,\\(\lambda-1)(\lambda-2)x_3=(\lambda-3)(\lambda-4),\end{cases}$ 则该方程组无解时，$\lambda=$(　　).

(A)3 或 4　　(B)2 或 4　　(C)2 或 3

(D)1 或 3　　(E)1 或 2

29. 设 5×4 矩阵 $\boldsymbol{A}$ 的秩为 3，$\boldsymbol{\alpha}_1,\boldsymbol{\alpha}_2,\boldsymbol{\alpha}_3$ 是非齐次线性方程组 $\boldsymbol{Ax}=\boldsymbol{b}$ 的三个不同解向量，若 $\boldsymbol{\alpha}_1+\boldsymbol{\alpha}_2+2\boldsymbol{\alpha}_3=(2,0,0,0)^{\mathrm{T}}$，$3\boldsymbol{\alpha}_1+\boldsymbol{\alpha}_2=(2,4,6,8)^{\mathrm{T}}$，记 C 为任意常数，则 $\boldsymbol{Ax}=\boldsymbol{b}$ 的通解为(　　).

(A)$\left(\frac{1}{2},0,0,0\right)^{\mathrm{T}}+C(0,2,3,4)^{\mathrm{T}}$　　(B)$(1,0,0,0)^{\mathrm{T}}+C(0,2,3,4)^{\mathrm{T}}$

(C)$\left(\frac{1}{2},0,0,0\right)^{\mathrm{T}}+C\left(\frac{1}{2},2,3,4\right)^{\mathrm{T}}$　　(D)$(1,0,0,0)^{\mathrm{T}}+C\left(\frac{1}{2},2,3,4\right)^{\mathrm{T}}$

(E)$(1,0,0,0)^{\mathrm{T}}+C(1,2,3,4)^{\mathrm{T}}$

30. 线性方程组 $\begin{cases}x_1+3x_2-3x_3+x_4=b_1,\\x_1+x_2-x_3=b_2,\\x_1-x_2+x_3-x_4=b_3\end{cases}$ 有解的充分必要条件是 b_1,b_2,b_3 满足(　　).

(A)$b_1-b_2+b_3=0$　　(B)$b_1-2b_2+b_3=0$　　(C)$b_1+b_2-2b_3=0$

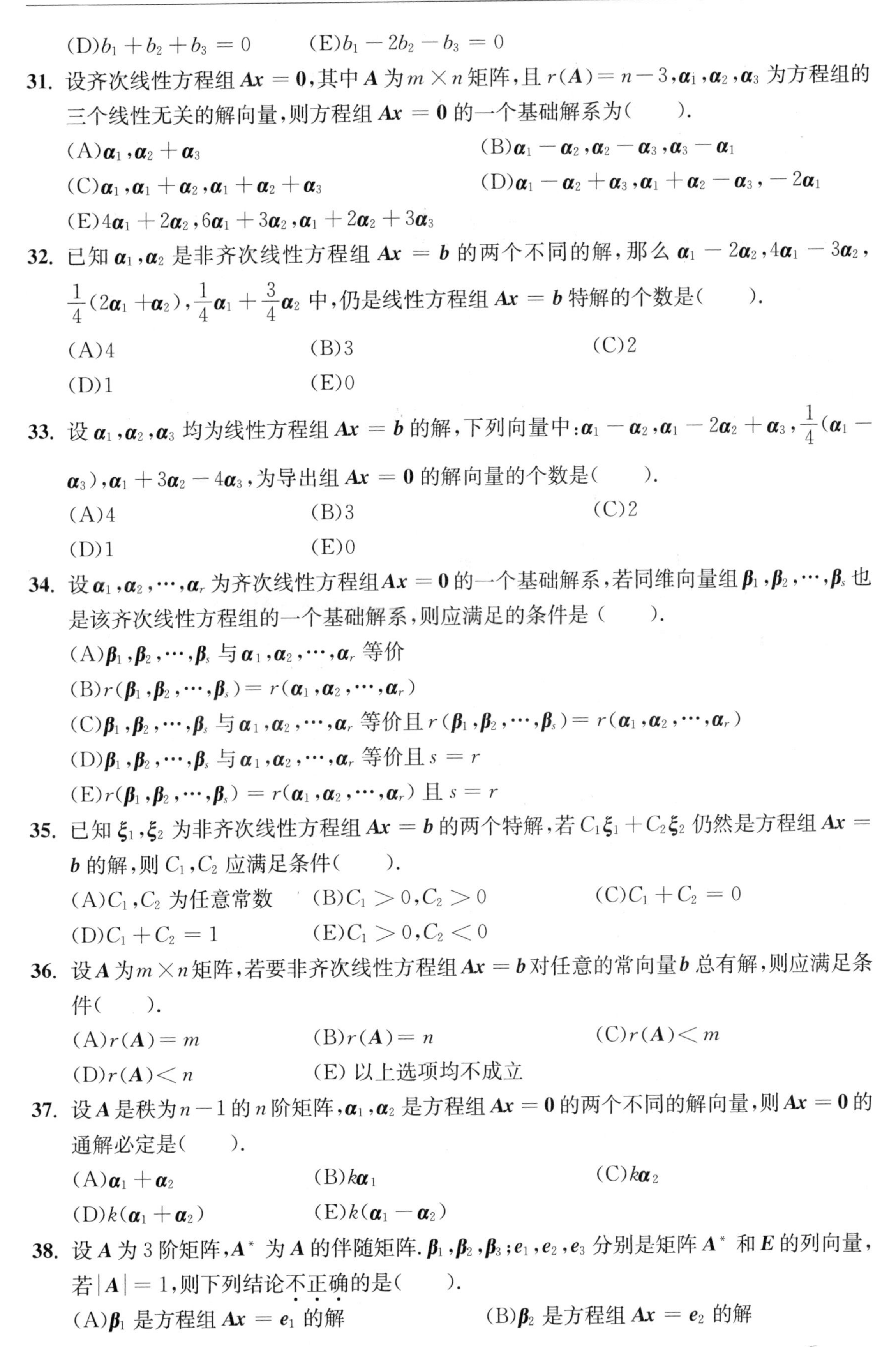

(D)$b_1+b_2+b_3=0$　　(E)$b_1-2b_2-b_3=0$

31. 设齐次线性方程组 $\boldsymbol{A}\boldsymbol{x}=\boldsymbol{0}$，其中 $\boldsymbol{A}$ 为 $m\times n$ 矩阵，且 $r(\boldsymbol{A})=n-3$，$\boldsymbol{\alpha}_1,\boldsymbol{\alpha}_2,\boldsymbol{\alpha}_3$ 为方程组的三个线性无关的解向量，则方程组 $\boldsymbol{A}\boldsymbol{x}=\boldsymbol{0}$ 的一个基础解系为(　　).

(A)$\boldsymbol{\alpha}_1,\boldsymbol{\alpha}_2+\boldsymbol{\alpha}_3$　　(B)$\boldsymbol{\alpha}_1-\boldsymbol{\alpha}_2,\boldsymbol{\alpha}_2-\boldsymbol{\alpha}_3,\boldsymbol{\alpha}_3-\boldsymbol{\alpha}_1$

(C)$\boldsymbol{\alpha}_1,\boldsymbol{\alpha}_1+\boldsymbol{\alpha}_2,\boldsymbol{\alpha}_1+\boldsymbol{\alpha}_2+\boldsymbol{\alpha}_3$　　(D)$\boldsymbol{\alpha}_1-\boldsymbol{\alpha}_2+\boldsymbol{\alpha}_3,\boldsymbol{\alpha}_1+\boldsymbol{\alpha}_2-\boldsymbol{\alpha}_3,-2\boldsymbol{\alpha}_1$

(E)$4\boldsymbol{\alpha}_1+2\boldsymbol{\alpha}_2,6\boldsymbol{\alpha}_1+3\boldsymbol{\alpha}_2,\boldsymbol{\alpha}_1+2\boldsymbol{\alpha}_2+3\boldsymbol{\alpha}_3$

32. 已知 $\boldsymbol{\alpha}_1,\boldsymbol{\alpha}_2$ 是非齐次线性方程组 $\boldsymbol{A}\boldsymbol{x}=\boldsymbol{b}$ 的两个不同的解，那么 $\boldsymbol{\alpha}_1-2\boldsymbol{\alpha}_2,4\boldsymbol{\alpha}_1-3\boldsymbol{\alpha}_2,\frac{1}{4}(2\boldsymbol{\alpha}_1+\boldsymbol{\alpha}_2),\frac{1}{4}\boldsymbol{\alpha}_1+\frac{3}{4}\boldsymbol{\alpha}_2$ 中，仍是线性方程组 $\boldsymbol{A}\boldsymbol{x}=\boldsymbol{b}$ 特解的个数是(　　).

(A)4　　(B)3　　(C)2

(D)1　　(E)0

33. 设 $\boldsymbol{\alpha}_1,\boldsymbol{\alpha}_2,\boldsymbol{\alpha}_3$ 均为线性方程组 $\boldsymbol{A}\boldsymbol{x}=\boldsymbol{b}$ 的解，下列向量中：$\boldsymbol{\alpha}_1-\boldsymbol{\alpha}_2,\boldsymbol{\alpha}_1-2\boldsymbol{\alpha}_2+\boldsymbol{\alpha}_3,\frac{1}{4}(\boldsymbol{\alpha}_1-\boldsymbol{\alpha}_3),\boldsymbol{\alpha}_1+3\boldsymbol{\alpha}_2-4\boldsymbol{\alpha}_3$，为导出组 $\boldsymbol{A}\boldsymbol{x}=\boldsymbol{0}$ 的解向量的个数是(　　).

(A)4　　(B)3　　(C)2

(D)1　　(E)0

34. 设 $\boldsymbol{\alpha}_1,\boldsymbol{\alpha}_2,\cdots,\boldsymbol{\alpha}_r$ 为齐次线性方程组 $\boldsymbol{A}\boldsymbol{x}=\boldsymbol{0}$ 的一个基础解系，若同维向量组 $\boldsymbol{\beta}_1,\boldsymbol{\beta}_2,\cdots,\boldsymbol{\beta}_s$ 也是该齐次线性方程组的一个基础解系，则应满足的条件是(　　).

(A)$\boldsymbol{\beta}_1,\boldsymbol{\beta}_2,\cdots,\boldsymbol{\beta}_s$ 与 $\boldsymbol{\alpha}_1,\boldsymbol{\alpha}_2,\cdots,\boldsymbol{\alpha}_r$ 等价

(B)$r(\boldsymbol{\beta}_1,\boldsymbol{\beta}_2,\cdots,\boldsymbol{\beta}_s)=r(\boldsymbol{\alpha}_1,\boldsymbol{\alpha}_2,\cdots,\boldsymbol{\alpha}_r)$

(C)$\boldsymbol{\beta}_1,\boldsymbol{\beta}_2,\cdots,\boldsymbol{\beta}_s$ 与 $\boldsymbol{\alpha}_1,\boldsymbol{\alpha}_2,\cdots,\boldsymbol{\alpha}_r$ 等价且 $r(\boldsymbol{\beta}_1,\boldsymbol{\beta}_2,\cdots,\boldsymbol{\beta}_s)=r(\boldsymbol{\alpha}_1,\boldsymbol{\alpha}_2,\cdots,\boldsymbol{\alpha}_r)$

(D)$\boldsymbol{\beta}_1,\boldsymbol{\beta}_2,\cdots,\boldsymbol{\beta}_s$ 与 $\boldsymbol{\alpha}_1,\boldsymbol{\alpha}_2,\cdots,\boldsymbol{\alpha}_r$ 等价且 $s=r$

(E)$r(\boldsymbol{\beta}_1,\boldsymbol{\beta}_2,\cdots,\boldsymbol{\beta}_s)=r(\boldsymbol{\alpha}_1,\boldsymbol{\alpha}_2,\cdots,\boldsymbol{\alpha}_r)$ 且 $s=r$

35. 已知 $\boldsymbol{\xi}_1,\boldsymbol{\xi}_2$ 为非齐次线性方程组 $\boldsymbol{A}\boldsymbol{x}=\boldsymbol{b}$ 的两个特解，若 $C_1\boldsymbol{\xi}_1+C_2\boldsymbol{\xi}_2$ 仍然是方程组 $\boldsymbol{A}\boldsymbol{x}=\boldsymbol{b}$ 的解，则 C_1,C_2 应满足条件(　　).

(A)C_1,C_2 为任意常数　　(B)$C_1>0,C_2>0$　　(C)$C_1+C_2=0$

(D)$C_1+C_2=1$　　(E)$C_1>0,C_2<0$

36. 设 $\boldsymbol{A}$ 为 $m\times n$ 矩阵，若要非齐次线性方程组 $\boldsymbol{A}\boldsymbol{x}=\boldsymbol{b}$ 对任意的常向量 $\boldsymbol{b}$ 总有解，则应满足条件(　　).

(A)$r(\boldsymbol{A})=m$　　(B)$r(\boldsymbol{A})=n$　　(C)$r(\boldsymbol{A})<m$

(D)$r(\boldsymbol{A})<n$　　(E) 以上选项均不成立

37. 设 $\boldsymbol{A}$ 是秩为 $n-1$ 的 n 阶矩阵，$\boldsymbol{\alpha}_1,\boldsymbol{\alpha}_2$ 是方程组 $\boldsymbol{A}\boldsymbol{x}=\boldsymbol{0}$ 的两个不同的解向量，则 $\boldsymbol{A}\boldsymbol{x}=\boldsymbol{0}$ 的通解必定是(　　).

(A)$\boldsymbol{\alpha}_1+\boldsymbol{\alpha}_2$　　(B)$k\boldsymbol{\alpha}_1$　　(C)$k\boldsymbol{\alpha}_2$

(D)$k(\boldsymbol{\alpha}_1+\boldsymbol{\alpha}_2)$　　(E)$k(\boldsymbol{\alpha}_1-\boldsymbol{\alpha}_2)$

38. 设 $\boldsymbol{A}$ 为 3 阶矩阵，$\boldsymbol{A}^*$ 为 $\boldsymbol{A}$ 的伴随矩阵. $\boldsymbol{\beta}_1,\boldsymbol{\beta}_2,\boldsymbol{\beta}_3;\boldsymbol{e}_1,\boldsymbol{e}_2,\boldsymbol{e}_3$ 分别是矩阵 $\boldsymbol{A}^*$ 和 $\boldsymbol{E}$ 的列向量，若 $|\boldsymbol{A}|=1$，则下列结论不正确的是(　　).

(A)$\boldsymbol{\beta}_1$ 是方程组 $\boldsymbol{A}\boldsymbol{x}=\boldsymbol{e}_1$ 的解　　(B)$\boldsymbol{\beta}_2$ 是方程组 $\boldsymbol{A}\boldsymbol{x}=\boldsymbol{e}_2$ 的解

(C)$\boldsymbol{\beta}_3$ 是方程组 $\boldsymbol{Ax}=\boldsymbol{e}_3$ 的解

(D) 方程组 $\boldsymbol{Ax}=\boldsymbol{e}_i(i=1,2,3)$ 未必有解

(E)$\boldsymbol{AA}^*=\boldsymbol{E}$

39. 设 $\boldsymbol{A}$ 为 3 阶矩阵,$\boldsymbol{A}^*$ 为 $\boldsymbol{A}$ 的伴随矩阵，若 $r(\boldsymbol{A})=1$,则方程组 $\boldsymbol{A}^*\boldsymbol{x}=\boldsymbol{0}$ 的基础解系含无关解的个数为(　　).

(A)3　　(B)2　　(C)1

(D)0　　(E) 无法判断

40. 设 $\boldsymbol{A}$ 为 $n(n>2)$ 阶矩阵,$\boldsymbol{A}^*$ 为 $\boldsymbol{A}$ 的伴随矩阵,则方程组 $\boldsymbol{A}^*\boldsymbol{x}=\boldsymbol{0}$ 的基础解系含无关解的个数不可能是(　　).

(A)n　　(B)$n-1$　　(C)1

(D)0　　(E) 无法判断

41. 设 $\boldsymbol{A}$ 为 $n(n>2)$ 阶矩阵,$\boldsymbol{A}^*$ 为伴随矩阵，若 $r(\boldsymbol{A}^*)=1$,则方程组 $\boldsymbol{Ax}=\boldsymbol{0}$ 的基础解系含无关解的个数是(　　).

(A)n　　(B)$n-1$　　(C)1

(D)0　　(E)2

42. 设 n 阶矩阵 $\boldsymbol{A}$ 的伴随矩阵 $\boldsymbol{A}^*\neq\boldsymbol{O}$,若 $\boldsymbol{\xi}_1,\boldsymbol{\xi}_2,\boldsymbol{\xi}_3$ 是非齐次线性方程组 $\boldsymbol{Ax}=\boldsymbol{b}$ 的互不相等的解,则对应的齐次线性方程组 $\boldsymbol{Ax}=\boldsymbol{0}$ 的基础解系(　　).

(A) 不存在

(B) 仅含一个非零解向量

(C) 含两个线性无关解向量

(D) 含三个线性无关解向量

(E) 不能确定无关解向量的个数

43. 设 $\boldsymbol{\alpha}_1=(a_1,a_2,a_3)^{\mathrm{T}},\boldsymbol{\alpha}_2=(b_1,b_2,b_3)^{\mathrm{T}},\boldsymbol{\alpha}_3=(c_1,c_2,c_3)^{\mathrm{T}},\boldsymbol{\alpha}_4=(d_1,d_2,d_3)^{\mathrm{T}}$,则三平面

$$a_1x+b_1y+c_1z=d_1,$$
$$a_2x+b_2y+c_2z=d_2,$$
$$a_3x+b_3y+c_3z=d_3$$

相交于一条直线的充分必要条件是(　　).

(A)$r(\boldsymbol{\alpha}_1,\boldsymbol{\alpha}_2,\boldsymbol{\alpha}_3,\boldsymbol{\alpha}_4)=r(\boldsymbol{\alpha}_1,\boldsymbol{\alpha}_2,\boldsymbol{\alpha}_3)$

(B)$r(\boldsymbol{\alpha}_1,\boldsymbol{\alpha}_2,\boldsymbol{\alpha}_3,\boldsymbol{\alpha}_4)=r(\boldsymbol{\alpha}_1,\boldsymbol{\alpha}_2,\boldsymbol{\alpha}_3)=2$

(C)$r(\boldsymbol{\alpha}_1,\boldsymbol{\alpha}_2,\boldsymbol{\alpha}_3,\boldsymbol{\alpha}_4)=r(\boldsymbol{\alpha}_1,\boldsymbol{\alpha}_2,\boldsymbol{\alpha}_3)=3$

(D)$r(\boldsymbol{\alpha}_1,\boldsymbol{\alpha}_2,\boldsymbol{\alpha}_3)=2$,且 $\boldsymbol{\alpha}_1,\boldsymbol{\alpha}_2,\boldsymbol{\alpha}_3,\boldsymbol{\alpha}_4$ 线性相关

(E)$r(\boldsymbol{\alpha}_1,\boldsymbol{\alpha}_2,\boldsymbol{\alpha}_3,\boldsymbol{\alpha}_4)=2$

44. 设齐次线性方程组 $\boldsymbol{Ax}=\boldsymbol{0}$ 和 $\boldsymbol{Bx}=\boldsymbol{0}$,其中 $\boldsymbol{A},\boldsymbol{B}$ 均为 $m\times n$ 矩阵,现有 4 个命题:

① 若 $\boldsymbol{Ax}=\boldsymbol{0}$ 的解均是 $\boldsymbol{Bx}=\boldsymbol{0}$ 的解,则 $r(\boldsymbol{A})\geqslant r(\boldsymbol{B})$;

② 若 $r(\boldsymbol{A})\geqslant r(\boldsymbol{B})$,则 $\boldsymbol{Ax}=\boldsymbol{0}$ 的解均是 $\boldsymbol{Bx}=\boldsymbol{0}$ 的解;

③ 若 $\boldsymbol{Ax}=\boldsymbol{0}$ 与 $\boldsymbol{Bx}=\boldsymbol{0}$ 同解,则 $r(\boldsymbol{A})=r(\boldsymbol{B})$;

④ 若 $r(\boldsymbol{A})=r(\boldsymbol{B})$,则 $\boldsymbol{Ax}=\boldsymbol{0}$ 与 $\boldsymbol{Bx}=\boldsymbol{0}$ 同解.

其中命题正确的是(　　).

(A)①②　　(B)①③　　(C)②④

(D)③④　　(E)①④

45. 设 $\boldsymbol{A}$ 为 $m \times n$ 矩阵,则(　　).

(A) 当 $m > n$ 时,非齐次线性方程组 $\boldsymbol{Ax} = \boldsymbol{b}$ 无解

(B) 当 $m = n$ 时,非齐次线性方程组 $\boldsymbol{Ax} = \boldsymbol{b}$ 有唯一解

(C) 当 $m < n$ 时,非齐次线性方程组 $\boldsymbol{Ax} = \boldsymbol{b}$ 有无穷多解

(D) 当 $m = n$ 时,齐次线性方程组 $\boldsymbol{Ax} = \boldsymbol{0}$ 只有零解

(E) 方程组 $\boldsymbol{Ax} = \boldsymbol{b}$ 是否有解与 m,n 之间的大小无关

46. 设 $\boldsymbol{A} = \begin{pmatrix} 1 & -1 & 1 & 1 \\ 2 & 0 & 2 & 0 \\ 0 & a & 0 & -a \\ 1 & 1 & -1 & 1 \end{pmatrix}$,则线性方程组 $\boldsymbol{Ax} = \boldsymbol{0}$ 的基础解系中无关解的个数(　　).

(A) 为 3　　(B) 为 2　　(C) 为 1

(D) 为 0　　(E) 与常数 a 的取值有关

47. 设 $\boldsymbol{Ax} = \boldsymbol{b}$ 为三元非齐次线性方程组,$r(\boldsymbol{A}) = 2$,且 $\boldsymbol{\xi}_1,\boldsymbol{\xi}_2$ 是该方程组的两个不同的特解,C,C_1,C_2 为任意常数,则该方程组的通解为(　　).

(A)$C(\boldsymbol{\xi}_1 - \boldsymbol{\xi}_2) + \dfrac{\boldsymbol{\xi}_1 + \boldsymbol{\xi}_2}{2}$　　(B)$C(\boldsymbol{\xi}_1 + \boldsymbol{\xi}_2) + \dfrac{\boldsymbol{\xi}_1 - \boldsymbol{\xi}_2}{2}$

(C)$C(\boldsymbol{\xi}_1 - \boldsymbol{\xi}_2) + \boldsymbol{\xi}_1 + \boldsymbol{\xi}_2$　　(D)$C_1\boldsymbol{\xi}_1 + C_2\boldsymbol{\xi}_2$

(E)$C(2\boldsymbol{\xi}_1 - \boldsymbol{\xi}_2) + \dfrac{\boldsymbol{\xi}_1 + \boldsymbol{\xi}_2}{2}$

48. 设 n 元非齐次线性方程组 $\boldsymbol{Ax} = \boldsymbol{b}$,$\boldsymbol{Ax} = \boldsymbol{0}$ 为其导出组,则(　　).

(A) 若 $\boldsymbol{Ax} = \boldsymbol{0}$ 有非零解,则 $\boldsymbol{Ax} = \boldsymbol{b}$ 必有无穷多解

(B) 若 $\boldsymbol{Ax} = \boldsymbol{0}$ 仅有零解,则 $\boldsymbol{Ax} = \boldsymbol{b}$ 必有唯一解

(C) 若 $\boldsymbol{Ax} = \boldsymbol{b}$ 有无穷多解,则 $\boldsymbol{Ax} = \boldsymbol{0}$ 必有非零解

(D) 若 $\boldsymbol{Ax} = \boldsymbol{b}$ 无解,则 $\boldsymbol{Ax} = \boldsymbol{0}$ 只有零解

(E)$\boldsymbol{Ax} = \boldsymbol{b}$ 解的状态与 $\boldsymbol{Ax} = \boldsymbol{0}$ 是否有非零解没有关联性

49. 设 $\boldsymbol{A} = \begin{pmatrix} a_{11} & a_{12} \\ a_{21} & a_{22} \end{pmatrix}$,$\boldsymbol{\alpha}$ 是 2 维非零列向量,若 $r\left(\begin{pmatrix} \boldsymbol{A} & \boldsymbol{\alpha} \\ \boldsymbol{\alpha}^{\mathrm{T}} & 0 \end{pmatrix}\right) = r(\boldsymbol{A})$,则线性方程组(　　).

(A)$\boldsymbol{Ax} = \boldsymbol{\alpha}$ 必有无穷多解　　(B)$\boldsymbol{Ax} = \boldsymbol{\alpha}$ 必有唯一解

(C) $\begin{pmatrix} \boldsymbol{A} & \boldsymbol{\alpha} \\ \boldsymbol{\alpha}^{\mathrm{T}} & 0 \end{pmatrix}\begin{pmatrix} x \\ y \\ z \end{pmatrix} = \boldsymbol{0}$ 仅有零解　　(D) $\begin{pmatrix} \boldsymbol{A} & \boldsymbol{\alpha} \\ \boldsymbol{\alpha}^{\mathrm{T}} & 0 \end{pmatrix}\begin{pmatrix} x \\ y \\ z \end{pmatrix} = \boldsymbol{0}$ 必有非零解

(E) 以上选项均不成立

50. 设 $\boldsymbol{A}$ 为 $m \times n$ 矩阵,$\boldsymbol{B}$ 为 $n \times m$ 矩阵,若使齐次线性方程组 $\boldsymbol{ABx} = \boldsymbol{0}$ 必有非零解,则(　　).

(A)$n > m$　　(B)$n < m$　　(C)$n = m$

(D)$n < m$ 且 $m > 3$　　(E)m,n 大小关系不确定

51. 已知方程组 $\begin{pmatrix} 1 & 2 & 1 \\ 2 & 3 & a+2 \\ 1 & a & -2 \end{pmatrix}\begin{pmatrix} x_1 \\ x_2 \\ x_3 \end{pmatrix} = \begin{pmatrix} 1 \\ 3 \\ 0 \end{pmatrix}$ 无解,则 $a =$(　　).

(A) -1　　(B)1　　(C)3

(D) -3　　(E)0

52. 线性方程组 $\begin{cases} x_1 - x_2 + x_3 = a_1, \\ x_2 + x_3 - x_4 = a_2, \\ -x_1 - 2x_3 + x_4 = a_3 \end{cases}$ 有解的充分必要条件是(　　).

(A) a_1, a_2, a_3 均为零　　(B) $a_1 + a_2 + a_3 = 0$

(C) $a_1 + a_2 - a_3 = 0$　　(D) $2a_1 - a_2 - a_3 = 0$

(E) $a_1 - a_2 + a_3 = 0$

53. 设方程组(Ⅰ) $\begin{cases} x_1 - x_2 + x_3 = 0, \\ 2x_1 + ax_2 + 3x_3 = 0, \end{cases}$ (Ⅱ) $-x_1 + x_2 - x_3 = 0$,则(　　).

(A) 当 $a = 2$ 时,方程组(Ⅰ)和(Ⅱ)为同解方程组

(B) 当 $a = 1$ 时,方程组(Ⅰ)和(Ⅱ)为同解方程组

(C) 当 $a = 0$ 时,方程组(Ⅰ)和(Ⅱ)为同解方程组

(D) 当 $a = -1$ 时,方程组(Ⅰ)和(Ⅱ)为同解方程组

(E) 无论 a 取何值,方程组(Ⅰ)和(Ⅱ)均不是同解方程组

54. 设 $\boldsymbol{A}$ 为 $m \times n$ 矩阵,$r(\boldsymbol{A}) < n$,则(　　).

(A) $\boldsymbol{A}^T\boldsymbol{Ax} = \boldsymbol{0}$ 与 $\boldsymbol{Ax} = \boldsymbol{0}$ 的解之间没有关联

(B) $\boldsymbol{Ax} = \boldsymbol{0}$ 的解一定是 $\boldsymbol{A}^T\boldsymbol{Ax} = \boldsymbol{0}$ 的解,但反之不然

(C) $\boldsymbol{A}^T\boldsymbol{Ax} = \boldsymbol{0}$ 的解一定是 $\boldsymbol{Ax} = \boldsymbol{0}$ 的解,但反之不然

(D) $\boldsymbol{Ax} = \boldsymbol{0}$ 与 $\boldsymbol{A}^T\boldsymbol{Ax} = \boldsymbol{0}$ 为同解方程组

(E) 以上选项均不正确

55. 设 $\boldsymbol{A}$ 为 $m \times n$ 矩阵,$r(\boldsymbol{A}) < n$,$\boldsymbol{P}$ 为 m 阶可逆矩阵,则(　　).

(A) $\boldsymbol{PAx} = \boldsymbol{0}$ 与 $\boldsymbol{Ax} = \boldsymbol{0}$ 的解之间没有关联

(B) $\boldsymbol{PAx} = \boldsymbol{0}$ 的解一定是 $\boldsymbol{Ax} = \boldsymbol{0}$ 的解,但反之不然

(C) $\boldsymbol{Ax} = \boldsymbol{0}$ 的解一定是 $\boldsymbol{PAx} = \boldsymbol{0}$ 的解,但反之不然

(D) $\boldsymbol{PAx} = \boldsymbol{0}$ 与 $\boldsymbol{Ax} = \boldsymbol{0}$ 为同解方程组

(E) 以上选项均不正确

56. 设方程组(Ⅰ) $\begin{cases} x_1 - x_2 + 2x_3 = 0, \\ 2x_1 + ax_2 + 3x_3 = 0, \end{cases}$ (Ⅱ) $-3x_1 + 3x_2 - 5x_3 = 0$,若两个方程组有非零公共解,则 $a =$ (　　).

(A)2　　(B)1　　(C)0

(D) -1　　(E) -2